COURS COMPLET D'ENSEIGNEMENT PRIMAIRE
Rédigé conformément aux programmes officiels

LES SCIENCES
A
L'ÉCOLE PRIMAIRE

AVEC LEURS APPLICATIONS A L'HYGIÈNE ET A L'AGRICULTURE

PAR

J.-B. LALANNE
Ancien instituteur
Inspecteur primaire

ET

BIDAULT
Ancien instituteur
Professeur de sciences d'École normale

38 Leçons.
130 Expériences faciles et pratiques
225 Devoirs.
45 Problèmes.
175 Rédactions.
38 Lectures.

CET OUVRAGE CONTIENT DE NOMBREUSES ILLUSTRATIONS

Cinquième édition

PARIS
LECÈNE, OUDIN ET Cie, ÉDITEURS
15, RUE DE CLUNY, 15

1896

LES

SCIENCES A L'ÉCOLE PRIMAIRE

CHIMIE — PHYSIQUE — HISTOIRE NATURELLE

POITIERS, TYPOGRAPHIE OUDIN ET Cie

COURS COMPLET D'ENSEIGNEMENT PRIMAIRE
Rédigé conformément aux programmes officiels

LES SCIENCES A L'ÉCOLE PRIMAIRE

AVEC LEURS APPLICATIONS A L'HYGIÈNE ET A L'AGRICULTURE

PAR

J.-B. LALANNE
Ancien instituteur
Inspecteur primaire

ET

BIDAULT
Ancien instituteur
Professeur de sciences d'École normale

38 Leçons.
130 Expériences faciles et pratiques.
225 Devoirs.
45 Problèmes.
175 Rédactions.
38 Lectures.

Cet ouvrage contient de nombreuses illustrations

PARIS
LECÈNE, OUDIN ET Cie, ÉDITEURS
15, RUE DE CLUNY, 15

1896

PRÉFACE DES ÉDITEURS

Cet ouvrage ne ressemble en rien à ceux qui ont paru jusqu'ici sur la matière C'est un véritable livre de classe, avec lequel les maîtres enseigneront les sciences aussi facilement que la grammaire ou la géographie

Les chapitres sont divisés en tranches numérotées, très courtes, sur lesquelles l'élève est obligé de revenir au moyen de devoirs que nous appelons **de certificat d'études** et au moyen de devoirs de récapitulation; les questions sont posées de telle sorte que les élèves pourront y répondre **seuls**, sans le concours du maître.

Les chapitres sont suivis de **résumés très clairs**, de **problèmes**, de **rédactions** (la plupart ont été données au *Certificat d'études primaires*) et de **lectures variées**.

Les auteurs ont introduit dans leur livre une rubrique qui figure pour la première fois dans un ouvrage destiné à l'école primaire, et que

M. **Félix Pécaut** réclamait dans un magistral article de la *Revue Pédagogique* d'octobre 1894; ce sont les **devoirs d'intelligence et de réflexion.** Qu'on veuille bien les lire attentivement, et l'on se rendra compte qu'ils sont de nature à *étonner* l'esprit des jeunes élèves, et à les obliger de faire œuvre d'intelligence et de réflexion. Nous pensons qu'on nous saura gré de cette innovation : elle répond d'ailleurs à l'esprit du programme, qui demande avant tout un enseignement *pratique.*

C'est encore pour ne point se payer *de mots* que les auteurs emploient la méthode expérimentale; les **cent trente expériences** qu'on trouvera dans l'ouvrage sont très simples, faciles à monter et tout à fait convaincantes; elle ont toutes été faites devant les enfants pendant plusieurs années.

Contrairement à ce qui s'est pratiqué jusqu'ici, les auteurs n'ont pas voulu commencer leur livre par une leçon d'histoire naturelle. Dès les premières phrases, on est obligé de prononcer les mots d'*aliments azotés*, d'*albumine*, de *composition du sang*, d'*oxygène*, d'*acide carbonique*, etc. etc.; or, l'enfant n'a pas encore entendu parler de ces choses. Qu'arrive-t-il ? C'est que les leçons les plus importantes (*digestion*, *circulation*) ne sont pas comprises par les élèves. Il en est de même des chapitres de botanique : *germination*, *respiration des plantes*, etc. Ces raisons ont déterminé les auteurs à commencer les sciences par le commencement, c'est-à-dire par les éléments de chimie. D'un autre côté, ne vaut-il pas mieux s'occuper de botanique au printemps, au moment de la floraison des plantes, plutôt qu'à la rentrée des Classes, où les fleurs manquent à peu près complètement? D'ailleurs, l'histoire naturelle formant dans l'ouvrage un tout complet, il sera loisible aux instituteurs qui le préféreront de débuter par l'étude de l'homme.

Nous pourrions dire comment il convient de se servir de ce livre; mais la chose nous semble inutile. Rappelons seulement que la meilleure méthode est celle qui fait *agir* beaucoup l'élève; on pourra donc faire étudier ou lire les leçons, faire réciter les résumés; mais ce qui vaudra mieux encore, ce sera de s'attacher aux **devoirs**, d'en faire rédiger beaucoup : nous en avons donné un nombre assez important et assez varié pour permettre aux maîtres de faire un choix proportionné au temps dont ils disposeront et à la force de leurs élèves.

LES ÉDITEURS.

Par ces deux expériences on voit :

Que l'oxygène entretient la combustion très activement ;

Que l'air aussi entretient la combustion, quoique à un degré moindre.

Par conséquent, on peut affirmer que *l'air renferme de l'oxygène*, mélangé à un autre gaz qui affaiblit son action, comme l'eau mélangée au vin affaiblit l'action du vin.

4. — L'air contient environ 1/5 d'oxygène.

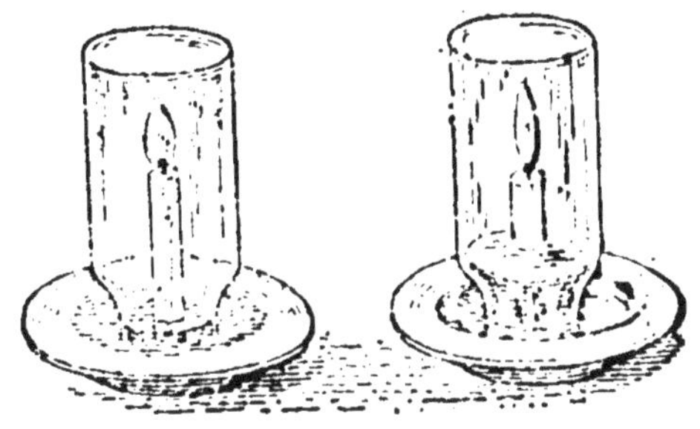

Expérience 4.

Qu'on allume une bougie dans un appartement, elle brûlera complètement ; mais que l'on place une bougie dans une assiette et qu'on remplisse l'assiette d'eau, puis qu'on limite l'air qui doit entretenir la combustion en recouvrant la bougie allumée avec un bocal, on verra bientôt la flamme s'allonger et la bougie s'éteindre, faute d'oxygène, pendant que l'eau montera, occupant environ 1/5 du volume du bocal. (*Expérience 4.*)

Dans l'air il y a donc environ 1/5 d'oxygène ; les 4/5 restants sont en grande partie formés d'un autre gaz qu'on a appelé *azote ;* c'est l'azote qui modère, qui affaiblit l'action de l'oxygène.

5. — L'air contient de l'acide carbonique. — Dans le flacon D, après la troisième expérience, il n'y a plus d'oxygène ; le charbon en brûlant s'est emparé de l'oxygène, et il s'est formé un autre gaz qu'on appelle *acide carbonique.*

Dans le flacon D, on verse de l'eau de chaux ; elle blanchit immédiatement. (*Expérience 5.*)

Dans un verre contenant de l'eau de chaux on fait arriver l'air d'un appartement au moyen d'un soufflet ; cette eau blanchit au bout d'un temps plus ou moins long. (*Expérience 6.*)

Dans un vase contenant de l'eau de chaux, on fait arriver, au moyen d'un tube ou d'une paille l'air sortant des poumons: l'eau blanchit presque immédiatement. (*Expérience 7.*)

Expériences 5, 6, 7.

Ainsi le charbon, en brûlant, donne de l'acide carbonique; nos poumons en dégagent continuellement; il n'est donc pas étonnant que l'air contienne de l'acide carbonique.

6. — **Dans l'air il y a encore de la vapeur d'eau invisible.** — Elle se dépose en buée sur les corps froids, sur les carreaux de vitre, sur les bouteilles que l'on vient de monter de la cave.

7. — **On trouve dans l'air des poussières.** — Sables, charbons, débris de tissus, sciures de bois, en parcelles si petites qu'on ne peut les voir que lorsqu'elles sont fortement éclairées. On les aperçoit bien dans un rayon de soleil qui traverse une chambre obscure.

8. — Enfin **il existe dans l'air** des germes d'êtres infiniment petits qu'on appelle **microbes** et qui sont la cause de certaines maladies contagieuses.

9. — Voici un principe très important : **L'air qui a**

servi à la respiration est vicié ; il est dangereux de le respirer de nouveau.

On aspire l'air d'une carafe dont le col plonge dans une terrine d'eau : on voit l'eau prendre la place de l'air aspiré. On expire ensuite l'air sortant des poumons par le même tube : l'eau de la carafe redescend. Au bout de trois ou quatre aspirations, on est comme *asphyxié*. (*Expérience 8*.)

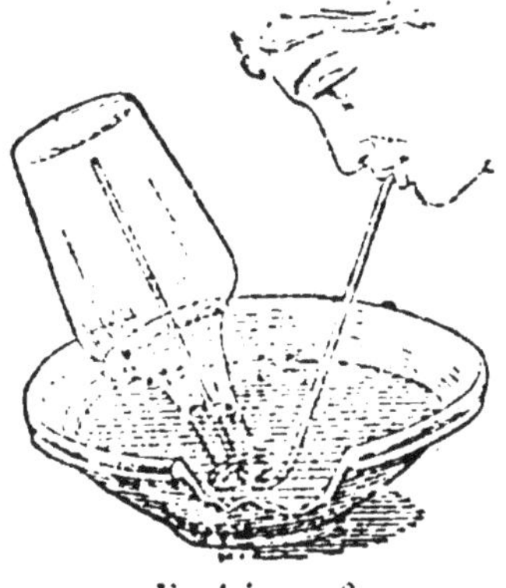

Expérience 8

Pour reconnaître si l'air est vicié, il suffit dans la plupart des cas d'y plonger une bougie allumée ; si elle s'éteint, l'air est malsain.

En plongeant une allumette enflammée dans la carafe de l'expérience précédente, l'allumette s'éteindra (*Expérience 9*.)

APPLICATIONS

10. — L'air *pur* étant indispensable à la vie de l'homme, il faut renouveler fréquemment l'air des habitations. Les personnes qui vivent au grand air se portent bien mieux que celles qui travaillent dans un atelier ou un bureau.

11. — De plus, il faut éviter les causes de viciation, se débarrasser des poussières qui se déposent partout dans l'intérieur des maisons ; mais il faut *essuyer* et non pas *épousseter*.

12. — Le renouvellement de l'air ne suffit même pas toujours ; en temps de maladies *contagieuses*, il faut *désinfecter* les appartements.

13. — Ces précautions hygiéniques s'appliquent aussi aux écuries, étables, etc..

14. — Les végétaux eux-mêmes ont besoin d'air pur : les plantes et les arbres qui poussent dans les villes ont l'aspect

souffreteux et leurs fruits ne sont pas aussi savoureux que ceux des arbres de la campagne. Les racines aussi ont besoin d'air pour accomplir leurs fonctions, et une graine ne germe pas si elle est privée d'air.

RÉSUMÉ.

1. L'air nous entoure de toutes parts; on l'appelle vent quand il est en mouvement.

2. L'air est un mélange de 1/5 d'oxygène et de 4/5 d'azote avec de la vapeur d'eau et un peu d'acide carbonique; on y trouve aussi des poussières et des microbes.

3. L'air qui a déjà servi à la respiration est vicié; il est dangereux de le respirer de nouveau.

4. Il faut donc renouveler fréquemment l'air des habitations et les tenir proprement

---

QUESTIONS DE CERTIFICAT D'ÉTUDES.

Devoir 1. (*Se reporter aux numéros de la leçon.*) — 1. L'air est-il abondant ? — Où se trouve-t-il ? — Qu'est-ce que le vent ? — Parlez des effets du vent. — Quelle est la hauteur de l'atmosphère ?

2. Les vases vides contiennent-ils de l'air ? — Comment peut-on le prouver ? — 3. Quels sont les deux gaz principaux qui composent l'air ? — Quelle différence faites-vous entre l'air et l'oxygène ? — 4. Sur 100 litres d'air, combien y a-t-il de litres d'oxygène ? Combien de litres d'azote ? — Quel est le rôle de l'azote dans l'air ? — Qu'arriverait-il si l'air était composé d'oxygène seulement ?

Devoir 2. — 5. Comment fait-on pour prouver que l'air contient de l'acide carbonique ? — En quoi consiste la 6e expérience ? — Pourquoi l'air des poumons blanchit-il l'eau de chaux ? — Quel gaz donne le charbon en brûlant ? — 6. Comment peut-on faire voir que l'air contient de la vapeur d'eau ? — 7. D'où viennent les poussières en suspension dans l'air ? — Peut-on les voir ? — Comment ? — Sont-elles utiles ou nuisibles ? — 8. Comment appelle-t-on les germes vivants que l'air contient ? — De quoi sont-ils la cause ? — 9. Que savez-vous sur l'air qui a déjà servi à la respiration ? — Pourquoi est-il dangereux de le respirer ? — Comment peut-on s'assurer que l'air est vicié ?

NOTA. — Les numéros compris dans chaque devoir, sous la rubrique : *Questions de certificat d'études*, se rapportent aux numéros correspondants de la leçon qui précède

Devoir 3. — 10. Pourquoi faut-il renouveler l'air des habitations ? — Comment fait-on pour renouveler l'air ? — Pourquoi les habitants de la campagne se portent-ils bien ? — 11. Faut-il épousseter les meubles ou les essuyer ? — Que devient la poussière quand on époussette ? — Que devient-elle quand on essuie ? — 12. En temps d'épidémie, suffit-il de renouveler l'air ? Que faut-il faire encore ? — 13. Les animaux ont-ils besoin d'air pur, comme nous ? — Qu'arrive-t il quand on ne tient pas les écuries et les étables avec soin ? — 14. Pourquoi les plantes et les arbres des villes ne sont-ils pas vigoureux ? — Qu'arrivera-t-il si on enfonce une graine dans le sol ?

DEVOIRS D'INTELLIGENCE ET DE RÉFLEXION.

(*Il faudra préparer ce devoir oralement, en commun avant de le donner par écrit.*)

Devoir 4. — 1. Quand est-ce qu'un air est vicié ? — 2. Pourquoi l'air d'une salle de classe se vicie-t-il plus vite que celui d'un appartement ordinaire ? — 3. Pourquoi arrose-t on le sol d'un appartement avant de le balayer ? — 4. Si on descend verticalement dans l'eau un grand cylindre vide en fer, fermé à sa partie supérieure, ouvert à sa partie inférieure, l'eau entrera-t-elle dans le cylindre ? — 5. Si le cylindre est assez grand pour contenir un ou plusieurs ouvriers, ne pourront-ils pas travailler au fond de l'eau, dans ce cylindre ? — (C'est ainsi qu'on construit les piles des ponts.)

6. Pourquoi le feu s'active-t-il lorsqu'on souffle dessus avec la bouche ou le soufflet ? — 7. Pourquoi le vent active-t-il un incendie ? — 8 Pourquoi, dans un feu de cheminée, faut-il d'abord boucher la cheminée par en bas ? — 9. Quand le feu prend aux vêtements, pourquoi faut-il se rouler par terre ou s'envelopper d'une couverture et non pas sortir en courant ?

PROBLÈMES.

1. Combien de litres d'oxygène et de litres d'azote contient le décalitre ? — l'hectolitre ? — une barrique de 228 litres ? — une salle de classe ayant 12 m. de long, 7 m. de large et 4 m. de haut ?

2. Un litre d'air pèse 1 gr. 3. Que pèse l'air contenu dans une salle de 9 m. 50 de long, 6 m. 25 de large et 4 m. de haut ?

3. Sachant qu'un litre d'oxygène pèse 1g.44, trouver le poids de l'oxygène contenu dans 1^{m3} d'air ?

4. Un dortoir de 14 m. de long et 7 m. 90 de large doit contenir 25 pensionnaires. Quelle hauteur faut-il lui donner pour que chaque pensionnaire ait 15^{m3} d'air ?

RÉDACTIONS.

1. Un grand vent vient d'abimer les récoltes et les arbres de votre commune. Expliquez à votre jeune frère ce que c'est que le vent, l'air et l'atmosphère.

2. On vous a donné à l'école à traiter le sujet suivant : L'air, sa composition et son rôle dans la nature. — Ecrivez à un ami pour lui dire comment vous vous êtes tiré de ce sujet difficile.

3. L'air et l'atmosphère : nature, composition, couleur et poids de l'air. (*Oise*. C. E. P.). (1)

4. Dans une lettre que vous écrivez à l'un de vos amis, vous lui expliquez quelles sont les causes qui peuvent vicier l'air dans les appartements que nous habitons, les inconvénients de cette situation et les moyens d'y remédier. (*Finistère*. C. E. P.)

5. L'air; sa composition ; son utilité. Pourquoi faut-il aérer les appartements ? (*Loiret*. C. E. P.)

6. Expliquez pourquoi, au point de vue de la santé, il faut tenir les appartements bien aérés et bien propres. (*Var*. C. E. P.)

LECTURE I

I. — L'haleine de l'homme est mortelle à l'homme.

Il y a dix ans environ, des passagers qui se rendaient d'Irlande à Liverpool à bord d'un bâtiment à vapeur, *perdirent la vie* parce que le capitaine ne s'était pas rendu compte du danger qu'il y a de respirer plusieurs fois le même air. Ce capitaine, voyant s'approcher un orage, ordonna à tous les passagers de descendre dans la cabine qui se trouvait trop petite pour le nombre de personnes qu'il y entassa. Quand elles y furent toutes réunies, il fit imprudemment fermer les écoutilles, ouvertures par lesquelles l'air pénètre ordinairement dans la cabine. Naturellement l'air ne se renouvela plus, et les pauvres passagers furent obligés de respirer plusieurs fois leur haleine. Les souffrances furent effrayantes, ils essayèrent tout ce qu'ils purent pour s'y soustraire. A la fin l'un d'entre eux parvint à se frayer une issue sur le pont et apprit au lieutenant dans quel état se trouvaient les autres. Quand cet officier descendit, il trouva soixante-douze passagers morts, d'autres qui étaient mourants. Ceux qui survécurent eurent la fièvre.

II. — Lorsqu'un certain nombre d'individus respirent dans une atmosphère qui ne se renouvelle pas ou se renouvelle mal, en vertu des échanges incessants qui s'opèrent entre le sang et cette atmosphère (*absorption d'oxygène, dégagement d'acide carbonique*), la proportion relative des éléments constitutifs de l'air se modifie. Il y a d'abord diminution de la quantité d'oxy-

(1) C. E. P. signifie *Certificat d'études primaires*.

gène ; la proportion normale de 21 0/0 peut tomber à 19 ou 18, et même au-dessous. Ensuite, il y a présence en excès d'acide carbonique. L'exhalation pulmonaire fournit, par heure, 9 litres d'acide carbonique chez l'enfant de huit ans, 12 litres chez la femme adulte et 20 litres chez l'homme. On comprend que la respiration empoisonne rapidement l'atmosphère, et fait augmenter l'acide carbonique dans une proportion considérable.

Aux Indes, 146 prisonniers anglais renfermés dans un lieu clos de vingt pieds carrés, succombèrent pour la plupart, après avoir éprouvé une soif vive, de la suffocation, un besoin d'air si pressant, qu'ils se battirent pour s'approcher des soupiraux. Au bout de huit jours 23 seulement restaient vivants.

Rappelons encore qu'après la bataille d'Austerlitz, 300 prisonniers autrichiens ayant été enfermés dans une cave, 260 succombèrent par asphyxie en peu de temps.

PROUST.

DEUXIÈME LEÇON.

L'EAU. — L'HYDROGÈNE.

1. — **Les trois états de l'eau.** — Nous trouvons l'eau dans la nature sous les trois états physiques :

A l'état solide, elle s'appelle neige, glace, grêle ;

A l'état liquide, elle tombe en pluie, coule dans les rivières, les fleuves et constitue la mer, les lacs, etc...

A l'état gazeux, enfin, elle est répandue en vapeur invisible dans l'atmosphère, ou se montre à nos yeux sous la forme de brouillards et de nuages.

2. — **L'eau de pluie est la plus pure**, à condition de la recueillir après plusieurs ondées et avant qu'elle ait coulé sur le sol ; autrement elle renfermerait les poussières qu'elle aurait rencontrées dans l'air et entraînées avec elle. L'eau de pluie doit être préférée pour le lavage du linge ; elle ne forme pas de grumeaux avec le savon

3. — **Eau distillée.** — On obtient de l'eau encore plus pure de la façon suivante .

On fait bouillir de l'eau dans un ballon; la vapeur s'échappe et arrive dans une boite en fer-blanc qui plonge dans l'eau froide. En se refroidissant, la vapeur donne des gouttelettes qui se déposent au fond de la boite. (*Expérience 10.*)

Expérience 10

L'eau obtenue de cette façon est de **l'eau distillée.**

On distille de l'eau en grande quantité au moyen d'un appareil appelé *alambic*

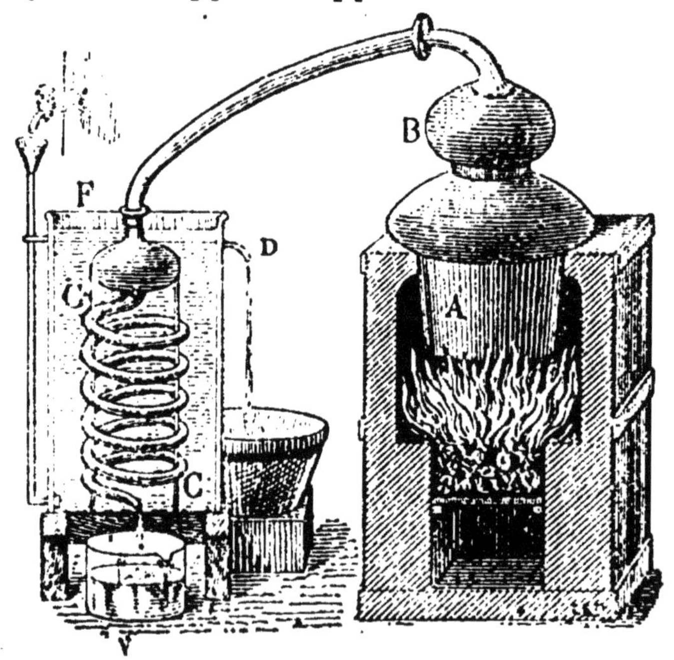

L'ALAMBIC.

A. Foyer -- B. Chaudière — L'eau froide arrive dans le réfrigérant F; l'eau chaude s'échappe en D, la vapeur se condense dans le serpentin C, et l'eau distillée tombe dans le vase V.

4. — **L'eau voyage** — Dès que l'eau atteint le sol, une

partie coule à la surface et va se jeter dans les ruisseaux : *c'est l'eau de ruissellement ;* l'autre partie pénètre, s'infiltre dans l'intérieur de la terre où elle forme des nappes d'eau souterraines qui entretiennent les sources : *c'est l'eau d'infiltration.*

5. — **L'eau de ruissellement.** — L'eau qui ruisselle sur le sol entraîne les corps qu'elle rencontre, sable, argile, terre ; parfois elle en est si chargée qu'elle perd sa limpidité et qu'elle se *trouble ;* mais elle redevient *claire* après un certain temps de *repos*, parce que les matières qui la troublent se déposent au fond du ruisseau, de la rivière ou du fleuve. (*C'est ainsi que se sont formés les bons terrains ou terrains d'alluvions.*) Ces matières sont *en suspension* dans l'eau et non point *en dissolution.*

Mettre une pincée de sel dans un verre d'eau A, une pincée de terre ou d'argile dans un verre d'eau B et remuer. L'eau du verre A ne se trouble pas, le sel a fondu, il ne se déposera pas, parce qu'il est *en dissolution* dans l'eau. L'eau du verre B au contraire, se trouble, mais elle redeviendra claire au bout d'un moment, parce que l'argile est *en suspension* seulement et qu'elle se déposera au fond du verre. (*Expérience 11.*)

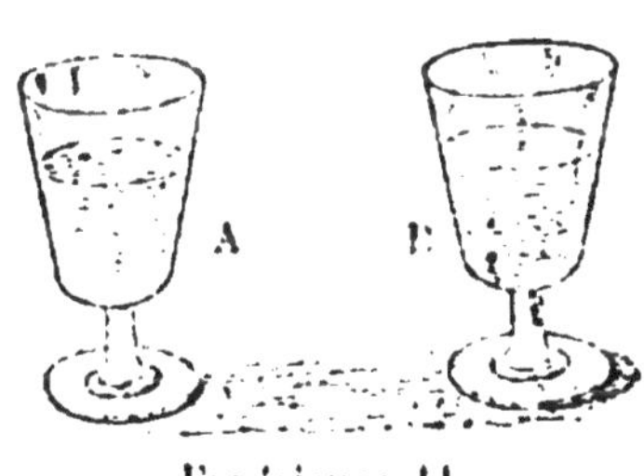

Expérience 11.

On peut se servir des eaux troubles, quand elles sont chargées de matières fertilisantes, pour l'arrosage des plantes, des prairies ; on laisse séjourner ces eaux sur le sol pendant l'hiver : c'est le *colmatage.*

6. — **L'eau d'infiltration.** — L'eau qui a pénétré dans le sol et qui en sort ensuite par les sources a rencontré dans son voyage souterrain des matières qu'elle a dissoutes ; il y a des eaux qui contiennent du fer, du soufre, de la soude : ce sont les *eaux minérales ;* il

y en a qui sortent de terre très chaudes, ce sont les *eaux thermales*. D'ordinaire, les eaux de source sont simplement des *eaux potables*.

7. — **Eau potable.** — L'eau potable est une eau bonne à boire, agréable à boire. Cela ne veut pas dire qu'elle est pure, car l'eau pure est fade, indigeste.

L'eau potable doit contenir :	de l'air et de l'acide carbonique ; du calcaire ; du sel marin.

8. — **L'eau potable doit contenir de l'air.** — C'est l'air en dissolution dans l'eau que respirent les poissons et les plantes aquatiques.

Si une eau bout régulièrement comme d'ordinaire, elle contient de l'air ; si elle entre brusquement en ébullition et par soubresauts, comme le bouillon gras, elle est privée d'air.

9. — **L'eau potable doit contenir du calcaire.** — Pour reconnaître si une eau contient du calcaire, on y verse de la teinture de campêche ; l'eau devient rose, violacée ou bleue suivant qu'elle renferme plus de calcaire. (*Expérience 12.*)

De l'eau très calcaire forme des dépôts blancs dans les carafes.

10. — **L'eau potable doit contenir du sel.** — C'est le sel marin qui donne à l'eau sa légère saveur. De l'eau *trop* calcaire ou de l'eau *trop* salée ne serait pas potable ; un litre d'eau ne doit pas contenir plus de 0 gr. 5 par litre de calcaire et de sel.

11. — **L'eau potable ne doit contenir**	ni plâtre, ni matières organiques, ni microbes.

12. — **L'eau potable ne doit pas contenir du plâtre.** — Une eau renfermant du plâtre est dite *séléniteuse ;*

lourde et indigeste, elle ne peut bien cuire les légumes ni servir à faire la lessive ; elle forme des grumeaux avec le savon.

Le verre A contient de l'eau de pluie :
id B id. de l'eau séléniteuse.

On verse dans l'un et l'autre quelques gouttes d'une dissolution alcoolique de savon ; on agite. (*Expérience 13.*)
L'eau du verre A mousse bien ;
id. B mousse peu ou point et forme des grumeaux.

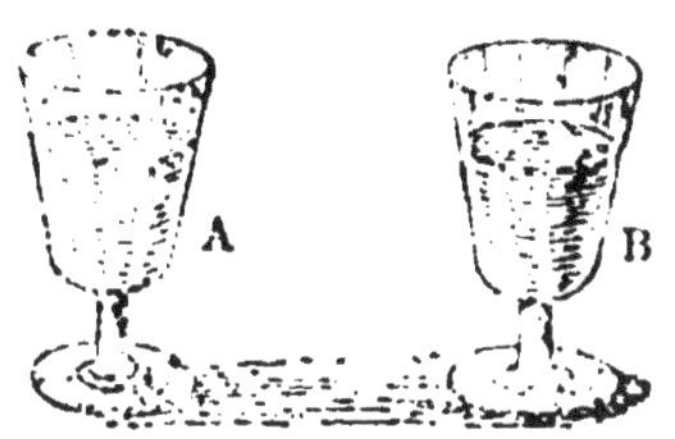

Expérience 13.

On corrige les eaux *séléniteuses* au moyen de cendres de végétaux ou de cristaux de soude que l'on y ajoute avant d'en faire usage. On peut aussi ajouter aux légumes que l'on fait cuire un petit sachet de cristaux de soude.

13. — **L'eau potable ne doit pas contenir des matières organiques**, c'est-à-dire des matières provenant des animaux ou des végétaux ; l'eau souillée par les matières organiques est dangereuse ; l'eau des mares est presque toujours nuisible.

Si une eau conservée pendant quelques jours dans des vases en verre ou en terre y acquiert une mauvaise odeur, c'est que cette eau n'est pas de bonne qualité, c'est une *eau fétide* contenant des matières organiques.

On filtre les eaux fétides sur un filtre à charbon ; mais la filtration au charbon ne suffit pas pour arrêter les germes vivants.

14. — **L'eau potable enfin ne doit pas contenir des microbes**, de ces germes microscopiques vivants qui sont la cause de la fièvre typhoïde, de la dysenterie, du choléra, etc... Rien n'indique à l'œil nu qu'une eau est *contaminée*, c'est-à-dire pleine de microbes ; une eau peut être limpide agréable à boire et con-

tenir le germe de la fièvre typhoïde ; il ne faut boire que de *l'eau de source* ou de l'eau passée au filtre en porcelaine dégourdie, dit *filtre Pasteur*, ou de l'eau que l'on a fait bouillir pendant 20 minutes et qu'on a battue ensuite pour l'aérer.

En temps d'épidémie, il est sage de ne boire que de l'eau bouillie ; il est fort désagréable certainement de s'astreindre à faire bouillir l'eau avant de la boire, mais il est plı désagréable encore d'avoir la fièvre typhoïde

15. — **L'eau n'est pas un corps simple.** — L'eau, même pure, n'est pas constituée par une substance *unique*, autrement dit elle n'est pas un *corps simple.*

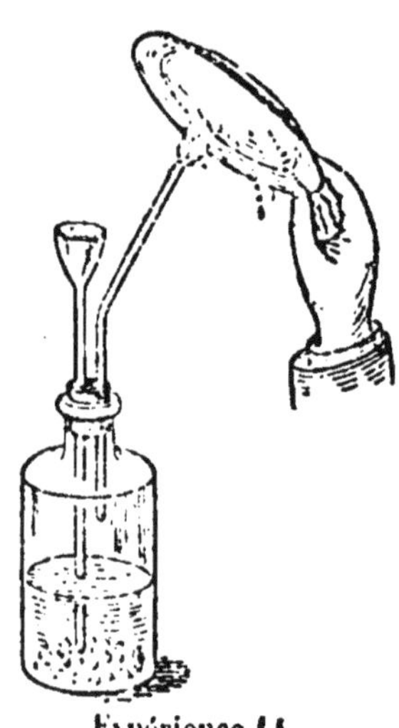
Expérience 14

Dans le flacon A, on prépare un gaz très léger appelé hydrogène. — On présente une allumette à l'extrémité du tube coudé, le gaz s'enflamme. En plaçant une soucoupe froide sur cette flamme, elle se recouvre *de buée*, de petites gouttelettes d'eau. (*Expérience 14.*)

Ainsi l'hydrogène, en brûlant, donne de l'eau comme le charbon, en brûlant, donne de l'acide carbonique. L'eau et l'acide carbonique sont des *corps composés.*

16. — **L'eau est un corps composé, une combinaison d'oxygène et d'hydrogène.**

L'eau est formée : { d'hydrogène, corps qui brûle,
d'oxygène, corps qui fait brûler.

On s'explique ainsi pourquoi le forgeron asperge son charbon pour obtenir plus de chaleur.

17. — L'hydrogène est un gaz 14 fois 1/2 plus léger

que l'air ; il sert à gonfler les ballons, mais il s'échappe très facilement des enveloppes qui le contiennent ; il brûle en donnant une très forte chaleur.

APPLICATIONS.

18. — Comme l'air, l'eau est indispensable à tous les êtres vivants. Il y a des plantes qui contiennent 90 p. 100 d'eau ; le foin perd les 3/4 de son poids par la dessiccation ; nous-mêmes, nous sommes formés d'une énorme quantité d'eau, 75 p. 100, de telle sorte que l'eau entre pour 30 kg dans le corps d'un enfant du poids de 40 kg.

C'est dire combien les plantes et les animaux ont besoin d'eau pour vivre et se développer.

19. — L'eau de boisson des animaux domestiques doit aussi satisfaire aux conditions des eaux potables ; c'est une funeste habitude de leur donner à boire l'eau des mares infectes ou l'eau dans laquelle ils se sont baignés.

20. — Il ne faut pas oublier que l'excès d'eau est nuisible aux plantes : l'herbe, les fruits récoltés dans les années humides sont trop aqueux et ne se conservent pas ; souvent ils pourrissent avant d'arriver à maturité.

21. — Lorsque le sol est trop humide, *on le draine ;* s'il est trop sec, *on l'irrigue ;* il faut se souvenir qu'arroser n'est pas noyer.

RÉSUMÉ.

1. L'eau se présente sous trois états : solide, liquide, gazeux.
2. C'est l'eau de pluie qui est la plus pure ; — l'eau distillée se prépare dans un alambic.
3. L'eau de ruissellement se trouble et forme les terrains d'alluvion ; l'eau d'infiltration pénètre dans la terre et en sort plus tard par les sources.
4. L'eau potable doit contenir de l'air et de l'acide carbonique, du calcaire et du sel marin ; on n'y doit trouver ni plâtre, ni matières organiques, ni microbes.
5. L'eau n'est pas un corps simple, c'est une combinaison d'oxygène et d'hydrogène.
6. L'eau est indispensable à tous les êtres vivants.

QUESTIONS DE CERTIFICAT D'ÉTUDES.

Devoir 5 — 1. Sous quelle forme trouve-t-on l'eau dans la nature ? — Quels noms prend-elle à l'état solide ? — A l'état liquide ? — A l'état gazeux ? — 2. Quelle est la plus pure de toutes les eaux ? — Comment faut-il recueillir l'eau de pluie ? — Est-elle bonne pour le lavage du linge ? — Pourquoi ? — 3. Qu'appelle-t-on eau distillée ? — Comment l'obtient-on ? — Qu'est-ce qu'un alambic ? — 4. Que devient l'eau de pluie ou de neige ? — 5. Parlez de l'eau de ruissellement. De quoi se charge-t-elle ? — Qu'est-ce que l'eau trouble ? — Qu'est-ce que l'eau claire ? — Qu'appelle-t-on terrains d'alluvions ? — Quand est-ce qu'une matière est en suspension dans l'eau ? — Quand est-elle en dissolution ? — Les matières suivantes mélangées à l'eau y restent-elles en suspension ou en dissolution : — la terre, le sable, le sucre, l'argile, le sel, la vase ?

Devoir 6. — 6. Que fait l'eau d'infiltration ? — Qu'appelle-t-on eaux minérales ? — Eaux thermales ? — 7 Qu'est-ce que l'eau potable ? — L'eau potable est-elle pure ? — L'eau pure est-elle agréable à boire ? — 8. Que doit contenir une bonne eau potable ? — Comment fait-on pour reconnaitre si l'eau contient de l'air ? — Quel air respirent les poissons ? — 9. Comment reconnait-on la présence du calcaire dans l'eau ? — Qu'est-ce qui se dépose quelquefois au fond des carafes ? — 10. Quelle quantité de sel marin trouve-t-on d'ordinaire dans l'eau potable ? — Quelle quantité de calcaire ?

Devoir 7. — 11. Qu'est-ce qu'on ne doit pas trouver dans l'eau ? — 12. Quels sont les défauts des eaux qui contiennent du plâtre ? — Quel nom donne-t-on à ces eaux ? — A quels usages ne conviennent-elles pas ? — Si l'on est forcé de s'en servir, dites ce qu'on peut faire pour les corriger ? — 13. Qu'appelle-t-on matières organiques ? — Pourquoi l'eau des mares est-elle bien souvent mauvaise ? — Comment s'assurer qu'une eau contient des matières organiques ? — Qu'est-ce qu'une eau fétide ? — Qu'est-ce qu'un filtre à charbon ? — Le filtre à charbon donne-t-il une sécurité absolue ?

Devoir 8. — 14. Quelles sont les eaux les plus dangereuses de toutes ? — Qu'est-ce que les microbes ? — Quelles maladies peuvent donner les microbes que renferment certaines eaux ? — Ces eaux à microbes sont elles troubles ou sentent-elles mauvais comme les eaux chargées de matières organiques ? — L'eau de source, prise à la source, contient-elle des microbes ? — Quels sont les filtres qui retiennent les microbes ? — Comment peut-on débarrasser les eaux des microbes ? — Combien de temps faut-il faire bouillir l'eau ? — Ne faut-il pas l'aérer ensuite ? — Comment ? — Que faut-il faire en temps d'épidémie ?

Devoir 9. — 15-17. L'eau est-elle un corps simple ou un corps composé ? — Quelles sont les matières qui composent l'eau ? — — Qu'est-ce que l'hydrogène ? - Et l'oxygène ? — Quelle différence y a-t-il entre ces deux gaz ? — Comment peut-on montrer que l'eau est composée d'oxygène et d'hydrogène ? — Qu'est ce qu'un corps simple ? — Qu'est-ce qu'un corps composé ? — Quel est le gaz qui brûle ? — Quel est le gaz qui fait brûler, qui active la combustion ? — L'acide carbonique est-il un corps simple ou un corps composé ? — Et l'oxygène ? — Et l'hydrogène ? — Et l'eau ?

Devoir 10. — 18. Faites voir que les plantes ont besoin d'eau pour vivre. Le corps de l'homme contient-il de l'eau ? — En quelle proportion ? — 19. Quelle eau faut-il faire boire aux animaux domestiques ? — 20. L'excès d'eau est-il utile ou nuisible aux plantes ? — Qu'arrive-t-il dans les années humides ? — 21. Que fait-on quand un sol est trop humide ? — Et quand il est trop sec ?

DEVOIRS D'INTELLIGENCE ET DE RÉFLEXION.

(Les préparer oralement avant de les donner par écrit.)

Devoir 11. — 1. Dites pourquoi il ne suffit pas qu'une eau soit agréable à boire pour être potable. — 2. Pourquoi l'eau de pluie qui tombe est-elle pure ? — 3. Pourquoi l'eau des fleuves et des rivières peut-elle contenir les microbes de la fièvre typhoïde ? — 4. Pourquoi l'eau du Nil, qui déborde chaque année, fertilise-t-elle l'Egypte ?

5. Quand on distille de l'eau au moyen d'un alambic, que reste-t-il au fond de la chaudière (*cucurbite*) ? — 6. D'où vient l'acide carbonique contenu dans l'eau ? — 7. L'air contenu dans l'eau y est-il en dissolution ou en suspension ?

Devoir 12. — 8. Pourquoi l'eau bouillie a-t-elle une saveur fade ? — 9. Pourquoi les mares sentent-elles mauvais, surtout l'été ? — 10. Pourquoi l'eau de source est-elle agréable à boire ? — 11. Pourquoi ne contient-elle ni matières organiques ni microbes ?

12. Le Rhône, en traversant le lac de Genève, ne doit-il pas y déposer les matières qu'il tient en suspension ? — 13 Et alors ce lac ne se comble-t-il pas insensiblement ? — 14. Pourquoi un cours d'eau est-il trouble après les pluies d'orage ?

Devoir 13. — 15. Pourquoi l'eau de la mer n'est-elle pas une eau potable ? — 16. Qu'est-ce que la croûte qui se dépose au fond des bouilloires ? — 17. Comment les eaux d'infiltration deviennent-elles minérales ?

18. D'ordinaire l'eau éteint le feu, pourquoi donc le forgeron asperge-t-il son feu pour l'activer ? — 19. Qu'est-ce qu'une eau contaminée, séléniteuse, fétide, minérale, thermale ?

Devoir 14. — 20. Comment l'eau des puits peut-elle contenir des microbes ? — 21. Que pensez-vous de l'eau des citernes ? — 22. Faites deux listes des corps suivants, mettez dans l'une les corps simples, dans l'autre les corps composés : *acide carbonique, eau, oxygène, hydrogène, air, vapeur d'eau, glace, rosée, azote.* — 23. Quelle est l'action des forêts au point de vue de l'infiltration des eaux ? — 24. Faut-il déboiser les collines et les montagnes ? — 25. Justifiez votre réponse.

PROBLÈMES.

5. Une auge en pierre remplie d'eau a 1m60 de long, 0m45 de large et 0m30 de hauteur. Quel est le poids de cette eau ?

6. Sachant que 1 gr. d'hydrogène se combine à 8 gr. d'oxygène pour former 9 gr. d'eau, trouvez les poids d'oxygène et d'hydrogène contenus dans un litre d'eau.

7. Combien de litres d'eau (*en supposant qu'on ait de l'oxygène à volonté*) peut-on faire avec 325 gr. d'hydrogène ?

8. Un litre d'eau dissout 0l04 d'oxygène, 0l02 d'azote, 0l024 d'air atmosphérique. Combien d'oxygène, d'azote et d'air pourront être dissous dans 2 l. 1/3 ?

RÉDACTIONS.

7. Racontez le voyage d'une goutte d'eau tombée du ciel sur la route, passant dans le fossé, irriguant un pré et s'infiltrant ensuite dans la terre en traversant un petit bois. Elle devient eau minérale et est enfin agréablement surprise de revenir à la lumière et de se trouver dans un bassin des sources de Vichy, où il y a tant de monde. Elle se demande ce qu'elle va devenir.

8. Après avoir dit quels sont les usages de l'eau et montré les services qu'elle nous rend, parlez des ravages qu'elle cause par les orages, les inondations, etc... ; c'est elle aussi qui propage la fièvre typhoïde, le choléra... Concluez en disant si tout compté, elle est utile ou nuisible.

9. L'eau ; sa composition, ses propriétés, ses usages. (*Charente.* C. E. P.)

10. Montrez les services que l'eau rend à l'homme, aux animaux, à l'agriculture, à l'industrie et au commerce. Dans quelles circonstances l'eau est-elle un danger ? (*Côte-d'Or.* C. E. P.)

11. Qu'appelle-t-on eau potable ? — Comment reconnaît-on une eau potable ? — Comment se procure-t-on de l'eau potable ? — Comment peut-on rendre potable une eau qui ne l'est pas ? (*Creuse.* C. E. P.)

12. Expliquez comment l'air pur et l'eau propre sont indispensables pour entretenir notre santé. (*Meuse.* C. E. P.)

13. L'eau. Donnez d'abord quelques détails sur l'eau, les sources, les ruisseaux, etc. Ensuite vous énumérerez les différents usages de l'eau dans l'ordre suivant : économie domestique et

besoins journaliers, agriculture, industrie. (*Seine-Inférieure*. C. E. P.)

14. L'eau. A quoi peut-on reconnaître qu'elle n'est pas bonne pour notre alimentation, et comment la rend-on meilleure? (*Gard*. C. E. P.)

15. Faire connaître l'importance de l'eau, les qualités d'une eau potable et par quelles imprudences une eau de puits, de source, etc., peut devenir nuisible à la santé de l'homme et des animaux. (*Var*. C. E. P.)

LECTURE II.

Ne buvez que de l'eau de source.

Il ne faut pas se lasser de répéter que le choléra et la fièvre typhoïde sont donnés par l'eau contaminée. L'épidémie de choléra qui a sévi à Saint-Pétersbourg (1894) en est une nouvelle preuve. Elle a éclaté brusquement, apportée par l'eau de la Néva contaminée encore l'été dernier. Les travailleurs des barques de la Néva *qui buvaient l'eau du fleuve* ont commencé par être atteints les premiers. Le nombre des malades a augmenté ensuite progressivement chaque jour de 50 à 100, 150, 200 et jusqu'à 270. La municipalité, de concert avec la préfecture et le corps des médecins, prit des mesures énergiques qui aboutirent à une diminution progressive des cas, au point de les ramener en trois ou quatre semaines, de 250 à 30 par jour. *On mit des barils d'eau bouillie en pleine rue, à la porte de chaque débit de vin, dans les restaurants et même dans les maisons privées où chacun pouvait boire à discrétion.*

La désinfection du linge à l'étuve municipale, ainsi que celle des fosses d'aisances et des logements où il y avait eu des cas de choléra, fut faite par les agents de l'autorité sanitaire.

Après que l'épidémie eut disparu, le conseil municipal décida qu'une nouvelle canalisation amènerait à Saint-Pétersbourg les eaux de sources pures des plateaux voisins et que l'eau de la Néva ne serait plus du tout employée.

AMI DE L'ENFANCE.

TROISIÈME LEÇON.

LES CHARBONS. — LA COMBUSTION.

1. — **Il y a deux sortes de charbons** : les charbons *naturels* que l'on trouve dans le sol mélangés en proportions variables avec des matières terreuses, et les charbons *artificiels* que l'on fabrique.

2. — **Principaux charbons naturels.** — Le *diamant* est du charbon absolument pur, qui, à cause de sa dureté, raye tous les autres corps, la *plombagine* ou mine de plomb, d'un noir brillant, employée par les ménagères pour préserver de la rouille le fer ou la fonte et dont on fait aussi des crayons ; *la houille* et la *tourbe*.

3. — **La houille** — Elle se trouve dans la terre à des profondeurs variables. Pour exploiter les mines de houille, il faut creuser des puits, percer des galeries, établir des machines coûteuses pour aérer, empêcher les inondations, monter le charbon, etc...

La vie des mineurs est pénible et dangereuse à cause des gaz malsains et des poussières de charbon qu'ils respirent, à cause des explosions dues au *feu grisou* Comme ces explosions sont provoquées par le contact d'une flamme avec le mélange des gaz combustibles, on munit la lampe des mineurs (*lampe Davy*) d'une toile métallique qui *refroidit* suffisamment le gaz pour l'empêcher de s'enflammer.

Expérience 15.

Au-dessus d'une bougie allumée, on place une toile métallique ; la flamme est écrasée, on peut même l'éteindre complètement ; mais le gaz n'est pas détruit, car on l'enflamme en présentant au-dessus de la toile une allumette enflammée. (*Expérience 15.*)

4. — **Usages de la houille.** — La houille sert de combustible ; on l'a appelée, avec raison, *le pain de l'industrie.*

Si au lieu de la faire brûler à l'air, on la chauffe fortement à l'abri de l'air, *en vase clos,* elle donne différents produits :

Le charbon des cornues ;

Le coke, employé comme combustible ;
Le gaz d'éclairage ;
Le goudron.

Remplir de houille une pipe en terre ordinaire et fermer avec de l'argile Quand l'argile a fait corps avec la pipe (au bout de deux ou trois jours), la placer dans un fourneau au milieu des charbons ardents. Au bout d'un moment, le gaz d'éclairage sortira par le tuyau, si on l'enflamme, il brûlera pendant 1/4 d'heure. (*Expérience 16.*)

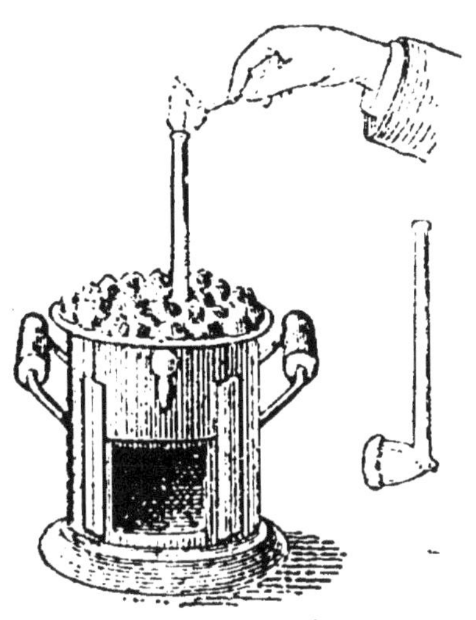

Expérience 16.

5. — **Dans les usines à gaz on remplace la pipe** par de grandes cornues, on épure le gaz et on le recueille dans de grandes cuves en fer appelées gazomètres.

On met la houille dans les cornues, A, chauffées au rouge, le gaz se dégage, passe dans le barillet B, où une partie du goudron se dépose, puis dans les tuyaux d'orgue C, et la colonne à coke D, où il se refroidit et continue à s'épurer ; avant de se rendre dans le gazomètre G, il se débarrasse des gaz à mauvaise odeur, dans les épurateurs E, qui contiennent de la chaux.

6. — **Origine de la houille.** — En examinant bien la houille, on reconnaît des traces de tiges, de feuilles. Aussi admet-on que sa formation est due à des végétaux enfouis dans le sol depuis des siècles et qui ont subi des modifications analogues à celles qui se produisent dans les meules des charbonniers.

7. — **La tourbe.** — Elle se forme dans les terrains marécageux et est utilisée comme combustible. On s'en sert aussi comme litière pour les animaux ; on la fait entrer dans la composition d'une flanelle qui a reçu pour ce motif le nom de flanelle de tourbe.

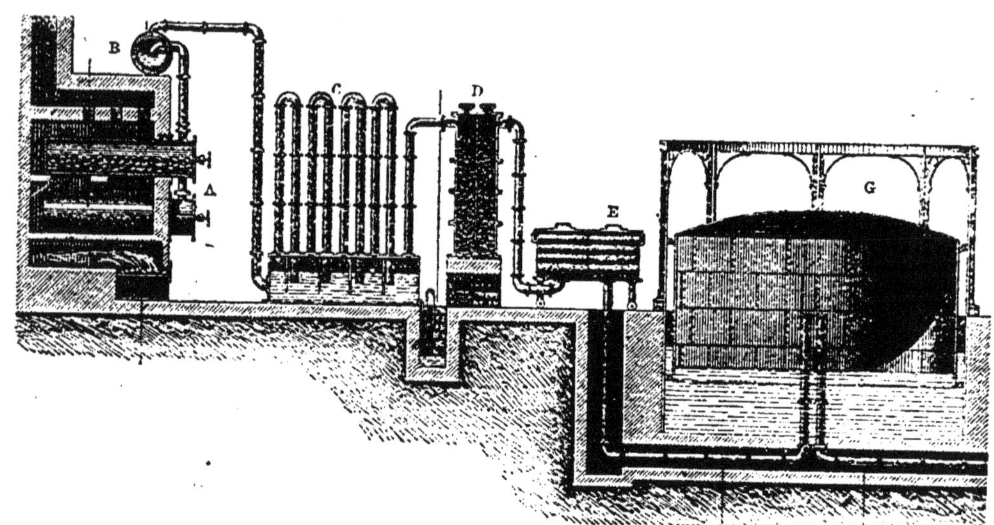

COUPE D'UNE USINE A GAZ.

On met la houille dans les cornues A chauffées au rouge ; le gaz se dégage, passe dans le barillet B, où une partie du goudron se dépose, puis dans les tuyaux d'orgue C et la colonne à coke D, où il se refroidit et continue à s'épurer ; avant de se rendre dans le gazomètre G, il se débarrasse des gaz à mauvaise odeur, dans les épurateurs E, qui contiennent de la chaux.

8. — Charbons artificiels. — Les charbons artificiels s'extraient des substances végétales ou animales, car tout ce qui vit ou a vécu renferme du charbon. Ainsi le pain ou la viande trop grillés carbonisent, parce que le feu a fait partir les corps volatils, hydrogène, oxygène, azote, qui étaient combinés avec le charbon. Les principaux charbons artificiels sont :

le charbon de bois ;
le noir de fumée ;
le noir animal.

9. — Charbon de bois. — Quand on fait brûler le bois *en plein air* ou dans une cheminée, il donne des gaz qui montent dans l'atmosphère et un peu de cendres ; quand on le fait brûler *incomplètement* en lui fournissant peu d'air, il donne des gaz et du charbon.

C'est ainsi que procèdent les charbonniers.

Autour de quatre pieux formant une cheminée, ils empilent des rondins qu'ils recouvrent de terre, feuilles sèches, etc... A la base de la meule, ils pratiquent des ouvertures ou évents. Ils jettent par la cheminée des fagots allumés ; les rondins se carbonisent et quand la flamme sort claire, ils bouchent la cheminée, ouvrent des évents autour et ainsi de suite jusqu'à ce qu'ils jugent que tout le bois est transformé en charbon Puis ils bouchent le tout et attendent que la meule soit refroidie pour retirer le charbon.

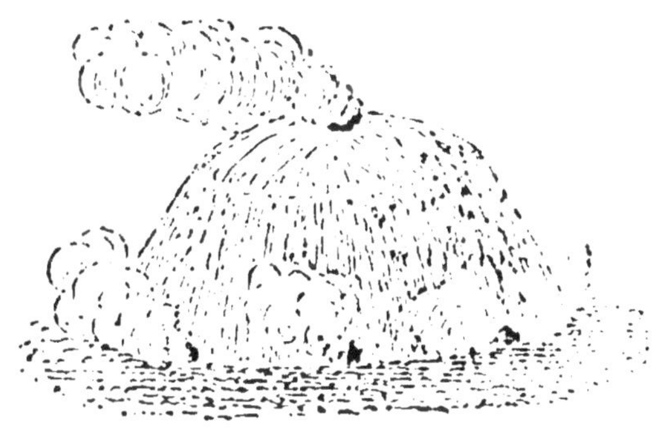

Le bon charbon de bois a une cassure brillante, un son clair et ne donne pas de fumerons en brûlant.

10. — Usages du charbon de bois. — On l'utilise comme

combustible et comme *désinfectant* parce qu'il retient les gaz malsains ; mais il faut avoir soin de le renouveler assez fréquemment dans les *filtres à charbon.*

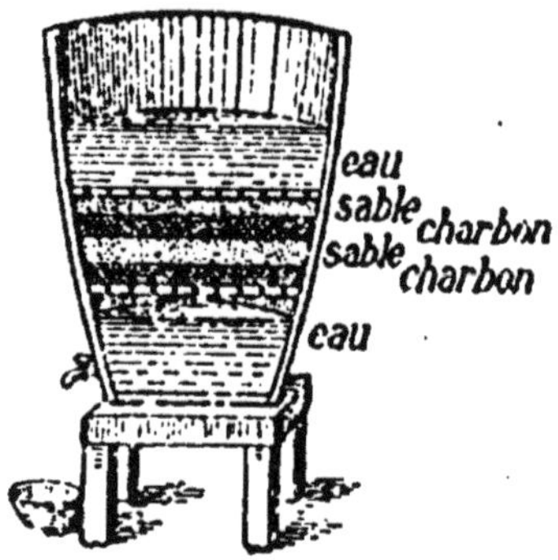

FILTRE A CHARBON.

En faisant passer de l'eau fétide sur une couche de charbons qu'on vient d'éteindre, l'eau perd sa mauvaise odeur. Les ménagères font disparaître le mauvais goût du bouillon en y plongeant un charbon embrasé. (*Expérience 17.*)

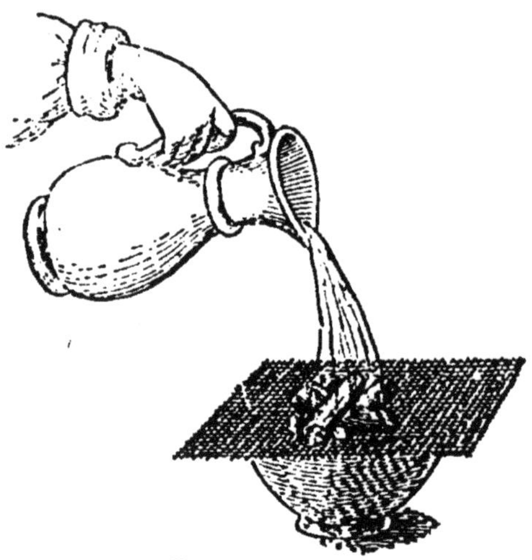

Expérience 17.

La viande et le poisson entourés de braise éteinte, se conservent frais assez longtemps.

11. — Le noir de fumée. — Le noir de fumée s'obtient en brûlant des substances renfermant beaucoup de charbon : matières grasses, résines, etc ..

Dans une soucoupe, on enflamme quelques gouttes d'essence de térébenthine, le noir de fumée se dépose dans un cornet placé au-dessus de la flamme. (*Expérience 18.*)

C'est du noir de fumée qui se produit quand la

lampe fume. On se sert de ce corps dans la confection de l'encre d'imprimerie, de l'encre de Chine, de certaines peintures noires.

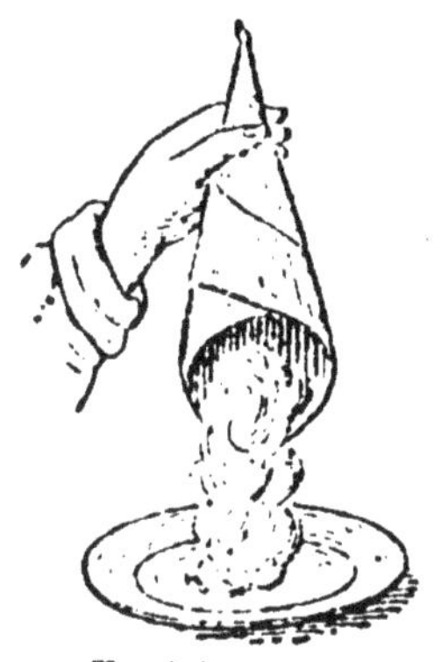
Expérience 18

12. — Noir animal. — En chauffant des os à l'abri de l'air, on obtient le noir animal. Il est employé pour *décolorer* les liquides, les sirops, le jus des betteraves à sucre et pour faire le cirage.

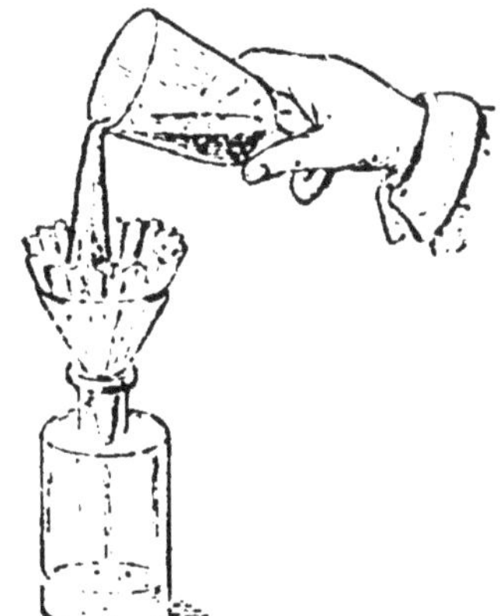
Expérience 19.

On mélange du vin rouge et du noir animal; on verse le tout sur un filtre : le liquide sort incolore. (*Expérience 19.*)

APPLICATIONS.

13. — C'est surtout comme combustibles que l'on emploie les charbons. La chaleur qu'ils produisent en brûlant est plus ou moins grande. Cela dépend : 1° de leur pureté; 2° des appareils employés.

14. — Plus il arrive d'air sur le charbon, plus *la combustion* est vive et rapide et plus le charbon donne de chaleur.

15. — Dans l'industrie, on se sert d'appareils qui permettent l'arrivée continuelle de l'air sur le combustible.

16. — C'est une erreur de croire qu'il suffit de beaucoup de combustible pour obtenir beaucoup de chaleur, sans se préoccuper du tirage : pas d'air, pas de combustion.

RÉSUMÉ.

1. Il y a deux sortes de charbons : les charbons naturels, comme la houille et la tourbe, et les charbons artificiels, comme le charbon de bois, le noir de fumée et le noir animal.

2. La houille s'extrait de la terre ; les mineurs sont exposés à l'explosion du feu grisou ; la houille sert dans l'industrie au chauffage des machines à vapeur et à la préparation du gaz d'éclairage.

3. La tourbe se forme dans les terrains marécageux.

4. Le charbon de bois se fabrique en brûlant incomplètement le bois dans les meules ; c'est un bon désinfectant.

5. Le noir de fumée s'obtient en brûlant des matières grasse ou résineuses ; le noir animal, en calcinant des os en vase clos.

6. Pas d'air, pas de combustion, pas de chaleur.

QUESTIONS DE CERTIFICAT D'ÉTUDES

Devoir 15. — 1. Combien y a-t-il de sortes de charbons ? — 2. Quels sont les principaux charbons naturels ? — Qu'est-ce que le diamant ? — Quelle est la propriété du diamant ? — Qu'est-ce que la plombagine ? — Comment les ménagères appellent-elles ce charbon ? — A quoi sert-il ? — 3. Où trouve-t-on la houille ? — Comment exploite-t-on les mines de houille ? — Pourquoi la vie des mineurs est-elle pénible ? — Pourquoi dangereuse ? — Parlez du feu grisou Qu'est-ce qui provoque les explosions ? — De quelle lampe se servent les mineurs ? — Qu'est-ce qui empêche le gaz de s'enflammer ? Parlez de l'expérience n° 15.

Devoir 16. — 4 Quels sont les usages de la houille ? — Comment appelle-t-on la houille ? — Quels produits donne-t-elle quand on la brûle en vase clos ? — Parlez de l'expérience 16. — 5. Dans les usines à gaz, comment fait-on le gaz d'éclairage ? — Comment s'appelle la grande cuve en fer où l'on recueille le gaz ? — 6. Quelle est l'origine de la houille ? Quelles traces reconnaît-on sur la houille ?

Devoir 17. — 7. Qu'est-ce que la tourbe ? — Où se forme-t-elle ? — Quels en sont les usages ? — 8. Quels sont les charbons artificiels ? — Comment les prépare-t-on ? — Qu'arrive-t-il si on laisse trop griller le pain ? — Quels sont les gaz qui s'échappent des corps qui brûlent ? — 9. Que reste-t-il du bois qu'on brûle en plein air ou dans la cheminée ? — Et quand il brûle incomplètement avec peu d'air ? — Dites comment les charbonniers font le charbon de bois.

Devoir 18. — 10. Quelles sont les qualités d'un bon charbon de bois ? — 11. A quoi sert-il ? — Parlez de l'expérience 17. Dites, en vous aidant de la figure, comment on fait un filtre à charbon ? — Comment peut-on faire disparaître le mauvais goût du bouillon ? — Comment peut-on conserver la viande et le poisson ? — 12. Comment se fait le noir de fumée ? — En quoi consiste l'expérience 18 ?

Devoir 19. — Qu'est-ce qui se produit quand la lampe fume? — A quoi sert le noir de fumée? — 13. Qu'est-ce que le noir animal? — A quoi l'emploie-t-on? — Parlez de l'expérience 19. — 14. De quoi dépend la chaleur produite par les charbons? — 15. Quand la combustion est-elle vive? — 16. Suffit-il d'entasser du combustible pour faire beaucoup de chaleur? — Que faut-il encore?

DEVOIRS D'INTELLIGENCE ET DE RÉFLEXION.

(Les préparer oralement avant de les donner par écrit.)

Devoir 20 — 1. Le diamant brûle-t-il? — 2. Puisqu'il raye tous les corps, avec quoi peut-on le tailler? — 3. Pourquoi la houille est-elle appelée *le pain de l'industrie?* — 4. Quand la houille a donné le gaz d'éclairage, que reste-t-il dans les cornues? — 5. Pourquoi le charbon de bois est-il un bon désinfectant? — 6. Quel résultat obtiendrait-on en jetant des charbons embrasés au fond d'un puits dont l'eau sentirait mauvais?

Devoir 21. — 7 Si on enlève le verre d'une lampe qui éclaire bien, savez-vous ce qui arrivera? — 8. Pourquoi? — 9. Si on met une assiette sur une flamme, qu'est-ce qui se déposera sur l'assiette et pourquoi? — 10. D'où vient le feu grisou des mines? — 11. Pourquoi ne s'enflamme-t-il pas avec la lampe Davy? — 12. Comprenez-vous pourquoi on carbonise les pieux, la partie des poteaux télégraphiques qui s'enfonce dans le sol?

PROBLÈMES.

9. Le bois donne ordinairement en forêt 7 p. 0/0 de charbon, combien de charbon obtiendra-t-on avec 8 stères de bois dont la densité est 0,520?

10 La houille grasse soumise à la distillation donne par 100 k. 25^{m3} de gaz d'éclairage, 4 k. 1/2 de goudron. 1Hl 2/3 de coke: trouver la quantité de gaz d'éclairage, de goudron et de coke, fournis par un mètre cube de houille grasse, dont la densité est 1,5.

11. L'anthracite est un charbon brillant qui produit beaucoup de chaleur. L'anthracite d'Angers a pour densité 1,367 et fournit 90 p. 0/0 de coke. Combien de quintaux de coke donneront 10 m cubes d'anthracite d'Angers?

12. Le diamant se vend au carat, qui est un poids de 205^{mg}. Sachant que le carat vaut 90 fr. et la houille 27 fr. la tonne, trouvez combien 1 gr de diamant vaut de plus qu'un quintal de houille.

RÉDACTIONS.

16. Le diamant se moquait un jour de la houille : « Je brille sur la tête des rois et des reines, disait-il, et toi tu n'es bon qu'à salir qui te touche. » Développez le sujet en forme de conversation entre le diamant et la houille. En corrigeant votre devoir, votre maître verra si vous savez reconnaître les services d'un bon serviteur.

17. Le charbonnier est au bois ; il coupe les branches des arbres... il fait la meule (dites comment)... il allume... il surveille le feu pendant deux jours et deux nuits... Il s'agit maintenant d'aller vendre le charbon à la ville. On le met en sacs, on attelle le cheval... « Charbon de bois ! » crie le charbonnier dans les rues..... Que va devenir ce charbon ?

Racontez toutes ces choses.

18. La houille. Ses usages. Fabrication du gaz d'éclairage et du coke. (*Saône-et-Loire.* C. E. P.)

19 Où se trouve la houille ? — A quels usages est-elle employée ? — Quels en sont les avantages et les inconvénients ? — Qu'arriverait-il pour le commerce et l'industrie si les mines de houille n'étaient plus exploitées. (*Seine-Inférieure.* C. E. P.)

20. Dites ce que vous savez sur l'air et la combustion. (*Eure-et-Loir* C. E P.)

21. Le charbon de terre et le charbon de bois. (*Gard.* C. E. P.)

22. Racontez l'histoire d'un morceau de houille ou charbon de terre. Vous direz où on le trouve, comment il s'est formé, comment on l'extrait, les principaux services qu'il nous rend. (*Somme.* C. E. P.)

LECTURE III.

Origine de la houille.

Légende.

Un jour qu'un pauvre maréchal ferrant, nommé Hullos, était à l'œuvre dans sa forge, passa un vieillard vénérable par sa barbe blanche et par ses cheveux blancs, portant un vêtement blanc.

L'étranger, après avoir dit le bonjour au maréchal, lui souhaite beaucoup d'ouvrage, et particulièrement un gain considérable. — Oh ! bon vieillard, quel gain voulez-vous que je fasse, puisque mon métier peut à peine me procurer du pain ? Est-ce que la plus grande partie de mon bénéfice n'est pas absorbée par l'achat du charbon ?

— Mon ami, dit l'inconnu, il y a un moyen de rendre votre état plus lucratif. Allez près de la montagne aux Moines. Là vous trouverez, à la surface du sol, des veines de terre précieuse très noire.

Prenez-en des fragments et employez-les comme du charbon ; ils chaufferont parfaitement le fer.

L'inconnu avait à peine achevé ces mots qu'il avait disparu. Le maréchal courut à l'endroit indiqué et en rapporta ladite terre noire ; l'essai qu'il en fit vérifia l'assertion du vieillard en tout point. Aussitôt Hullos, transporté de joie, révéla à ses voisins la précieuse découverte qu'il venait de faire.

HENAUX.

QUATRIÈME LEÇON

L'ACIDE CARBONIQUE. — LES COMPOSÉS DU CHARBON.

1. — **L'acide carbonique entre en grande quantité dans la composition des calcaires.** — Nous savons qu'en faisant brûler du charbon dans l'oxygène, on obtient le gaz acide carbonique, et que ce gaz *trouble* l'eau de chaux. L'eau de chaux claire s'est troublée parce que l'acide carbonique et la chaux se sont *combinés* pour former un corps qui reste en *suspension* dans l'eau ; ce corps nouveau, qui *n'est pas soluble* dans l'eau et qui se déposera au fond du vase, s'appelle *carbonate de chaux*, on remarquera que ce nom rappelle à la fois la chaux et l'acide carbonique qui forment le carbonate de chaux.

Le marbre, la pierre à bâtir, la craie, les calcaires en général, sont aussi des carbonates de chaux.

2 — **On peut chasser l'acide carbonique des calcaires** — Le chaufournier, pour obtenir la chaux, porte le calcaire à une température élevée ; sous l'action de la chaleur, l'acide carbonique s'échappe de la pierre à chaux ou calcaire, se perd dans l'air et la chaux seule reste dans le four.

3. — **Combinaison et décomposition** — Nous avons fait une *combinaison* quand nous avons formé dans l'eau de petits morceaux de carbonate de chaux avec de la chaux et de l'acide carbonique.

Acide carbonique + chaux = carbonate de chaux.

Le chaufournier fait une *décomposition* quand il sépare, en chauffant la pierre à chaux, l'acide carbonique de la chaux.

Carbonate de chaux — acide carbonique = chaux.

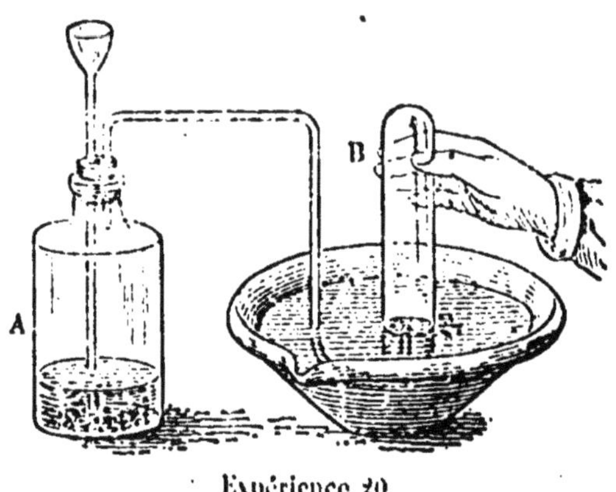

Expérience 20

4. — **Préparation de l'acide carbonique.** — Voici comment on opère, pour recueillir de l'acide carbonique

Dans le flacon A on met de la craie; on ajoute un acide ou du fort vinaigre. On voit des bouillonnements ou une effervescence se produire et on recueille le gaz dans le flacon ou l'éprouvette B. (*Expérience 20.*)

5. — **Propriétés de l'acide carbonique.** — L'acide carbonique ne brûle pas comme l'hydrogène; il ne fait pas brûler, il n'entretient pas la combustion comme l'oxygène.

Expérience 21

On introduit une allumette enflammée dans un flacon contenant de l'acide carbonique; l'allumette s'éteint et le gaz ne s'allume pas. (*Expérience 21.*)

6. — **L'acide carbonique n'entretient pas la respiration** — On sait que la fermentation du vin et du cidre produit de l'acide carbonique; aussi doit-on, avant d'entrer dans les celliers au moment de la fabrication de ces boissons, s'assurer qu'une bougie ne s'y éteint pas. On la place, après l'avoir allumée,

à l'extrémité d'un bâton et on l'introduit dans le lieu où l'on redoute un dégagement d'acide carbonique ; si elle s'éteint, il faut renouveler l'air avant de pénétrer dans la pièce.

7 — **L'acide carbonique est plus lourd que l'air.** — Voilà pourquoi il s'accumule soit à la surface du sol, soit dans les puits, les caves, etc... D'ailleurs l'acide carbonique se dégage aussi de la terre.

Sur une bougie allumée, on renverse l'acide carbonique d'un flacon : la bougie s'éteint (*Expérience 22.*)

Expérience 22.

8. — **L'eau dissout l'acide carbonique.** — L'acide carbonique se dissout très bien dans l'eau

Dans un flacon contenant de l'acide carbonique, on verse de l'eau à moitié hauteur. On ferme avec la paume de la main et on agite. En goûtant l'eau, on constate qu'elle est acide (*Expérience 23.*)

Expérience 23.

L'eau de Seltz n'est autre chose que de l'eau ayant dissous de l'acide carbonique

9. — **Les plantes décomposent l'acide carbonique.** — Nous avons déjà vu que l'homme et les animaux en respirant *rejettent* de l'acide carbonique, les plantes en produisent également ; le charbon en brûlant en donne d'énormes quantités, comment se fait-il donc que l'air soit tou-

jours respirable ? C'est que les plantes pendant le jour *décomposent* l'acide carbonique de l'air; elles se nourrissent du charbon pour grandir et rejettent l'oxygène dans l'atmosphère.

Expérience 24.

Dans un grand flacon contenant de l'eau de Seltz mettre un rameau *vert* (préférablement de plante aquatique). Exposer le tout au soleil : on recueille un peu d'oxygène dans l'éprouvette A fixée au flacon par un bouchon.

Expérience 24.

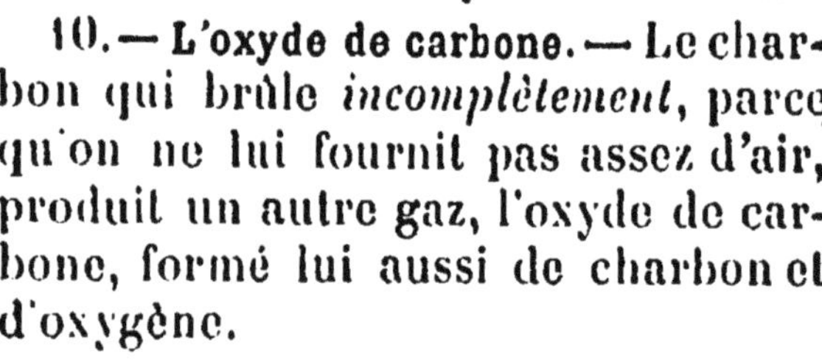

10. — **L'oxyde de carbone.** — Le charbon qui brûle *incomplètement*, parce qu'on ne lui fournit pas assez d'air, produit un autre gaz, l'oxyde de carbone, formé lui aussi de charbon et d'oxygène.

11. — **Méfiez-vous des poêles économiques.** — Dans les poêles dits « économiques » parce que le charbon brûle *lentement*, il se produit beaucoup d'oxyde de carbone. Ce gaz s'échappe quelquefois dans les appartements et cause des asphyxies beaucoup plus redoutables que celles qui sont produites par l'acide carbonique.

12. — **Le gaz d'éclairage renferme du charbon.** — Mais ce charbon est combiné avec l'hydrogène; le gaz d'éclairage est donc formé de deux corps combustibles; aussi brûle-t-il très bien.

13. — **Il y a d'autres corps composés de charbon et d'hydrogène** — Il existe beaucoup d'autres corps solides, liquides ou gazeux, composés de charbon et d'hydrogène, par exemple le goudron, l'essence de térébenthine et le pétrole.

14. — **Le goudron.** — Le goudron sert pour enduire les papiers, les toiles, les charpentes, etc... On en extrait *la benzine* qui sert surtout à dégraisser les étoffes ;

des matières colorantes (fuchsine, violet d'aniline) qui rivalisent avec celles que nous fournissent les végétaux et dont quelques-unes servent à faire l'encre rouge et violette ; et beaucoup d'autres produits, imitant à s'y méprendre le parfum des fleurs, l'odeur et la saveur des fruits : essence d'amandes amères, de pommes, de poires, de fraises, etc... Ces produits sont aujourd'hui d'un usage courant dans la confiserie, la parfumerie, etc.

15. — **L'essence de térébenthine.** — Elle se tire par distillation de la *gemme* ou résine des pins ; on l'emploie dans le dégraissage, pour faire les vernis, pour délayer les peintures.

16. — **Le pétrole.** — Le pétrole est très répandu dans certaines régions de Russie et d'Amérique. On utilise surtout *l'huile de pétrole* qui tend à remplacer la chandelle et la bougie, et *l'essence de pétrole*, très inflammable et qu'on ne doit manipuler qu'à une distance assez grande de la flamme.

RÉSUMÉ.

1. L'acide carbonique entre en grande quantité dans la composition des calcaires; il se dégage des fours à chaux.
2. On prépare de l'acide carbonique en versant un acide sur de la craie.
3. L'acide carbonique ne brûle pas, n'est pas combustible et n'entretient pas la respiration.
4. Il est plus lourd que l'air et se dissout dans l'eau.
5. Les plantes vertes décomposent pendant le jour l'acide carbonique, se nourrissent de carbone et mettent l'oxygène en liberté.
6. Il y a des poêles qui produisent de l'oxyde de carbone.
7. Le gaz d'éclairage et beaucoup d'autres corps sont formés de carbone et d'hydrogène.

QUESTIONS DE CERTIFICAT D'ÉTUDES.

Devoir 22. — 1. Quel gaz obtient-on en brûlant du charbon dans l'oxygène ? — Que se produit-il si l'on fait arriver de l'acide carbonique dans de l'eau de chaux ? — Pourquoi l'eau de chaux se trouble-t-elle ? — Le corps qui s'est formé est-il soluble dans l'eau ? — Comment s'appelle ce corps ? — De quoi est-il composé ? — Que deviendra le carbonate de chaux si on laisse le vase en repos ? — Nommez d'autres corps qui sont des carbonates de chaux. — 2. Comment se fait la chaux ? — Que devient l'acide carbonique du calcaire ?

Devoir 23. — 3. Qu'est-ce qu'une combinaison ? Donnez un exemple de combinaison Quels sont les corps qui se sont combinés ? — Quel est le corps nouveau qui s'est formé ? — Qu'est-ce que décomposer un corps ? — Quelle décomposition fait le chaufournier ? — Quels sont les corps qui forment la pierre à chaux ? — 4 Comment prépare-t-on l'acide carbonique ? — Qu'entendez-vous par effervescence ? — 5. Dites si l'acide carbonique est combustible comme l'hydrogène. — S'il fait brûler comme l'oxygène. — Parlez de l'expérience 21.

Devoir 24. — 6. L'acide carbonique entretient-il la respiration ? — Quelles précautions faut-il prendre avant d'entrer dans les celliers où l'on fait le vin ? — Que pourrait-il arriver si l'on y entrait avant de renouveler l'air ? — 7. L'acide carbonique pèse-t-il plus ou moins que l'air ? — Où s'accumule-t-il ? — Parlez de l'expérience 22 — 8. Dites si l'acide carbonique se dissout dans l'eau. Parlez de l'expérience 23. — Qu'est-ce que l'eau de Seltz ?

Devoir 25 — 9. Quel gaz rejettent l'homme et les animaux en respirant ? — D'où vient encore l'acide carbonique de l'air ? — Comment se fait-il donc que l'air reste toujours respirable ? — Cette décomposition de l'acide carbonique par les plantes se fait-elle la nuit ? — Que devient le carbone ou le charbon de l'acide carbonique décomposé ? — Que devient l'oxygène mis en liberté ? — Parlez de l'expérience 24.

Devoir 26. — 10. Quels sont les corps qui entrent dans la composition de l'oxyde de carbone ? — Quand est-ce que ce corps se forme ? — 11. Que pensez-vous des poêles économiques ? — Pourquoi sont-ils dangereux ? — Pourquoi produisent-ils de l'oxyde de carbone ? — 12. Quels corps trouve-t-on dans le gaz d'éclairage ? — Pourquoi brûle-t-il si bien ? — 13. Nommez d'autres corps composés de charbon et d'hydrogène. — 14. A quoi sert le goudron ? — Quels corps extrait-on du goudron ? — A quoi sert la benzine ?

Devoir 27. — 15. Nommez deux matières colorantes sorties du goudron. A quoi servent-elles ? — Quelles matières sort-on encore du goudron ? — A quoi sont-elles employées ? — 16. D'où se tire l'essence de térébenthine ? — A quoi sert-elle ? — 17 Où se trouve le pétrole ? — Quels sont les usages de ce corps ? — Quelles précautions faut-il prendre quand on manie de l'essence de pétrole ?

DEVOIRS D'INTELLIGENCE ET DE RÉFLEXION.

(Les préparer oralement avant de les donner par écrit.)

Devoir 28. — 1. Qu'arrivera-t-il si on plonge un charbon ardent dans un bocal d'acide carbonique ? — 2 Je verse un acide sur du marbre, qu'arrivera-t-il ? — 3 La craie laissée sur des charbons ardents perd-elle de son poids ou augmente-t-elle de poids ? — 4. Expliquez ce qui arrive ? — 5. Comment peut-on enlever le calcaire déposé par l'eau dans les carafes ?

Devoir 29. — 6. Pourquoi l'air des villes n'est-il pas aussi pur que l'air de la campagne ? — 7. Puisque les plantes dégagent de l'oxygène, pourquoi donc dit-on qu'il n'en faut pas laisser la nuit dans les chambres ? — 8. Est-ce l'hiver ou l'été que les arbres produisent le plus d'oxygène ? — 9. Si on souffle le feu avec un soufflet rempli d'acide carbonique, que va-t-il arriver ? — 10. Comment peut-on reconnaître qu'une pierre est calcaire ?

Devoir 30. — 11. Pourquoi la bière mousse-t-elle ? — 12. Énumérez les sources principales de l'acide carbonique. — 13. Pourquoi éprouve-t-on des malaises dans un endroit où se trouvent réunies beaucoup de personnes ? — 14. Pouvez-vous expliquer pourquoi un chien s'asphyxie dans certaines grottes et non pas un homme ? — 15. Pourquoi ne faut-il pas se pencher sur les cuves où fermentent le vin, le cidre ou la bière ? — 16. Qu'est-ce qui fait sauter le bouchon des bouteilles contenant du cidre, du vin de Champagne ?

PROBLÈMES.

13. Sachant que 6 gr. de carbone se combinent avec 16 gr. d'oxygène pour former 22 gr. d'acide carbonique, trouver la quantité d'acide carbonique produite par 100 k. de charbon contenant 90 p. 0/0 de carbone.

(*Le carbone est du charbon parfaitement pur.*)

14. Combien 150 gr. d'acide carbonique renferment-ils d'oxygène et de carbone ?

15. Un enfant produit, par heure, par la respiration, 9 litres d'acide carbonique, la femme, 12, et l'homme, 20. Sachant qu'une famille, composée du père, de la mère et de trois enfants est obligée de coucher dans le même appartement, trouver la quantité d'acide carbonique dégagée dans cette pièce de 8 h. du soir à 6 h. du matin.

RÉDACTIONS.

23. Vous entendez dire à un jeune homme peu instruit qu'il ne comprend pas comment l'air peut contenir toujours la même

proportion d'oxygène et d'acide carbonique, puisque tous les êtres absorbent l'oxygène et dégagent de l'acide carbonique. « Il arrivera un moment, ajoute-t-il, où l'air contiendra plus d'acide carbonique que d'oxygène et ce sera la fin du monde. » Commencez par rapporter les paroles du jeune homme et expliquez ensuite comment il se fait que l'air conserve toujours la même composition.

24 Fabrication de la chaux et du mortier.

1° On extrait la pierre à chaux de la carrière.

2° On porte le calcaire au four.

3° On charge le four et on chauffe, soit au bois, soit à la houille

4° Fabrication du mortier.

5° Pourquoi le mortier durcit.

Ne vous contentez pas de dire sèchement les choses; vous pouvez décrire la carrière, montrer le chaufournier à l'œuvre, cassant les grosses pierres, chargeant le four, entretenant le feu, etc.

25 Oh! la vilaine matière que le goudron! C'est gluant, c'est sale, cela tache les habits. C'est vrai; mais le goudron nous rend de bien grands services. . Continuez ce devoir en disant quels sont les produits que nous tirons du goudron.

26. De l'acide carbonique; sa composition; ses propriétés; son rôle au point de vue agricole et au point de vue hygiénique. (*Eure*. C. E P)

LECTURE IV

L'acide carbonique et les fermentations

Tout le monde sait comment se fait le vin, le cidre, et en général toutes les boissons fermentées spiritueuses. On exprime le jus des raisins et des pommes, on étend d'eau ce dernier; on met la liqueur dans de grandes cuves, et on la tient dans un lieu dont la température soit au moins 10° du thermomètre Réaumur.

Bientôt il s'y excite un mouvement rapide de fermentation, des bulles d'air nombreuses viennent crever à la surface, et, quand la fermentation est à son plus haut période, la quantité de ces bulles est si grande, qu'on croirait que la liqueur est sur un brasier ardent qui y excite une violente ébullition.

Le gaz qui se dégage est de l'acide carbonique, et, quand on le recueille avec soin, il est parfaitement pur et exempt du mélange de toute autre espèce d'air ou de gaz. Le suc des raisins, de doux et sucré qu'il était, se change, dans cette opération, en une liqueur vineuse, qui, lorsque la fermentation est complète, ne contient plus de sucre, et dont on peut retirer par distillation une liqueur inflammable, qui est connue sous le nom d'*esprit-de-vin* On sent que, cette liqueur étant un résultat de la fermentation d'une matière sucrée quelconque suffisamment étendue d'eau, il aurait été contre les principes de notre nomenclature de la nommer plutôt esprit-de-vin qu'esprit de cidre. Nous avons donc été forcés d'adopter un nom plus général, et celui d'*alcool*, qui nous vient des Arabes, nous a paru propre à remplir notre objet.

LAVOISIER (1).

DEVOIRS DE RÉCAPITULATION

Sur les quatre premières leçons de chimie

Devoir 31. — 1. Quelles sont les propriétés de l'oxygène ? — 2. Quelle est l'eau la plus pure ? — 3. Quelles matières peut-on extraire du goudron ? — 4. Quelles sont les matières qu'une eau potable doit contenir et celles qu'on n'y doit pas trouver ? — 5. De quoi est composé l'air ? — 6. Nommez les corps que vous connaissez qui se dissolvent dans l'eau. — 7. Quelles sont les matières composées de carbone et d'hydrogène ? — 8. Dites ce que vous savez du feu grisou.

Devoir 32. — 9. A quoi sert l'hydrogène ? — 10. Quels sont les principaux charbons artificiels et les principaux charbons naturels ? — 11. Comment obtient-on l'essence de térébenthine ? — 12. Quels sont les gaz qui forment l'eau ? — 13. Combien de charbon de bois obtient-on en brûlant le bois en forêt ? — 14. Qu'est-ce qu'un carat ? — 15. Combien un litre d'eau dissout-il d'oxygène, d'azote, d'acide carbonique ? — 16. Comment reconnaît-on qu'une eau contient du calcaire ?

Devoir 33. — 17. Pourquoi le forgeron asperge-t-il son feu ? — 18. Qu'est-ce que le vent ? — 19. Qu'appelle-t-on chambre à air dans un œuf ? — 20. Quel air respirent les poissons ? — 21. A quoi sert le noir de fumée ? — 22. Et le noir animal ? — 23. Comment fait-on la chaux ? — 24. Qu'est-ce que l'eau distillée ? — 25. Qu'est-ce que le colmatage ? — 26. Qu'appelez-vous eau séléniteuse, fétide, contaminée ? — 27. Qu'est-ce que la lampe Davy ?

CINQUIÈME LEÇON.

LE SOUFRE. — LE PHOSPHORE. — LES ALLUMETTES.

1. — **Le soufre se trouve dans la terre, aux environs des volcans.** — Aux environs des volcans, on trouve le

(1) Illustre chimiste français, né à Paris, l'un des créateurs de la chimie moderne (1743-1794).

soufre mélangé avec de la terre. Lorsqu'on chauffe le mélange, le soufre fond, coule et se sépare des matières terreuses.

On le vend dans le commerce sous le nom de fleur de soufre ou de soufre en canon.

2. — **Fleur de soufre.** — La fleur du soufre qui est excessivement fine est employée pour soufrer la vigne ; on arrête ainsi les ravages de l'oïdium, champignon microscopique qui attaque le raisin et l'empêche de grossir et de mûrir.

3. — **Soufre en canon.** — Le soufre en canon est ainsi nommé à cause de sa forme. Il fond facilement, à une température un peu plus elevée que celle de l'eau bouillante.

On fait fondre du soufre ; on le verse dans un cornet de papier. Dès qu'il se forme une croûte, on la perce et on fait couler le soufre encore liquide. On enlève ensuite la croûte et on aperçoit de fines aiguilles de soufre. On dit alors que le soufre *s'est cristallisé* ; ces aiguilles sont des *cristaux* de soufre. (*Expérience 25.*)

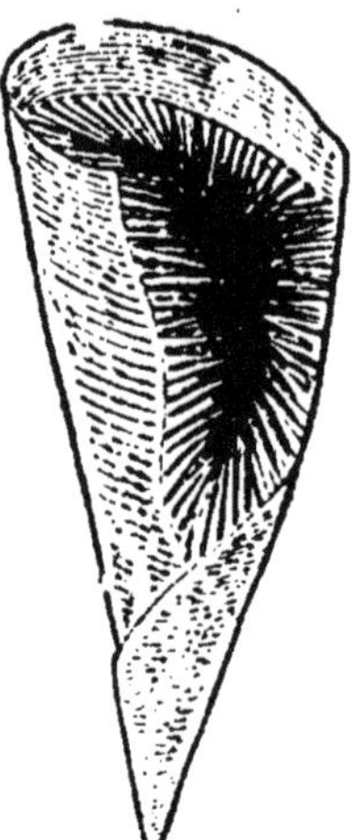

Expérience 25.

4. — **Le soufre qui brûle produit de l'acide sulfureux.** — Le soufre brûle très facilement et le gaz qui résulte de la combustion, l'*acide sulfureux*, composé de soufre et d'oxygène, a une odeur qui provoque la toux.

5. — **L'acide sulfureux éteint les feux de cheminée.** — On fait brûler du soufre dans une coupelle que l'on descend au fond d'un grand flacon. Une allumette plongée dans l'acide sulfureux s'y éteint rapidement. (*Expérience 26.*)

Cette expérience vous explique pourquoi on éteint les feux de cheminée en jetant du soufre dans le foyer.

6. — **Autres usages de l'acide sulfureux.** — Dans le même flacon, on plonge une violette : on constate qu'elle est décolorée. (*Expérience 27.*)

La laine, la soie, la paille qui ont séjourné dans un local où l'on a fait brûler du soufre, deviennent blanches ; l'acide sulfureux leur a fait perdre la couleur jaunâtre qui leur est naturelle.

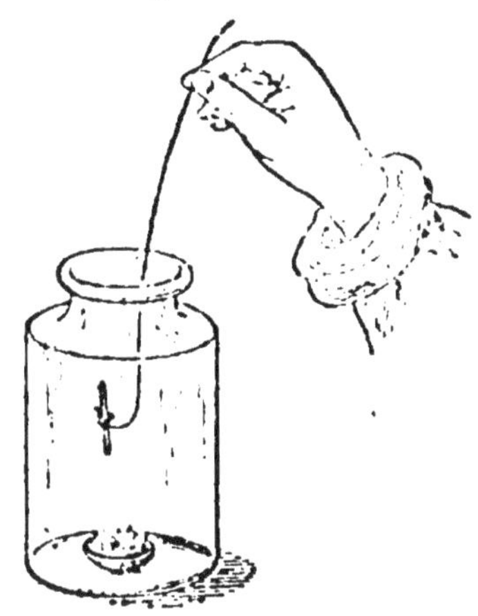
Expérience 26.

L'acide sulfureux enlève les taches de vin, de fruits sur le linge.

Enfin, il est employé pour assainir les appartements et les tonneaux vides dans lesquels on doit mettre du vin, du cidre ou de la bière. Dans ce dernier cas, on fait brûler une mèche soufrée dans l'intérieur du tonneau, la bonde étant placée.

7. — **Un autre composé du soufre.** — Le soufre s'unit aussi à l'hydrogène. Le gaz infect qui se dégage des cabinets d'aisance est de l'*hydrogène sulfuré* : son odeur est la même que celle des œufs pourris.

Nous parlerons de l'acide sulfurique ou huile de vitriol dans une autre leçon.

8. — **Le phosphore.** — Le phosphore se tire des os des animaux par des procédés assez compliqués ; l'urine et les nerfs en contiennent aussi.

Lorsqu'on frotte une allumette phosphorée, la nuit, on aperçoit une trace lumineuse sur le corps qui a servi à la frotter : ce sont les parcelles de phosphore détachées par le frottement qui luisent ainsi dans l'obscurité.

Le phosphore s'enflamme très facilement ; comme

ses brûlures sont très dangereuses, mortelles même, il faut prendre des précautions quand on l'emploie.

9. — **Le phosphore des végétaux.** — Beaucoup de végétaux en renferment, les graminées en particulier ; elles le trouvent dans le sol et s'en emparent ; un champ où le phosphore manque ne peut donner une belle récolte de blé ; c'est pour rendre au sol le phosphore absorbé par les plantes qu'on emploie des engrais connus sous le nom de *phosphates* ou de *superphosphates*, ou encore des débris d'os, ou des résidus de noir animal.

10. — **Les allumettes chimiques.** — Le soufre et le phosphore servent à la fabrication des allumettes chimiques.

On plonge la bûchette dans du soufre fondu, à une hauteur d'un centimètre environ ; puis on enduit l'extrémité d'une pâte contenant du phosphore, de la colle forte, du sable très fin et une matière colorante.

Le phosphore brûle plus facilement que le soufre, et celui-ci plus facilement que le bois : c'est pour arriver à enflammer le bois qu'on emploie le soufre et le phosphore.

Il existe des allumettes qui ne prennent feu que sur un frottoir spécial : c'est ce frottoir qui porte la pâte phosphorée.

On ne doit manier les allumettes qu'avec une grande prudence et surtout ne jamais les mettre dans la bouche, car le phosphore est un poison violent.

RÉSUMÉ.

1. Le soufre se trouve dans la terre aux environs des volcans ; on le vend dans le commerce sous le nom de fleur de soufre ou de soufre en canon.

2. L'acide sulfureux éteint les feux de cheminée; c'est un décolorant et un désinfectant.

3 Le phosphore se tire des os des animaux; les végétaux en contiennent et particulièrement les graminées.

4. Le soufre et le phosphore servent à la fabrication des allumettes chimiques.

QUESTIONS DE CERTIFICAT D'ÉTUDES.

Devoir 34. — 1. Où trouve-t-on le soufre ? — Comment le sépare-t-on des matières terreuses ? — Sous quel nom le vend-on dans le commerce ? — 2. A quoi sert la fleur de soufre ? — 3. A quelle température fond le soufre ? — 4 Quel gaz produit le soufre en brûlant ? — De quoi est composé l'acide sulfureux ? — Qu'arrive-t-il lorsqu'on respire un peu d'acide sulfureux ? — 5. Que faut-il faire quand un feu se déclare dans une cheminée ? — Parlez de l'expérience 26 — 6. Quelles sont les matières qu'on peut blanchir avec l'acide sulfureux.

Devoir 35. — 6. Avec quoi peut-on enlever les taches de vin et de fruits ? — A quoi sert encore l'acide sulfureux ? — 7. Comment s'appelle le gaz qui se dégage des cabinets d'aisance ? — De quoi est composé ce gaz ? — 8 D'où se tire le phosphore ? — Qu'est-ce que la trace lumineuse que laisse, la nuit, une allumette que l'on frotte ? — 9. Quels sont les végétaux qui contiennent du phosphore ? — Où prennent-ils ce phosphore ? Que fait-on pour restituer à la terre le phosphore absorbé par les plantes ? — 10 Comment fabrique-t-on les allumettes chimiques ? — Pourquoi certaines allumettes ne prennent-elles qu'au contact d'un frottoir spécial ?

PROBLÈMES.

16. Le minerai de Sicile contient 40 0/0 de soufre ; sachant qu'on perd dans la fabrication 25 0/0 du soufre contenu dans le minerai, trouver combien de quintaux de minerai il faut traiter pour obtenir une tonne de soufre.

17. Sachant qu'on emploie 30 kg. de fleur de soufre pour soufrer un hectare de vigne, combien dépensera-t-on pour soufrer trois fois une vigne de 2Ha 5 ares, le quintal de soufre coûtant 20 fr. 50 ?

RÉDACTION

27. Au feu ! au feu ! Les flammes s'échappent de la cheminée de la mère Mathieu Le village est en émoi, on court ; on grimpe sur la maison. pour jeter des seaux d'eau dans la cheminée. Enfin le feu s'éteint; mais la moitié des tuiles de la toi-

ture est crevée, l'eau inonde la cuisine, on a fait 200 fr. de dégâts.

1° Racontez tout cela.

2° Montrez qu'on a tort d'agir ainsi.

3° Enfin, dites comment on peut éteindre un feu de cheminée.

LECTURE V.

Le Briquet.

Pour produire du feu et enflammer les allumettes, on se servait et on se sert encore du briquet.

Il se compose de trois parties essentielles : d'une lame d'acier ordinairement façonnée en couronne ovale et plate; d'un fragment de silex ou *pierre à fusil* dont les bords sont taillés en tranchant et d'une substance végétale très combustible, connue sous le nom d'*amadou*. C'est la chair d'un champignon, le *bolet* amadouvier, qui croît sur les vieux chênes. On la divise en tranches peu épaisses qu'on dessèche, qu'on bat pour les amollir et les étendre en lames plus minces, et qu'on trempe dans une dissolution de salpêtre ou qu'on roule dans de la poudre à canon très fine, pour les rendre plus inflammables.

Lorsqu'on passe rapidement la lame d'acier sur le silex, les aspérités tranchantes de cette pierre si dure, tracent un sillon dans le métal, en détachent de petits copeaux que le frottement échauffe jusqu'à l'incandescence et qui brûlent alors dans l'air. Les étincelles tombent sur l'amadou et l'enflamment. C'est la même cause qui fait jaillir le feu sous les pieds des chevaux. Leurs fers, en frottant vivement contre les pavés, s'échauffent, se liment, et les particules métalliques qui s'en détachent brûlent vivement en absorbant l'oxygène de l'air.

J. Girardin.

SIXIEME LEÇON.

LE CHLORE. — LES DÉSINFECTANTS.

1. — **Le chlore est un gaz irrespirable.** — Le chlore s'extrait du sel marin; c'est un gaz verdâtre, d'une odeur désagréable. Quelques bouffées de chlore provoquent une toux suffocante, quelquefois suivie de crachements de sang. C'est donc un gaz irrespirable.

2. — **Le chlore prend l'hydrogène aux corps qui en ren-**

ferment. — Le chlore s'empare avec avidité de l'hydrogène de certains corps.

Dans un flacon contenant du chlore sec, on plonge du papier blanc frotté avec de l'essence de térébenthine (charbon + hydrogène). Le papier *noircit* presque aussitôt, parce que le chlore a pris l'hydrogène et que le charbon est resté seul sur le papier. Quelquefois le chlore, en se combinant avec l'hydrogène, donne assez de chaleur pour enflammer le papier (*Expérience 28.*)

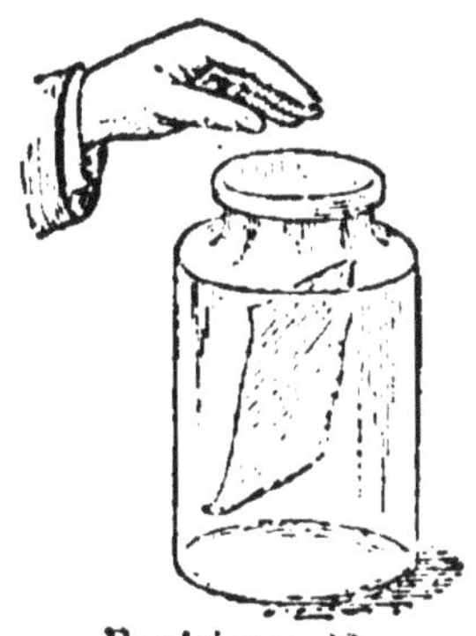
Expérience 28.

3. — **Le chlore décolore.** — Lorsqu'une matière colorante renferme de l'hydrogène, le chlore s'empare de cet hydrogène et détruit la couleur.

Mettre de l'encre dans un flacon de chlore ; l'encre perd sa couleur noire. (*Expérience 29.*)
Encre = Noix de Galle (C+H+O) + vitriol vert.
C = carbone ; H = hydrogène ; O = oxygène.

On emploie le chlore pour décolorer les toiles de chanvre.

4. — **Le chlore est un désinfectant.** — Le chlore détruit les mauvaises odeurs, lorsqu'elles sont dues à des substances qui contiennent de l'hydrogène.

Dans un flacon renfermant du chlore, on verse une dissolution d'hydrogène sulfuré; au bout de quelques instants l'odeur infecte a disparu et on peut voir dans le flacon de menues parcelles de soufre. (*Expérience 30.*)

Expérience 30.

Le chlore est un désinfectant énergique ; il détruit les miasmes qui infectent l'atmosphère en s'emparant de leur hydrogène ; il détruit aussi les microbes.

5. — **L'eau de javelle.** — Dans l'eau de javelle il y a du chlore.

On le prouve en versant du fort vinaigre sur quelques gouttes d'eau de javelle; le chlore se dégage; on le reconnaît à sa couleur, à son odeur et à son pouvoir décolorant. (*Expérience 31.*)

Expérience 31.

C'est à cause du chlore qu'elle renferme, qu'on emploie l'eau de Javelle pour enlever les taches dans le lessivage du linge.

6. — **Le chlorure de chaux.** — Le chlorure de chaux renferme aussi du chlore. C'est un corps solide, ayant l'apparence de la chaux et qui laisse échapper peu à peu le chlore qu'il contient. On l'appelle vulgairement *chlore*. On l'utilise dans le blanchiment des toiles, de la pâte à papier, pour détruire les microbes du choléra, de la fièvre typhoïde et des maladies contagieuses en général (10 gr. par litre d'eau).

7. — **Autres désinfectants.** — Le chlore n'est pas le seul désinfectant; nous en avons déjà étudié deux autres : *le charbon* et *l'acide sulfureux*.

En voici d'autres encore :

Le sublimé corrosif (chlore et mercure). C'est un poison très violent. On l'emploie en dissolution dans l'eau à la dose de 1 pour 1000; cela veut dire qu'on met 1 gr. de sublimé dans 1000 gr. d'eau.

Le sulfate de cuivre ou vitriol bleu, à la dose de 25 à 50 gr. par litre.

Le phénol ou acide phénique (même dose).

Le lait de chaux dont la préparation est facile.

8. — **Emploi des désinfectants.** — Les désinfectants sont particulièrement utilisés dans les cas de maladies contagieuses.

Les personnes qui s'approchent des malades doivent se laver les mains dans un liquide désinfectant, surtout avant de prendre leur nourriture.

On trempe les vêtements des malades, les objets de literie dont ils ont fait usage, dans ces liquides, ou bien on les asperge de manière à bien les en imbiber

Parfois, il est prudent de brûler le crin, le varech ou la laine des matelas et la plume des oreillers

On désinfecte les appartements en mouillant le plancher, en humectant les meubles, murs, plafonds, portes et fenêtres avec les solutions désinfectantes. Pour éviter la propagation des maladies contagieuses, on désinfecte aussi les wagons, les voitures, les navires, etc.

Les harnais des animaux, les écuries, étables, poulaillers doivent être aussi désinfectés dans les cas de charbon, de morve, peste bovine, etc. Ces maladies peuvent se communiquer à l'homme ou aux animaux

Dans les grandes villes, il existe des étuves de désinfection On y place les objets à désinfecter et on les y soumet à un courant de vapeur, à une température supérieure à celle de l'eau bouillante.

RÉSUMÉ.

1. Le chlore est un gaz irrespirable, qui a beaucoup d'affinité pour l'hydrogène.
2. C'est un décolorant et un désinfectant.
3. L'eau de javelle et le chlorure de chaux doivent leurs propriétés au chlore qu'ils contiennent.
4. Les autres désinfectants sont : le sublimé corrosif, le vitriol bleu, le phénol et la chaux.
5. Il faut désinfecter, en temps d'épidémie, les habits, les objets de literie et les appartements.

QUESTIONS DE CERTIFICAT D'ÉTUDES.

Devoir 36. — 1. Qu'est-ce que le chlore ? — Quelle est sa couleur ? — Qu'arrive-t-il quand on le respire ? — 2. A quel gaz s'unit il avec avidité ? — Quel terme emploie-t-on, en chimie, pour dire qu'un corps s'empare d'un autre ? — Quelle expérience fait-on pour prouver que le chlore a beaucoup d'affinité pour l'hydrogène ? — 3. On dit que le chlore est un décolorant; qu'est-ce que cela veut dire ? — Parlez de l'expérience 29. — 4. A quoi sert le chlore dans l'industrie ? — Quelle est l'autre propriété du chlore ? — Parlez de l'expérience 30. — 5. Que contient l'eau de javelle ? — Comment peut-on prouver que l'eau de javelle contient du chlore ? — Pourquoi l'eau de javelle enlève-t-elle les taches sur le linge ? — 6. Qu'est ce que le chlorure de chaux ? — Comment l'appelle t-on vulgairement ? — Est-ce de la chaux ? — Quelle différence y a-t-il entre la chaux et le chlorure de chaux ? — A quoi l'emploie-t-on ? — Combien de grammes de chlorure faut-il mettre dans un litre d'eau.

Devoir 37. — 7. Quels sont les désinfectants dont nous avons déjà parlé ? — Nommez-en d'autres ! — Qu'est-ce que le sublimé corrosif ? — A quelle dose l'emploie t-on ? — A quelle dose emploie-t-on le sulfate de cuivre ? — Quel est le nom vulgaire du sulfate de cuivre ? — A quelle dose emploie t-on le phénol ?

8. Quand est-ce qu'il faut particulièrement employer les désinfectants ? — Quelles précautions doivent prendre les personnes qui soignent les malades atteints de maladies contagieuses ?

Devoir 38. — 8. Que fait-on des vêtements ? — Et des matelas ? — Comment désinfecte-t-on les appartements ? — Que fait-on quelquefois pour éviter la propagation des maladies contagieuses ? — Nommez quelques maladies contagieuses des animaux. Quelles précautions faut-il prendre au cas où les animaux sont atteints de maladies contagieuses ? — Dans les villes, quel système de désinfection emploie-t-on ?

PROBLÈMES.

18. Le sublimé corrosif pur se vend, en gros, 12 fr. le kg. environ. Quel bénéfice fait p % le pharmacien qui en vend 5 gr. à 0 fr. 15 le gramme ?

19. Le sulfate de cuivre ordinaire coûte en droguerie 1 fr. 25 le kg. et le sublimé corrosif pulvérisé 9 fr. 50 le kg. A combien revient 1 litre d'eau à désinfecter de chacun de ces deux corps ?

RÉDACTIONS.

28. Parlez des principaux désinfectants que vous connaissez et de leur emploi.

29. Dites quelle différence il y a entre le chlore gazeux et le chlorure de chaux, qu'on appelle vulgairement chlore, et quels sont les usages de ces deux corps.

LECTURE VI.

La lutte contre les maladies contagieuses.

Un moyen efficace de lutter contre beaucoup de maladies contagieuses, c'est la *vaccination*. Elle a d'abord été appliquée pour combattre la *variole* ou *petite vérole*. Elle est basée sur ce fait qu'une personne atteinte une première fois de la variole en est préservée sinon pour toujours, du moins pour quelques années.

Le premier vaccin inoculé a été le pus des varioliques. Jenner le remplaça plus tard par le liquide formé dans des pustules qui se développent principalement sur le pis des vaches.

Dans les régions où la vaccination est obligatoire la mortalité par variole est presque inconnue; l'armée allemande où chaque soldat est vacciné en arrivant au corps a perdu 1 soldat de 1874 à 1887.

Pendant la guerre de 1870, une épidémie de variole fit périr près de 25.000 soldats français et seulement 300 allemands.

On raconte à ce sujet qu'un médecin français, voulant éviter l'encombrement dans un hôpital à Orléans, représenta à un médecin de l'armée de Frédéric Charles que les salles de l'hôpital étaient peuplées de varioleux A quoi le docteur allemand répondit avec une placidité goguenarde : « Merci, confrère, mais les soldats allemands n'ont rien à craindre de la variole française, » et c'était malheureusement vrai. Le fléau continua à s'acharner sur nos hommes, laissant à côté d'eux les Allemands indemnes.

Depuis une vingtaine d'années, d'autres vaccins ont été découverts. M. Pasteur, le plus grand chimiste contemporain, a pu, par des cultures appropriées, transformer les microbes qui sèment la maladie et la mort en véritables vaccins. Ceux-ci, après avoir causé une légère indisposition, préservent l'organisme contre toute atteinte ultérieure de la maladie que les microbes étaient capables de provoquer.

Grâce à la vaccination, on prévient le choléra des poules, le charbon chez les ruminants, le rouget chez les porcs ; on guérit la rage et le croup. « Les découvertes de M. Pasteur, a dit un savant anglais, suffiraient à elles seules pour couvrir la rançon de guerre de 5 milliards payée à l'Allemagne par la France. »

SEPTIÈME LEÇON.

LES MÉTAUX.

1. — Il y a deux sortes de corps simples. — Les corps simples que nous avons étudiés, charbon, soufre, phosphore, oxygène, azote... ne ressemblent pas au fer, au cuivre, à l'argent, à l'or.

Les premiers, lorsqu'ils sont solides, sont ternes, les seconds ont un *éclat*, des reflets particuliers. Les premiers ne conduisent pas la chaleur, comme les seconds.

On embrase un morceau de charbon de bois à une extrémité; on peut le tenir, sans se brûler, par l'autre bout; la chaleur ne s'est pas transmise à travers le charbon. (*Expérience 32.*)

Au contraire, si l'on place l'extrémité d'une tige de fer dans une flamme ou dans un foyer, en la tenant par l'autre extrémité, on sentira la chaleur bien avant que le fer soit rouge. Le fer a conduit la chaleur d'un bout à l'autre. (*Expérience 33.*)

Expériences 32 et 33.

L'expérience peut se faire en une seule fois, de la manière suivante :

Prendre un fil de cuivre ou de fer de 8 centimètres au bout des doigts d'une main et un morceau de braise ou de fusain de même longueur de l autre, et faire chauffer en même temps les deux bouts sur la flamme d'une bougie. (*Expérience 34.*)

Le charbon et les corps qui se comportent de la même façon sont dits *mauvais conducteurs* de la chaleur ; le fer, le cuivre,... sont *bons conducteurs*.

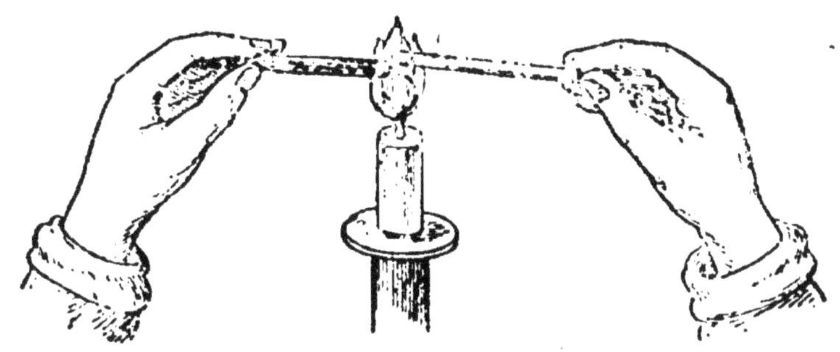

Expérience 34.

Le charbon, le soufre... sont des *métalloides.*
Le fer, le cuivre... sont des *métaux.*

2. — **Tableau des principaux métaux.** — Voici le tableau des principaux métaux, avec les moyens simples pour les reconnaître.

Solides	rouge.					Cuivre.
	jaune.					Or.
	blancs	attiré par l'aimant.				Fer.
		non attirés par l'aimant	difficilement rayé par le cuivre.			Zinc.
			facilement rayé par le cuivre	fond facilement. .		Etain.
				fondent difficilement	très léger.	Aluminium.
					lourd. . .	Argent.
			rayé par l'ongle.			Plomb.
Liquide.						Mercure.

3. — **Où se trouvent les métaux.** — On trouve les métaux dans la terre ; quelques-uns, comme l'or, y sont à l'état de pureté, la plupart à l'état de *minerais.*

4. — **Le minerai.** — Un minerai renferme :

1° La matière terreuse ou *gangue ;*

2° La substance métallique formée { d'un métal et d'un métalloïde, ordinairement l'O.

Ne pas oublier que O veut dire oxygène.

Pour extraire le métal d'un minerai, il faut donc :

1° Débarrasser le minerai de la gangue :
2° Débarrasser ensuite la substance métallique du métalloïde.

5. — La métallurgie. — On désigne sous le nom de métallurgie les opérations qui consistent à extraire le métal du minerai.

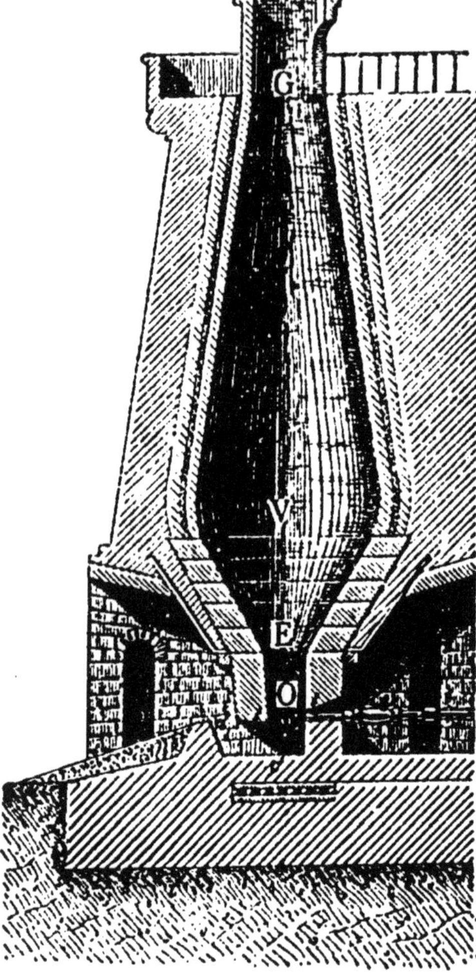

COUPE DE HAUT FOURNEAU.

On sépare en grande partie la gangue par des broyages et des lavages successifs.

On sépare le métal des autres corps qui l'accompagnent en chauffant le minerai lavé dans des fours à haute température, appelés pour cette raison des *hauts fourneaux*, et en le soumettant à l'action *du charbon*.

Dans un tube en verre, on place un mélange de noir de fumée et d'oxyde de cuivre ; on chauffe énergiquement; à la fin de l'opération, on recueille des parcelles de cuivre rouge. (*Expérience 35.*)

On creuse un gros morceau de charbon, on met dans la cavité un peu de litharge et de charbon, (plomb + oxygène.) Au moyen d'un chalumeau, on dirige la flamme d'une lampe à alcool, ou même d'une bougie, sur la litharge : on obtient quelques gouttelettes de plomb métallique. (*Expérience 36.*)

Expérience 35.

6. — **Les métaux fondent.** —On les coule dans des moules, car ils fondent tous à des températures plus ou moins élevées; puis avec des machines particulières (filières, laminoirs), on les met en barres, en fils, en lames, en plaques, etc.

7. — **Les métaux s'altèrent à l'air.** — A l'air, les métaux s'altèrent et se recouvrent d'une couche de *rouille.* Cette rouille est souvent un corps très compliqué dans lequel entrent, avec le métal, l'oxygène, l'eau et l'acide carbonique de l'air.

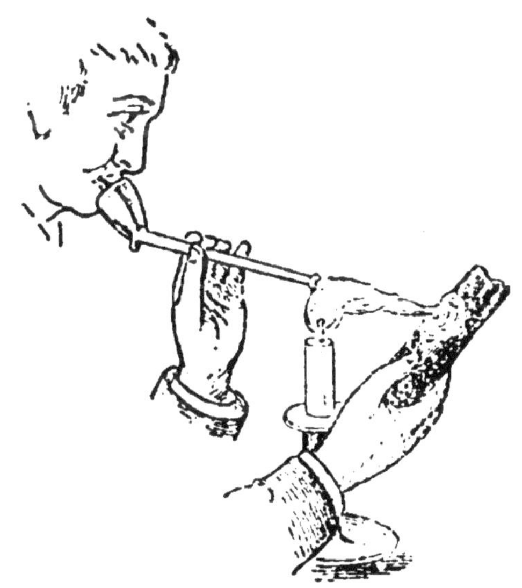

Expérience 36.

Tout le monde connaît la rouille de fer, la rouille de cuivre vulgairement appelée vert-de-gris ; il est facile de voir que la rouille n'a pas du tout les propriétés du métal qu'elle renferme.

8. — **Certains métaux ne s'altèrent pas à l'air.** — Ainsi les métaux précieux, l'or et l'argent, ne s'altèrent pas, ne s'oxydent pas. D'autres ne s'altèrent, ne

s'oxydent que superficiellement, comme le cuivre, l'étain, le zinc ; le fer, au contraire, s'altère profondément, se recouvre de rouille et finit même par se transformer totalement en rouille ; c'est pourquoi on le recouvre de peinture, de goudron ou d'émail, ou de métaux qui se rouillent moins : étain (fer étamé), zinc (fer galvanisé).

9. — **La fonte et l'acier.** — Il n'est pas nécessaire d'énumérer les nombreux usages de la fonte et de l'acier. La fonte n'est autre chose que du fer + du charbon ; elle fond plus facilement que le fer, mais elle est plus cassante.

L'acier, c'est aussi du fer + du charbon, en très petite quantité. Par la trempe, l'acier acquiert de la dureté et de l'élasticité.

10. — **Principaux alliages.** — On obtient un *alliage* en fondant ensemble deux ou plusieurs métaux. Les alliages sont très employés dans l'industrie. Les principaux alliages sont :

Alliages monétaires et d'orfèvrerie (or et cuivre) (argent et cuivre) ;

Chrysocale pour bijoux faux (cuivre, zinc, étain) ;

Laiton ou cuivre jaune (cuivre, zinc) ;

Bronze des cloches (cuivre, étain) ;

Bronze des monnaies (cuivre, zinc, étain) ;

Maillechort (cuivre, nickel, zinc).

RÉSUMÉ.

1. Il y a deux sortes de corps simples : les métalloïdes, mauvais conducteurs de la chaleur, et les métaux, bons conducteurs.
2. Les principaux métaux sont : le cuivre, l'or, le fer, le zinc, l'étain, l'aluminium, l'argent, le plomb et le mercure.
3. Les métaux se trouvent dans la terre à l'état de minerais ; on se débarrasse de la gangue en broyant et en lavant le minerai, on obtient ensuite le métal dans les hauts fourneaux.
4 Les métaux s'altèrent à l'air en produisant de la rouille ;

c'est pourquoi on étame le cuivre et on galvanise le fer, ou on le recouvre de peinture.

5. La fonte et l'acier s'obtiennent en combinant le fer avec du charbon ; et les alliages, en fondant ensemble deux ou plusieurs métaux.

QUESTIONS DE CERTIFICAT D'ÉTUDES.

Devoir 39. — 1. Combien y a-t-il de sortes de corps simples? Quels sont ceux qui conduisent la chaleur? — Ceux qui ne la conduisent pas ? — Quelles expériences fait-on pour montrer qu'il y a des corps bons conducteurs de la chaleur et d'autres mauvais conducteurs ? — Nommez les métalloïdes que vous connaissez. — Les métalloïdes solides. — Les métalloïdes gazeux. — 2. Nommez les principaux métaux. — Quel est le métal liquide ? — Quel est celui qui se laisse rayer par l'ongle ? — Quels sont les métaux précieux ? — Quelle est la couleur du cuivre ? — De l'or ? — Quel est le métal le plus léger?

Devoir 40. — 2. Quel est le métal qui fond facilement ? — Quel est le métal attiré par l'aimant? — 3 Où trouve-t-on les métaux ? — Se trouvent ils dans la terre à l'état pur? — 4. Qu'appelle-t-on minerai ? — Que contient un minerai ? — Qu'est-ce que la gangue ? — Comment s'en débarrasse-t-on ? — Que reste-t il ensuite ? — Comment obtient-on le métal ? — 5. Qu'est-ce que la métallurgie ? — En quoi consiste la métallurgie du fer ? — Parlez de l'expérience 35. — Parlez de l'expérience 36.

Devoir 41. — 6. Les métaux fondent-ils ? — Sous quelle forme les vend-on ? — 7. S'altèrent-ils à l'air ? — Qu'est-ce que la rouille? — Que contient la rouille de fer? — Et le vert-de-gris? — Quels sont les métaux qui ne produisent pas de rouille ? — 8 Quels sont ceux qui ne s'altèrent ou ne s'oxydent que superficiellement ? — Pourquoi recouvre-t-on le fer de peinture ou d'émail ? — Qu'est-ce que le fer étamé ? — Qu'est-ce que le fer galvanisé ? — 9. Qu'est-ce que la fonte? — Qu'est-ce que l'acier?

Devoir 42. — 9. Quels sont les qualités et les défauts de la fonte ? — Que fait-on pour donner à l'acier de l'élasticité ? — 10. Qu'appelle-t-on alliage ? — Quels métaux entrent dans l'alliage des monnaies d'or et d'argent? — Dans le bronze des monnaies? — Dans le bronze des cloches ? — De quoi est composé le laiton ? — Et le chrysocale? Et le maillechort?

DEVOIRS D'INTELLIGENCE.

(*A préparer oralement avant de les mettre par écrit.*)

Devoir 43. — 1. Si le creux de votre main était couvert de charbon en poudre, ou de cendre, pourriez-vous y placer, sans vous brûler, un charbon ardent ? — Pou... 2. Pourriez-vous tenir longtemps avec l'extrémité des doigts une épingle ou une aiguille dont vous chaufferiez l'autre bout à une bougie? — Pourquoi? — 3. Pourriez-vous dire pourquoi le mercure doit conduire la chaleur? — 4. Pourquoi le fer ne se trouve-t-il pas dans la terre à l'état de métal pur? — 5. Et pourquoi y trouve-t-on l'or? — 6. Nous avons dit que le cuivre est rouge; pourquoi donc le cuivre des casseroles, des lampes, etc., est-il jaune?

Devoir 44. — 7. Que prouvent les expériences 35 et 36? — 8. Comment peut-on obtenir de l'acier avec la fonte? — 9. Et avec du fer? — 10. Pensez-vous que les fils télégraphiques soient en fer pur ou en fer galvanisé? — Pourquoi? — 11. Pourquoi les ménagères enduisent-elles les fourneaux et les tuyaux d'une couche de plombagine? — 12. Les tuyaux de poêle mis à l'extérieur sont généralement en zinc et non pas en fer. Pourquoi? — 13. On étame les casseroles de cuivre et de fer. Pourquoi?

PROBLÈMES.

20. Le maillechort est un alliage formé de 66 % de cuivre, 13 de zinc, 21 de nickel. Combien de cuivre, de zinc et de nickel entre dans un service de table du poids de 2 k. 750?

21. L'étain en baguettes vaut 3 fr. 50 le kg.; le plomb en petits lingots 0 fr. 90; l'étameur a le droit de mettre 1/10 de plomb seulement dans l'étain qu'il emploie. Quel bénéfice un étameur a-t-il réalisé en faisant payer l'étamage d'une chaudière 6 fr. 50, sachant qu'il a employé 1 kg. 250 d'alliage?

22. Le platine est un métal qui s'étire facilement en fils; on a pu obtenir des fils de platine de 5/1000 de millimètre de diamètre. Combien faudrait-il mettre de ces fils côte à côte pour faire une longueur de 0 m. 50?

RÉDACTIONS.

30. Après avoir passé en revue les services rendus à l'homme par les métaux que vous connaissez, dites quels sont les deux métaux que vous préférez et pourquoi?

31. « Tout ce qui brille n'est pas or. » Votre voisin Pierre a acheté une belle chaîne *d'or* à la foire voisine, pour 10 sous; il la porte triomphalement à son gilet pendant huit jours, et puis, on ne la lui voit plus: la chaîne était en cuivre; Pierre est tout honteux de s'être laissé prendre.

1° Racontez cette histoire à votre façon, après avoir expliqué le proverbe.

2° Faites connaître ensuite un alliage qui imite l'or (chrysocale) et un autre qui imite l'argent (maillechort) et dites quels sont les objets d'orfèvrerie et de ménage que l'on fait avec ces deux alliages.

32. Le fer. — Indiquez rapidement sa nature, son origine,

ses propriétés, et insister sur ses divers usages. (*Haute-Savoie.*— C. E. P.)

33. Quel est à votre avis le plus utile des métaux? Exposez vos raisons, et faites connaître les principaux emplois de ce métal. (*Seine-Inférieure*, C. E. P.)

34. Lettre à un ami habitant Bordeaux sur une leçon de choses faite par le maître sur le fer. (*Gironde*, C. E. P.)

35. Le fer. (*Mayenne*, C. E. P.)

LECTURE VII.

L'aluminium. — Les progrès de la chimie.

L'argile renferme un métal, ainsi que l'avait annoncé Lavoisier; mais, ce que Lavoisier ne pouvait prévoir, ce métal est léger comme le verre, presque aussi beau que l'argent, comme lui inaltérable à l'air, au feu, et résiste même à la plupart des agents chimiques. Ductile, malléable, fusible, exigeant cependant pour fondre une température assez haute et ne se volatilisant pas, c'est un métal noble de plus, prenant place à côté de l'or et de l'argent; et un métal prodigué par la nature, plus répandu que le fer dans les couches superficielles du globe, formant comme une réserve pour les besoins des époques plus civilisées. Nous assistons à l'aurore de son introduction dans les habitudes de l'espèce humaine; mais ses qualités et sa prodigieuse abondance le rendent propre à un si grand nombre d'usages qu'un jour ce sera le plus répandu des métaux...

Le premier kilogramme d'aluminium obtenu par Henri Sainte-Claire-Deville avait coûté plus de *40.000 fr...*

Actuellement (1894), le kilogr. revient à 5 fr.

DUMAS (1). *Eloges académiques.*

HUITIÈME LEÇON.

LES PRINCIPAUX ACIDES.

1. — Qu'est-ce que les acides? — Les acides sont des corps composés dont la saveur est acide comme celle du vinaigre. Ils ont aussi la propriété d'altérer les couleurs végétales; ils rougissent en particulier la *teinture bleue de tournesol.*

(1) Célèbre chimiste français, né à Alais (1800-1884).

Verser quelques gouttes d'un acide dans cette teinture; on la verra rougir. (*Expérience 37.*)

Expérience 37.

2. — Les principaux acides. — Nous avons déjà étudié l'acide carbonique et l'acide sulfureux ; en voici d'autres très employés dans l'industrie : l'acide sulfurique, l'acide azotique, l'acide chlorhydrique, l'acide acétique et l'acide stéarique.

3. — L'acide sulfurique. — L'acide sulfurique (soufre + oxygène) a un aspect huileux ; autrefois, on le retirait du vitriol vert ; c'est ce qui lui a fait donner le nom vulgaire, *huile de vitriol.* C'est le plus énergique des acides ; il attaque la plupart des corps.

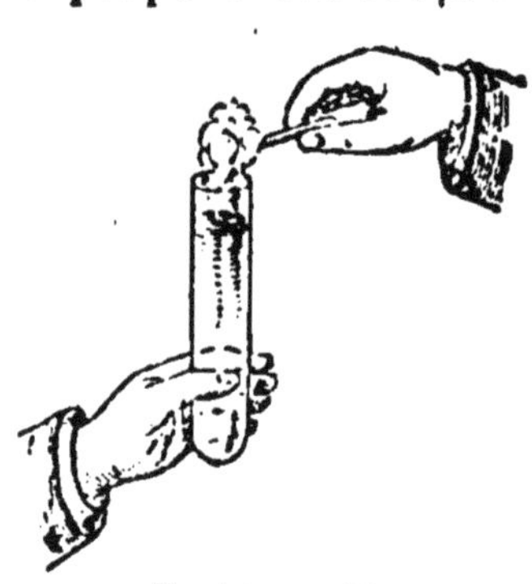

Expérience 38.

Dans une petite éprouvette, on met du zinc et de l'eau; on verse de l'acide sulfurique : une vive attaque se produit, il se dégage un gaz que l'on peut enflammer; c'est de l'hydrogène.

Ce qui reste, c'est du sulfate de zinc. (*Expérience 38.*)

4. — L'acide sulfurique se combine avec l'eau.

Dans un verre contenant de l'eau, on verse de l'acide sulfurique : on constate une élévation de température très accentuée. (*Expérience 39.*)

On trempe le bout non phosphoré d'une allumette dans l'acide sulfurique; après l'en avoir retiré, on allume l'autre extrémité : on voit que les deux bouts sont *carbonisés.* (*Expérience 40.*)

Mis en présence des corps qui renferment de l'eau, l'acide sulfurique s'empare de cette eau et *paraît les brûler.* Il détruit la peau et les chairs et agit sur toutes les matières organiques comme sur le bois.

Les corps appelés *sulfates* renferment de l'acide sulfurique.

5. — **L'acide azotique.** — Il est connu sous le nom *d'acide nitrique ;* il est formé d'azote et d'oxygène. Dans l'air, il y a aussi de l'azote et de l'oxygène, mais simplement *mélangés;* dans l'acide azotique, l'azote et l'oxygène sont *combinés.* Il y a donc une grande différence entre les corps qui résultent d'un mélange et ceux qui résultent d'une combinaison.

6. — **L'acide azotique attaque les métaux.** — L'acide azotique est appelé *eau-forte* parce qu'il attaque les métaux.

Sur une lame de fer ou de cuivre, ou sur un sou, on coule un peu de cire. Avec une pointe on trace sur la cire un dessin de manière à atteindre le métal, puis on verse de l'acide azotique sur le dessin.

Au bout de quelques minutes, on fait fondre la cire à l'eau chaude; le dessin est reproduit en creux sur le métal. C'est ainsi que se fait la gravure sur cuivre. (*Expérience 41.*)

7. — **L'acide azotique et le coton.** — Trempé dans l'acide azotique, puis séché, le coton ne paraît pas avoir éprouvé de modifications. Cependant il brûle rapidement ; il est devenu du fulmi-coton, ou coton-poudre, explosif très puissant.

Les azotates ou nitrates renferment de l'acide azotique.

8. — **L'acide chlorhydrique.** — Il est appelé quelquefois *esprit de sel.* C'est un corps très volatil (chlore et hydrogène) qu'on prépare avec le sel marin.

On s'en sert pour *décaper* les métaux, c'est-à-dire pour enlever la rouille qui s'est déposée à leur surface.

On trempe un clou rouillé dans l'acide chlorhydrique ; on

le retire, on le lave; la rouille s'est dissoute dans l'acide. (*Expérience 42.*)

Le décapage du fer est indispensable lorsqu'on veut le recouvrir d'étain ou de zinc.

9. — **L'acide acétique.** — L'acide acétique est le principe du vinaigre. Il se forme par la transformation à l'air de l'alcool du vin (vin igre); mais ce n'est pas le seul procédé pour l'obtenir.

Le vinaigre sert dans l'alimentation et dans la conservation des matières alimentaires.

10. — **Le vinaigre et les vases en cuivre.** — Il est dangereux de laisser séjourner des aliments qui renferment du vinaigre dans des vases en cuivre; tout en rongeant le métal, l'acide forme du *vert-de-gris* qui est un violent poison.

11. — **L'acide stéarique.** — Il s'extrait du suif des animaux. Les bougies de bonne qualité sont de l'acide stéarique presque pur. Il n'a pas la saveur du vinaigre, mais ses autres propriétés le font ranger dans la catégorie des acides. En particulier, il attaque les métaux; on peut s'en assurer en examinant un bougeoir en cuivre sur lequel il est resté pendant quelque temps des gouttes d'acide stéarique. Il s'est formé un corps vert, analogue au vert-de-gris, qui résulte de l'action de l'acide sur le cuivre.

RÉSUMÉ.

1. Les acides ont la propriété de rougir la teinture bleue de tournesol.
2. L'acide sulfurique, ou huile de vitriol, attaque la plupart des corps et semble les brûler.
3. L'acide azotique, ou eau-forte, est employé dans la gravure sur cuivre.
4. L'acide chlorhydrique, ou esprit de sel, sert à décaper les métaux.

5. Tout le monde connaît le vinaigre qui est de l'acide acétique étendu d'eau.
6. L'acide stéarique s'extrait du suif des animaux.

QUESTIONS DE CERTIFICAT D'ÉTUDES.

Devoir 45. — 1. Qu'appelle t-on acides? — Quelle est la propriété des acides? — 2. Quels sont les principaux acides? — 3. Quel est l'aspect de l'acide sulfurique? — Comment s'appelle-t-il encore? — Pourquoi? — Parlez de l'expérience 38. — 4. Avec quel corps l'acide sulfurique se combine-t-il? — Parlez de l'expérience 39. — De l'expérience 40. — Quels sont les effets de l'acide sulfurique sur la peau et les chairs? — Quels sont les corps qui renferment de l'acide sulfurique?

Devoir 46. — 5. Sous quel nom est connu l'acide azotique? — De quoi est-il composé? — Comment appelle t-on un mélange d'azote et d'oxygène? — Quel mot emploie-t-on pour désigner l'union intime de l'azote et de l'oxygène dans l'acide azotique? — 6. Pourquoi appelle-t-on encore l'acide azotique eau-forte? — En quoi consiste l'expérience 41? — 7. Quelle est l'action de l'acide azotique sur le coton? — Quels sont les corps qui contiennent de l'acide azotique?

Devoir 47. — 8. Avec quoi prépare-t-on l'acide chlorhydrique? — Comment l'appelle-t-on encore? — A quoi sert-il? — Parlez de l'expérience 42. — Quand est-ce que le décapage est indispensable? — 9. Qu'est-ce que l'acide acétique? — Comment se fait-il? — A quoi sert le vinaigre? — 10. Quand est-ce que le vert-de-gris se forme? — 11. Qu'est-ce que l'acide stéarique? — Est-il solide ou liquide? — Attaque-t-il les métaux comme les autres? — Comment peut-on le prouver?

DEVOIRS D'INTELLIGENCE.

(*A préparer oralement avant de les mettre par écrit.*)

Devoir 48. — 1. Comment peut-on reconnaître si un gaz ou un liquide est acide? — 2. Quelle différence y a-t-il entre un mélange et une combinaison? — 3. Terminez les phrases suivantes en écrivant mélange ou combinaison et en nommant ensuite les corps qui entrent dans l'un ou l'autre :

L'eau est un... d'...et d...
L'acide azotique est un... d'... et d'...
L'acide carbonique est un... de... et d'...
L'air est un... d'... et d'...
L'acide sulfurique est un... de... et d'...
L'acide chlorhydrique est un... de... et d'...

Devoir 49. — 4. Comment peut-on préparer de l'hydrogène? — 5. Comment peut-on écrire en relief sur le cuivre? —

6. Et en creux ? — 7. Comment feriez-vous pour enlever avec un acide la rouille qui se serait déposée sur votre couteau ? — 8. Quel acide choisiriez-vous ?

PROBLÈMES.

23. — Le vinaigre d'Orléans renferme environ 7, 2 p. % d'acide acétique. Combien de vinaigre d'Orléans faudrait-il distiller pour obtenir 1 kg 2 d'acide acétique ?

24. — L'acide sulfurique de commerce a pour densité 1,84 et contient 32 0/0 de soufre ; combien de litres d'acide sulfurique pourrait-on faire avec 100 kg de soufre ?

25. — On emploie aujourd'hui en Europe 950,000 tonnes d'acide sulfurique par an. Quelle est la valeur de cet acide à 0 fr. 25 le kilog ?

26. — Quelle serait la longueur du canal de 6 m. de large et 4 m. de profondeur pouvant contenir cet acide ; densité de l'acide sulfurique : 1,84.

RÉDACTIONS.

36. — Vous avez vu plus d'une fois arriver l'étameur dans votre village. Vous savez qu'il va de porte en porte chercher du travail : « Voilà l'étameur ! » dit il. Il monte son soufflet sur la place publique, fait sa forge d'un trou dans la terre... les enfants l'entourent pour le voir travailler.

Commencez par *décrire* tout cela : *Arrivée, Installation*....

Puis dites comment il s'y prend pour étamer.

L'étain et un peu de plomb fondent dans une vieille poêle. Avant d'étamer la casserole ou les couverts en fer, il les plonge dans un liquide. Lequel ? Pourquoi ? C'est dans l'esprit de sel ; il décape... puis il essuie bien, il fait même sécher au feu... car, autrement, l'étain ne prendrait pas.

37. — Le père de Jean avait chez lui une petite fiole d'acide azotique. Jean la prit un jour et la porta à l'école ; il faisait voir à ses camarades qu'une goutte d'eau-forte rongeait un sou en bouillonnant et devenait bleue ; qu'elle jaunissait le bois et les plumes... On s'amusait bien ; mais voilà qu'une goutte d'acide tombe sur l'œil de Jacques qui jette des cris épouvantables ! L'instituteur accourt, on s'interroge, on envoie chercher un médecin... Hélas ! l'œil de Jacques est brûlé. Le pauvre enfant est resté borgne après une longue maladie.

Racontez cette histoire à votre façon.

LECTURE VIII.

L'acide sulfurique.

La nation qui consomme la plus grande quantité d'acide sulfurique est, d'après le savant chimiste Dumas, la plus industrieuse. Si la houille est le nerf de l'industrie, l'acide sulfurique en est le sang.

C'est à l'acide sulfurique qu'il faut s'adresser pour avoir les moyens de fabriquer la plupart des autres acides, pour obtenir le suif, les acides gras, le phosphore, la soude, pour rendre solubles les phosphates.....

On se sert de l'acide sulfurique pour produire l'hydrogène qui gonfle les ballons dont s'amusent les enfants; on s'en sert également pour fabriquer les fulminates, le coton-poudre, la nitroglycérine qui tuent leurs pères. Cent espèces d'industries trouvent dans l'acide sulfurique l'élément indispensable à leur existence: mille autres lui doivent indirectement un concours des plus efficaces.

Le fer et l'acide sulfurique sont les deux principaux instruments de travail de toute nation industrieuse; leur intervention apparaît dans la plupart des actes qui intéressent la conservation de l'humanité, l'amélioration de son bien-être.

Il ne faut donc pas s'étonner des efforts que nous faisons incessamment pour augmenter la production du fer et de l'acide sulfurique.

MERVEILLES DE LA CHIMIE.

DEVOIRS DE RÉCAPITULATION.

Sur les huit premières leçons de chimie.

Devoir 50. — 1. Où se trouve le soufre ? — 2. Que produit-il en brûlant ? — 3. D'où extrait-on le chlore ? — 4. Quelles sont les propriétés du chlore ? — 5. Avec quoi prépare-t-on le phosphore ? — 6. Qu'est-ce qu'une eau contaminée ? — 7. Quels sont les liquides désinfectants ? — 8. A quelle dose s'emploie le sublimé corrosif ? — 9. Qu'est-ce que le vent ? — 10. De quels gaz l'air est-il composé ? — 11. Quelle expérience vous a-t-on faite pour vous montrer comment on prépare le gaz d'éclairage ? — 12. Quelles sont les deux sortes de corps simples ?

Devoir 51. — 13. Quels sont les métaux qui s'altèrent à l'air et ceux qui ne s'oxydent pas ? — 14. Que fait-on pour empêcher le fer de s'oxyder ? — 15. Quelle différence faites-vous entre un mélange et une combinaison ? — 16. Quels sont les corps qui entrent dans la composition du marbre ? — 17. Quelles sont les propriétés de l'acide carbonique ? — 18. Qu'est-ce que l'eau de Seltz ? — 19. Quelle est la plus pure de toutes les eaux et pourquoi ? — 20. Comment peut-on reconnaître qu'une eau est séléniteuse ? — 21. Quelles sont les propriétés de l'acide sulfurique ?

Devoir 52. — 22. Qu'est-ce que le chrysocale ? — 23. Le maillechort ? — 24. Qu'appelez-vous fulmi-coton ? — 25. Soufre en canon ? — 26. Soufre en fleur ? — 27. Quelle est l'action des parties vertes des végétaux ? — 28. Quel est le gaz qui brûle ? — 29. Quel est celui qui active la combustion ? — 30. Que savez-vous des poêles économiques ? — 31. Parlez de l'acide chlorhydrique. — 32. Comment obtient-on l'essence de térébenthine ? — 33. Quelles sont les matières qu'on extrait du goudron ? — 34. Avec quoi fait-on les allumettes chimiques ? — 35. Qu'est-ce que l'eau de javelle.

Devoir 53. — 36. Qu'est-ce que le chlorure de chaux ? — 37. A quoi sert-il ? — 38. Quand est-ce que se produit l'oxyde de carbone ? — 39. Que savez-vous de l'acide stéarique ? — 40. A quoi sert l'acide sulfureux ? — 41. Quels sont les charbons naturels ? — 42. Comment fait-on le charbon de bois ? — 43. Qu'est-ce qu'un carat ? — 44. A quoi sert l'acide phénique ? — 45. Qu'est-ce que la tourbe ? — 46. Où trouve-t-on l'azote ? — 47. Qu'est-ce que l'eau de chaux et à quoi sert-elle ? — 48. Quels sont les gaz qui forment l'eau ? — 49. Comment peut-on montrer que l'eau est formée d'oxygène et d'hydrogène ? — 50. Avec quoi peut-on enlever les taches de fruits ? — 51. Les taches de vin ?

NEUVIÈME LEÇON.

LES BASES.

1. — Les bases neutralisent l'action des acides.

Dans du tournesol rougi par un acide, on verse de l'eau de chaux : *le tournesol est ramené au bleu.* (*Expérience 48.*)

La chaux a fait cesser ou a *neutralisé* l'action de l'acide ; les corps qui neutralisent les acides sont appelés des *bases.*

2. — Principales bases. — Les principales bases sont : la potasse, la soude, l'ammoniaque, la chaux et les corps composés d'un métal et d'oxygène (on les appelle *oxydes*), l'oxyde de fer, l'oxyde de cuivre, l'oxyde de zinc, etc.

3. — **La potasse et la soude.** — La potasse et la soude sont des bases très puissantes, mais aussi très caustiques, c'est-à-dire des bases qui rongent et brûlent. La *pierre à cautère* employée pour brûler la chair des plaies n'est autre chose que de la potasse.

On trouve la potasse et la soude dans les cendres des végétaux ; les cristaux pour la lessive, le salpêtre et l'eau de javelle contiennent aussi de la potasse.

4. — **Les savons.** — On fait entrer ces deux bases, mais plus souvent la soude, dans la fabrication des savons. La potasse et la soude enlèvent, en effet, les taches de graisse et d'acide ; mais on les combine avec l'acide stéarique des corps gras, car, employées seules, *elles détruiraient le linge.*

Dans une casserole en fer, on met une dissolution de potasse ou de soude et on chauffe. Un morceau de laine plongé dans le liquide bouillant s'y dissout comme du sucre dans l'eau. (*Expérience 44.*)

5. — **La potasse et la soude des végétaux.** — La potasse et la soude entrent dans la constitution des végétaux, puisqu'on les trouve dans leurs cendres.

Les plantes cultivées ont besoin de potasse.

On y pourvoit au moyen des *engrais potassiques* qui renferment cette base combinée avec d'autres corps.

6. — **L'ammoniaque.** — Le gaz ammoniac (Az + H) (1) s'échappe du fumier des écuries et des bergeries, des excréments et des urines en putréfaction. On l'extrait des eaux vannes de vidanges ou des eaux qui ont servi à épurer le gaz d'éclairage.

Le gaz ammoniac se dissout dans l'eau en grande quantité ; la solution porte le nom d'ammoniaque ou d'*alcali volatil.*

(1) Azote + hydrogène.

7. — **L'alcali volatil.** — On s'en sert pour enlever les taches d'acide et de graisse sur les étoffes ; avant de s'en servir, on fera bien d'examiner si l'ammoniaque n'altère pas la couleur de l'étoffe.

On verse de l'ammoniaque dans une dissolution de fuchsine et dans une dissolution de carmin ; la première perd sa couleur rouge, tandis que la deuxième devient plus rouge encore. (*Expérience 45.*)

A cause de son *odeur* qui excite fortement la muqueuse du nez et des yeux, on emploie l'alcali volatil pour combattre les évanouissements.

On l'utilise aussi pur, contre les piqûres d'abeilles, d'insectes et de vipères, et, mélangé à l'eau, pour combattre la météorisation chez les bœufs ou les moutons. On sait qu'on appelle météorisation un gonflement qui se produit lorsque ces animaux ont trop mangé d'herbe verte.

8. — **Engrais ammoniacaux.** — Il existe des engrais dits ammoniacaux, dont la partie essentielle est l'ammoniaque; on s'en sert ordinairement pour activer la végétation, pour lui donner comme un coup de fouet.

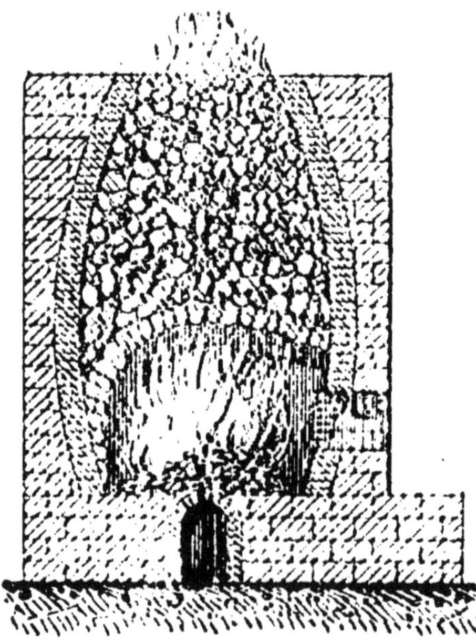

FOUR A CHAUX.

9. — **La chaux.** — Nous avons déjà vu que la chaux se prépare au moyen des calcaires dans des fours à chaux. Le calcaire est du carbonate de chaux, c'est-

à-dire acide carbonique + chaux; en chauffant, l'acide carbonique se dégage à l'air et il reste de la chaux dans le four.

On met quelques morceaux de craie dans un poêle; on les retire quand ils sont rouges; ils se sont transformés en chaux. (*Expérience 46.*)

10. — Chaux vive et chaux éteinte. — La chaux vive est de la chaux récemment préparée; elle est caustique et brûle les matières organiques; jetée sur les cadavres d'animaux, elle en hâte la décomposition.

Laissée à l'air, elle perd sa causticité et se *délite*, c'est-à-dire se fendille et tombe en poussière; elle devient *chaux éteinte*.

On peut éteindre la chaux vive en peu d'instants avec de l'eau.

On verse de l'eau lentement sur des morceaux de chaux placés dans une assiette, la chaux absorbe l'eau, se fendille, craque avec production de vapeur d'eau, augmente de volume et forme avec l'eau une pâte plus ou moins liante. (*Expérience 47.*)

Expérience 47.

11 — Lait de chaux et eau de chaux. — En ajoutant de l'eau à la chaux éteinte, on prépare un lait de chaux. En filtrant le lait de chaux, on obtient l'eau de chaux; on peut encore préparer l'eau de chaux en laissant reposer le lait de chaux; la chaux se dépose au fond et le liquide devient limpide: c'est de l'eau de chaux qui contient encore un peu de chaux en dissolution.

Mettre de l'eau dans un bocal, avec quelques morceaux de chaux; remuer, laisser reposer, puis filtrer ou *decanter*. (*Expérience 48.*)

On décante quand on verse lentement et adroitement un liquide, de façon à laisser dans le verre ou le flacon la partie trouble et solide.

L'eau de chaux mélangée et battue avec de l'huile, forme un très bon remède contre les brûlures (liniment oléo-calcaire de pharmacien).

12. — **Les mortiers.** — Avec de la chaux éteinte et du sable, on fabrique les *mortiers aériens* qui durcissent peu à peu en prenant l'acide carbonique de l'air. La chaux, en retrouvant l'acide carbonique, redevient pierre à chaux.

Les chaux hydrauliques et les ciments qui durcissent sous l'eau se préparent en calcinant du calcaire et de *l'argile.*

13. — **Le chaulage.** — La chaux est employée en agriculture pour le chaulage des terres.

Elle rend plus friables les terres compactes (sols argileux).

Elle rend plus cohérentes les terres légères (sols sablonneux).

Elle ne nourrit pas les végétaux ; elle ne fait que disposer les plantes à une puissante végétation.

RÉSUMÉ.

1. Les bases neutralisent l'action des acides.

2. La potasse et la soude sont caustiques ; elles entrent dans la fabrication du savon.

3. Le gaz ammoniac s'échappe du fumier; dissous dans l'eau, il prend le nom d'alcali volatil, et sert à enlever les taches de graisse et à combattre la météorisation.

4. La chaux se prépare avec les calcaires; elle est employée à faire les mortiers et à chauler les champs.

QUESTIONS DE CERTIFICAT D'ÉTUDES.

Devoir 54. — 1. Quelle est l'action des bases ? — 2. Quelles sont les principales bases ? — 3. On dit que la potasse et la sou le sont caustiques : qu'est-ce que cela veut dire ? — Qu'est-ce que la pierre à cautère ? -- Où trouve-t-on la potasse et la soude ? — 4. A quoi servent ces deux bases ? — Les emploie-t-on seules ? — Pourquoi ? — Avec quel corps les mélange-t-on ? — Parlez de l'expérience 44. — 5. Les végétaux ont-ils besoin de potasse ? — Qu'appelle-t-on engrais potassiques ? — Nommez-en un.

Devoir 55. — 6. Qu'est-ce que le gaz ammoniac ? — D'où l'extrait-on ? — 7. Qu'est-ce que l'alcali volatil ? — A quoi sert-il ? — Que faut-il faire avant de s'en servir pour enlever les taches sur une étoffe ? — Parlez de l'expérience 45. — Que prouve cette expérience ? — A quoi sert encore l'alcali volatil ? — Qu'entendez-vous par la météorisation ? — Faut-il employer l'alcali pur pour faire dégonfler un animal ? — Et contre les piqûres des insectes ? — 8. Dites ce que vous savez sur les engrais ammoniacaux.

Devoir 56. — 9. Comment se prépare la chaux ? — Qu'est-ce que le calcaire ? — Que devient l'acide carbonique du calcaire ? — Et la chaux ? — Qu'est-ce que la craie ? — Parlez de l'expérience 46. — 10. Qu'est-ce que la chaux vive ? — Quelles sont ses propriétés ? — Que devient-elle quand on la laisse à l'air ? — Que devient la chaux quand on la mouille ? — 11. Qu'est-ce qu'un lait de chaux ? — Et l'eau de chaux ? — A quoi sert l'eau de chaux ? — 12. Comment se fait le mortier ? — Pourquoi durcit-il ? — Comment se préparent les chaux hydrauliques ? — 13. Quelle est l'action de la chaux en agriculture ?

DEVOIR D'INTELLIGENCE.

(A préparer oralement avant de le mettre par écrit.)

Devoir 57. — 1. Quels corps trouve-t-on dans l'eau de Javelle ? — 2. Pourquoi nettoie-t-elle si bien et si fort le linge ? — 3. Pourquoi les cendres peuvent-elles être employées pour faire la lessive ? — 4. Pourquoi la craie mise dans un poêle ardent se transforme-t-elle en chaux ? — 5. Si on faisait très vite un mur très épais, le mortier ne durcirait pas dans l'intérieur ; savez-vous pourquoi ? — 6. Pourriez-vous dire pourquoi l'écobuage produit quelques bons résultats ?

PROBLÈMES.

27. Les cendres de bois de chêne contiennent environ 12 0/0 de potasse, 40 de chaux et 7 d'acide phosphorique. Combien de kil. de potasse, de chaux et d'acide phosphorique contiennent 8 sacs de cendres pesant chacun 54 kg ?

28. La chaux coûte 20 fr. le mètre cube. Combien coûtera le chaulage d'un champ de 218 m. de long, 180 m. de large, à raison de 15 hectolitres à l'hectare ?

29. On veut obtenir 25 tonnes de chaux avec un carbonate contenant 56 0/0 de chaux ; combien de tonnes de carbonate faudra-t-il traiter ?

RÉDACTIONS.

38. — On avait recommandé au jeune vacher Louis d'empêcher ses vaches d'aller paître au champ de trèfle. Il fait d'abord son service en conscience ; mais il s'amuse ensuite avec d'autres camarades... Il s'aperçoit trop tard que les vaches sont dans le trèfle, que quelques-unes commencent à gonfler.

Racontez l'histoire d'abord, et dites ensuite ce qui a dû se passer.

39. — Jacques veut chauler son champ et blanchir sa maison :

1° Il va chercher la chaux au four de la commune voisine.

2° On dispose la chaux en petits tas sur le sol.

3° Le lendemain, le maçon arrive, fait un lait de chaux, blanchit la maison.

Racontez cela

40. — Le calcaire. Caractères du calcaire ; son rôle dans le sol. Moyens employés pour donner de la chaux aux sols qui en manquent. (*Meuse*. C. E. P.)

LECTURE IX.

La potasse.

La potasse d'Amérique et de Russie (cendres de végétaux forestiers) et les salins de betteraves (résidus de la distillation des mélasses) n'offraient qu'une source très limitée de potasse et la livraient à un prix trop élevé pour que l'agriculture pût songer à l'employer en grand. La découverte du gisement de Stassfürt (Prusse) et l'application des procédés Balard à l'extraction de la potasse des eaux mères des marais salants sont venues à point pour permettre à l'agriculture de restituer au sol la base précieuse que la culture de la betterave réclame tout particulièrement. Vers 1860, l'épuisement de la potasse des sols du Magdebourg, presque entièrement cultivés en betteraves sucrières, avait atteint une limite très inquiétante pour les producteurs de sucre. Aussi Liébig félicitait-il, dans les termes suivants, le docteur Frank, promoteur de la nouvelle industrie : « La découverte des gisements des sels potassiques est un bonheur providentiel pour nos agriculteurs et pour nos cultivateurs de betteraves en particulier. Si les cultivateurs français ne suivent pas leur exemple, dans une génération d'hommes il ne sera plus question de sucreries de betteraves en France. L'agriculture vous doit de la reconnaissance pour avoir fabriqué à bon marché cet engrais si important et en avoir propagé l'emploi (1865). »

GRANDEAU, *Études agronomiques.*

DIXIEME LEÇON.

LES SELS.

1. — **Les sels sont formés d'un acide et d'une base.** — Les sels sont des corps composés, formés ordinairement d'un acide et d'une base.

Ainsi l'acide carbonique et la potasse forment le carbonate de potasse.

L'acide sulfurique et la chaux forment le sulfate de chaux.

L'acide azotique et la potasse forment l'azotate de potasse... etc.

On peut donc considérer les sels comme des combinaisons de deux corps composés; cependant il y a des sels formés de deux corps simples ; le sel marin, par exemple, qui provient du chlore et du sodium, métal contenu dans la soude.

2. — **Principaux sels.** — Les principaux sels sont le carbonate de potasse, le carbonate de soude, l'azotate de potasse, l'azotate de soude, le sel marin, le carbonate de chaux, le sulfate de chaux et les vitriols.

3. — **Le carbonate de potasse et le carbonate de soude** sont connus vulgairement sous le nom de *cristaux*. On les utilise pour le blanchissage. Autrefois, on les retirait des cendres des végétaux; aujourd'hui encore on lessive les cendres dans les ménages et on se sert du liquide jaunâtre qui en provient pour enlever les matières grasses qui souillent le linge.

A cause des carbonates de potasse qu'elles contiennent, on emploie les cendres comme engrais potassiques; les deux carbonates entrent aussi comme matières premières dans la fabrication du verre et du savon.

4. — **L'azotate de potasse.** — Ce sel est aussi désigné sous le nom de salpêtre ou nitre; on le trouve, mélangé à d'autres azotates, sur les vieux murs.

On jette une pincée d'azotate de potasse sur des charbons ardents, ils fusent comme si l'on faisait arriver sur eux un courant d'oxygène. (*Expérience 49.*)

L'azotate de potasse renferme beaucoup d'oxygène; il est employé dans la fabrication de la poudre de chasse Cette poudre est un mélange de salpêtre, de soufre et de charbon de bois finement pulvérisés.

5. — **L'azotate de soude,** plus connu sous le nom de *nitrate de soude*, est un engrais que l'on répand sur les plantes au printemps; il active puissamment la végétation; mais il ne faut pas l'employer en grande quantité.

Un cultivateur économe et intelligent peut obtenir des nitrates au moyen des nitrières artificielles. On les construit en superposant des couches successives de vieux plâtras, cendres, fumiers, et en arrosant de purin ou d'urine.

6. — **Le chlorure de sodium** ou *sel de cuisine* se trouve dans la terre à l'état de pierre ou *sel gemme*; on l'en extrait comme un minerai ou la houille, avec des puits, des galeries, etc... Le sel de cuisine se tire aussi des eaux de la mer, par évaporation; il prend alors le nom de sel marin.

UNE TRÉMIE.

On fait fondre du sel de cuisine dans l'eau jusqu'à ce que l'eau n'en puisse plus dissoudre, c'est-à-dire jusqu'à ce qu'elle soit saturée. (L'eau est saturée quand il reste du sel solide au fond de l'eau, bien qu'on la remue.) On verse le liquide dans une assiette et on l'expose à l'air en ayant soin de la laisser en repos. Au bout de quelque temps, l'eau s'est évaporée et le sel reste sur l'assiette. On peut reconnaître les cristaux cubiques et en trémies. (*Expérience 50*)

Nous avons vu que l'eau potable devait renfermer du sel marin ; les liquides de notre corps en contiennent. Aussi doit-on le regarder comme un *véritable aliment*.

Les animaux domestiques en ont besoin autant que l'homme.

L'industrie en consomme de grandes quantités pour fabriquer le chlore, l'eau de javelle, le chlorure de chaux, l'acide chlorhydrique, les cristaux de soude, les vernis des grès, etc..., et pour conserver les viandes.

7. — **Le carbonate de chaux** est le calcaire pur. Nous en avons déjà parlé à diverses reprises. Le marbre blanc est le plus pur des calcaires naturels ; les autres, comme les marbres colorés, la pierre lithographique, la pierre à bâtir, la craie, la marne, etc..., renferment plus ou moins de matières terreuses.

Nous savons que les acides attaquent ou détériorent les calcaires.

8. — **Le sulfate de chaux** ou *gypse* ou *pierre à plâtre* s'extrait des carrières, comme la pierre à bâtir. On le chauffe dans des fours, *l'eau qu'il contient s'évapore* et il donne du plâtre. Si on redonne au plâtre l'eau que la cuisson lui a enlevée, il redevient dur comme la pierre à plâtre.

On délaye du plâtre dans de l'eau, et on le verse sur une médaille ou un sou que l'on a entouré d'un carton plus haut que l'épaisseur de la médaille. Le plâtre durcit ; on a obtenu un *moulage* de la médaille. (*Expérience 51.*)

Avec le plâtre, on fait des enduits pour les murs et les plafonds. On le répand sur les luzernes où il produit de bons effets.

FOUR A PLATRE.

9. — **Les vitriols.** — Les vitriols sont des sulfates :

Le *sulfate de fer* (*vert*) ou vitriol vert ou couperose verte ;

Le *sulfate de cuivre* (*bleu*) ou vitriol bleu ou couperose bleue ;

Le *sulfate de zinc* (*blanc*) ou vitriol blanc ou couperose blanche ;

Tous les trois sont employés comme désinfectants. Le vitriol vert sert encore à fabriquer l'encre ordinaire, et le vitriol bleu à sulfater les blés de semence.

10. — **Autres sels.** — On peut aussi regarder comme des

sels plus ou moins complexes, la rouille, le vert-de-gris, l'argile pure ou kaolin, le verre, le vernis des poteries et le savon.

RÉSUMÉ.

1. Les sels sont formés d'un acide et d'une base ; on peut les considérer comme des combinaisons de deux corps composés.
2. Le carbonate de potasse et le carbonate de soude, connus sous le nom de cristaux, servent au blanchissage du linge.
3. L'azotate de potasse ou salpêtre, ou nitre, entre dans la composition de la poudre de chasse ; l'azotate de soude est employé comme engrais au printemps.
4. Le sel marin ou chlorure de sodium s'extrait des eaux de la mer ; on le trouve aussi dans la terre à l'état de sel gemme.
5. Le carbonate de chaux est le calcaire pur ; le sulfate de chaux ou gypse, chauffé dans des fours, donne le plâtre.
6. Les vitriols sont employés comme désinfectants.

QUESTIONS DE CERTIFICAT D'ÉTUDES.

Devoir 58. — 1. De quoi sont formés les sels ? — Quels sont les corps qui entrent dans la composition du carbonate de potasse ? — du sulfate de chaux ? — de l'azotate de potasse ? — du sel marin ? — 2. Quels sont les principaux sels ? — 3. Comment appelle-t-on vulgairement le carbonate de potasse et le carbonate de soude ? — A quoi servent-ils ? — D'où les retirait-on autrefois ? — Que fait-on des cendres dans les ménages ? — Pourquoi emploie-t-on les cendres comme engrais potassiques ? A quelle fabrication sont employés les deux carbonates ? — 4. Quels sont les autres noms de l'azotate de potasse ? — Où le trouve-t-on ? — Qu'arrive-t-il quand on jette de l'azotate de potasse sur des charbons ardents ? — A quoi est-il employé ? — Avec quels corps fait-on la poudre de chasse ?

Devoir 59. — 5. Comment appelle-t-on encore l'azotate de soude ? — A quoi sert-il ? — Comment peut-on obtenir des nitrates sans grande dépense ? — Comment se fait une nitrière ?

6. Où se trouve le sel de cuisine ou chlorure de sodium ? Comment l'extrait-on de la terre ? — Et de la mer ? — Parlez de l'expérience 50. — Le sel marin nous est-il nécessaire ? — Comment peut-on le considérer ? — Les animaux en ont-ils besoin ? — Quels sont les usages du sel marin ? — 7. Qu'est ce que le carbonate de chaux ? — Quel est le plus pur de tous les carbonates ? — Quels sont les autres carbonates de chaux ?

Devoir 60. — 8. Quels sont les noms vulgaires du sulfate de chaux ? — D'où extrait-on le gypse ? — Comment prépare-t-on le plâtre? — Parlez de l'expérience 51. — Avec quel corps fait-on le moulage des objets? — A quoi sert le plâtre? — 9. Quels sont les divers vitriols? — Qu'est-ce que la couperose verte? — Et la couperose bleue? — A quoi servent les vitriols? — Quel est celui qui sert pour vitrioler les blés de semence? — 10. Nommez d'autres corps qu'on peut considérer comme des sels?

PROBLÈMES.

30. La poudre de chasse contient p. % 78 de salpêtre, 12 de charbon et 10 de soufre. Quelle quantité de charbon et de soufre mêlera-t-on à 150 kg. de salpêtre dans la fabrication de la poudre?

31. L'eau de mer contient environ 2,5 p. % de chlorure de sodium ou sel marin; combien de litres d'eau de mer faudra-t-il faire évaporer pour obtenir 150 kg de sel marin; densité de l'eau de mer : 1,026.

RÉDACTIONS.

41. Votre maître, dans une leçon de sciences, vous a présenté 3 flacons pleins d'une poudre blanche très fine et vous a dit : « Il s'agit de savoir ce qu'il y a dans chacun de ces flacons; je donnerai la meilleure note à celui qui reconnaîtra les trois corps; on peut goûter, ce n'est pas du poison. » Écrivez à un ami pour lui raconter cette expérience; dites que quelques-uns se contentaient de regarder... vous, vous avez goûté, et vous avez reconnu le sucre et le sel; personne n'a pu dire ce qu'il y avait dans le troisième flacon. L'instituteur alors a pris un peu de la poudre et en a fait une pâte avec de l'eau : c'était de la farine...

Racontez tout cela et terminez par la *leçon sur le sel qui a suivi l'expérience.*

42. Fabrication du plâtre et usages :

1° Carrière;

2° Four;

3° On le réduit en poudre et on l'enferme dans des sacs.

4° Plafonds — murs — statues — moulage — agriculture.

5° Faites-vous raconter la petite historiette de Franklin : « Ceci a été plâtré », et terminez le devoir par cette historiette.

43. Le sel, sa provenance, son extraction, ses usages. (*Saône-et-Loire*, C. E. P.)

44. Parlez du sel. Sel marin et sel gemme. Où trouve-t-on le sel? Comment l'extrait-on? Quels sont les principaux usages du sel? (*Seine*, C. E. P.)

LECTURE X.

Les mines de Wieliczka (*Gallicie*).

Le dépôt salin de Wieliczka se compose d'énormes amas entourés d'argile... Depuis le milieu du XIe siècle, époque à laquelle commencèrent les premières excavations, on a foré dans les couches près d'une centaine de puits, et les galeries, disposées en trois étages principaux et en paliers secondaires, se ramifient et s'entremêlent diversement jusqu'à la profondeur de 312 mètres, soit à 57 mètres au-dessous du niveau de la mer.

L'intérieur de la mine représente un immense édifice avec ses chambres, ses corridors, ses cours, ses bassins, ses escaliers, ses avenues de colonnes en bois, ses étais en maçonnerie et ses piliers de sel laissés en place pour le support des voûtes. Malheureusement les populations d'ouvriers qui s'agitent dans les profondeurs de la mine ont eu maintes fois à souffrir de terribles accidents : souvent l'incendie a détruit les échafaudages, d'énormes écroulements ont eu lieu ; des salles entières ont disparu ; enfin en 1868 des travaux imprudents ont crevé les parois d'un lac souterrain et plusieurs galeries ont été noyées.

Quoique partiellement ruinées pour un temps, les mines de Wieliczka ont continué de fournir près de moitié de tout le sel extrait de la terre, de la mer et des sources dans les provinces Austro-Hongroises.

ÉLISÉE RECLUS. (Hachette, éditeur.)

DEVOIRS DE RÉCAPITULATION GÉNÉRALE

Sur la Chimie.

Devoir 61. — 1. D'où tire-t-on le soufre ? — 2. Que produit le soufre en brûlant ? — 3. Comment chasse-t-on l'acide carbonique des calcaires ? — 4. Qu'est-ce qu'un corps simple ? — 5. Un corps composé ? — 6 Quelles différences fait-on entre un métal et un métalloïde ? — 7. Quelles sont les propriétés de l'oxygène ? — 8. De l'hydrogène ? — 9. De l'acide carbonique ? — 10. Qu'appelle-t-on désinfectants ? — 11. Quels sont les corps qui conduisent bien la chaleur ? — 12. Quel est le métal le plus léger ? — 13. Où se trouvent les métaux ? — 14. D'où s'extrait le chlore — 15. Quelles sont les propriétés du chlore ? — 16. Quels sont les principaux désinfectants et à quelle dose les emploie-t-on ? — 17. Quelle est l'action des bases ? — 18. Quelles sont les principales bases ?

Devoir 62. — 19 Qu'est-ce qu'un acide ? — 20. Quels sont les principaux acides ? — 21. Quel est le nom vulgaire de l'acide sulfurique ? — 22. Quelle est la plus pure de toutes les eaux ? — 23. Comment faut il la recueillir ? — 24 De quel appareil se sert-on pour distiller l'eau ? — 25. Qu'est-ce que l'eau de ruissellement ? — 26. Et l'eau d'infiltration ? — 27. Qu'appelez-vous eau contaminée ? eau séléniteuse ? eau fétide ? — 28. Quand est-ce qu'une matière est en suspension dans l'eau ? — 29. Quand est-ce qu'elle y est en dissolution ? — 30. Qu'entendez-vous par le colmatage ?

Devoir 63. — 31. Quelle est la hauteur de l'atmosphère ? — Qu'est-ce que le vent ? — 32. Quelle est la composition de l'air ? — 33. Combien y a-t-il de sortes de charbons ? — 34. Qu'est-ce que le diamant ? — 35. Et le feu grisou ? — 36. Qu'est-ce que la lampe Davy ? — 37. Qu'est-ce qu'un sel ? — 38. Quels sont les principaux sels ? — 39. Nommez les vitriols que vous connaissez, avec leur couleur ? — 40. A quoi servent-ils ? — 41. Qu'appelez-vous eau potable ? — 42. Que doit contenir l'eau potable ? — 43. Que ne doit-elle pas contenir ? — 44. Quelles sont les propriétés de l'acide azotique ou nitrique ?

Devoir 64. — 45. Qu'est-ce que la potasse ? — 46. Quelles sont les propriétés de la potasse et de la soude ? — 47. Où les trouve-t-on ? — 48. Qu'appelez-vous engrais potassiques ? — 49. Qu'est-ce que le chlorure de chaux ? — 50. Comment l'appelle-t-on vulgairement ? — 51. A quoi sert-il ? — 52. Qu'appelez-vous minerai ? — 53. Quelles opérations fait-on subir au minerai pour en extraire le métal ? — 54. Quels sont les métaux qui s'altèrent le plus à l'air ? — 55. Ceux qui ne s'oxydent pas ? — 56. Qu'est-ce que le fer galvanisé le fer étamé ? — 57. Quand est-ce qu'on décompose un corps ? — 58. Qu'est-ce que décanter un liquide ?

Devoir 65. — 59. Qu'est-ce que le soufre en canon ? — 60. L'hydrogène sulfuré ? — 61. D'où tire-t-on le phosphore ? — 62. Parlez du phosphore contenu dans les végétaux et dites comment on rend au sol le phosphore que les plantes lui enlèvent. — 63. Quels sont les corps qui entrent dans la composition de la poudre de chasse ? — 64. Qu'est-ce que le gypse ? — 65. Comment fabrique-t-on le plâtre ? — 66. Quelle est la composition de l'air ? — 67. Qu'est-ce que l'eau de chaux ? — 68. A quoi sert-elle ? — 69. Qu'est-ce qu'un lait de chaux et quels en sont les usages ? — 70. Qu'appelez-vous microbes ? — 71. Qu'est-ce que le filtre Pasteur ? — 72. Quelle est la composition de l'eau ?

Devoir 66. — 73. D'où extrait-on le gaz ammoniac ? — 74. Qu'est-ce que l'alcali volatil ? — 75. A quoi sert-il ? — 76. D'où extrait-on la tourbe ? — 77. Comment se fait le charbon de bois ? — 78. Qu'appelez-vous fulmi-coton ? — 79. Qu'est-ce que l'esprit de sel ? — 80. A quoi sert-il ? — 81. Qu'est-ce que le sublimé corrosif et à quoi sert-il ? — 82. Quelle différence y a-t-il entre le fer, la fonte et l'acier ? — 83. Qu'appelle-t-on alliage ? — 84. Nommez les principaux alliages que vous connaissez et dites-en la composition. — 85. Par quelle expérience démontre-t-on que l'acide carbonique est plus lourd que l'air ?

Devoir 67. — 86. Que savez-vous sur la question de l'acide carbonique décomposé par les plantes ? — 87. Qu'est-ce que l'oxyde de carbone ? — 88. Que pensez-vous des poêles économiques ? — 89. Comment fait-on les allumettes chimiques ? — 90. D'où extrait-on le chlorure de sodium ou sel de cuisine ? — 91. Quand est-ce qu'une eau est saturée ? — 92. Nommez les métalloïdes que vous connaissez ? — 93. Quel est le plus léger des métaux ? — 94. Pourquoi le mortier durcit-il ? — 95 Et le plâtre ? — 96. Comment fabrique-t-on le gaz d'éclairage ? — 97. Nommez les corps composés de charbon et d'hydrogène ? — 98. Quels sont les corps qu'on extrait du goudron ?

Devoir 68 — 99 Qu'appelle-t-on étuves à désinfection ? — 100. Qu'est-ce que décaper un métal ? — 101. De quels acides se sert-on pour décaper ? — 102. Qu'est-ce que l'acide acétique ? — 103. Et l'acide stéarique ? — 104. Comment s'obtient le noir de fumée ? — 105. Et le noir animal ? — 106. A quoi servent ces deux corps ? — 107. Quelle différence faites vous entre la chaux vive et la chaux éteinte ? — 108. Comment soigne-t-on les brûlures ? — 109. Qu'est-ce que le mortier hydraulique ? — 110. En quoi consiste le chaulage des terres ? — 111. Qu'entendez-vous par le drainage des terres ? — 112. Par l'irrigation ? — 113. Comment reconnait-on qu'un air est vicié ?

PHYSIQUE.

ONZIÈME LEÇON.

DILATATION DES CORPS PAR LA CHALEUR

LE THERMOMÈTRE.

1. — Les corps chauffés augmentent de dimensions. — Les corps chauffés augmentent de dimensions, c'est-à-dire se *dilatent*. Pour rendre sensible la dilatation des corps solides, on peut construire le petit appareil suivant :

Sur la planchette MN, en A, on fixe un fil de cuivre qui est terminé en B par une petite boucle. Dans cette boucle passe une aiguille qui tourne autour du point O lequel est le plus près possible de B. On chauffe le fil de cuivre (une allumette suffit) et l'on voit l'aiguille tourner vers D. Elle a été poussée par le fil qui a augmenté de longueur.

Si on cesse de chauffer, le fil se refroidit et l'aiguille revient vers C. (*Expérience 52.*)

La seconde partie de l'expérience prouve que les corps se contractent quand ils sont refroidis ; la dilatation suivie de contraction explique pourquoi le forgeron chauffe le cercle de fer destiné à maintenir les roues.

Pour permettre la dilatation, l'ingénieur laisse un

petit espace entre les rails des chemins de fer et le

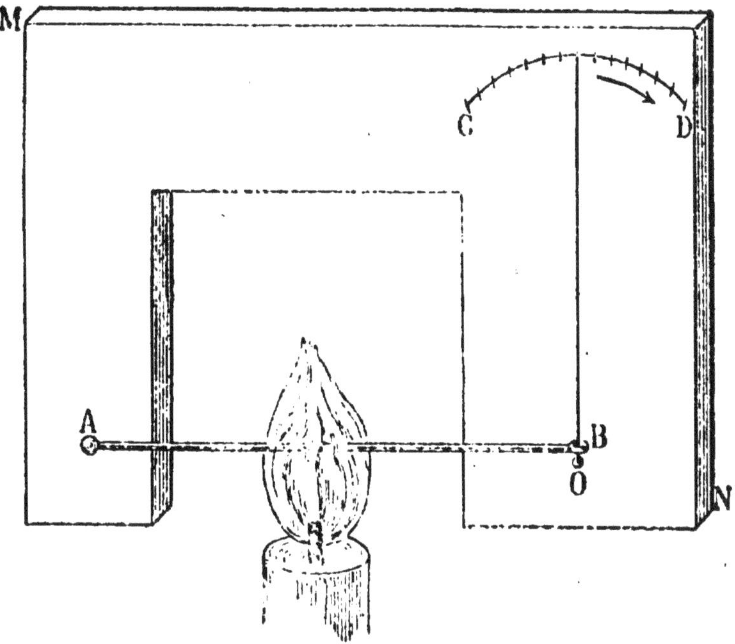

Expérience 52.

constructeur donne du jeu aux charpentes métalliques.

2. — **Les liquides se dilatent plus que les solides.** — On vérifie la dilatation des liquides soumis à l'influence de la chaleur au moyen d'un ballon muni d'un tube assez étroit.

Le ballon et le tube contiennent un liquide légèrement teinté jusqu'en A (de l'eau teintée avec quelques gouttes d'encre noire ou rouge). On chauffe : le liquide descend d'abord en *b*, parce que tout d'abord le ballon seul s'est dilaté, puis remonte rapidement en *c*. (*Expérience 53.*)

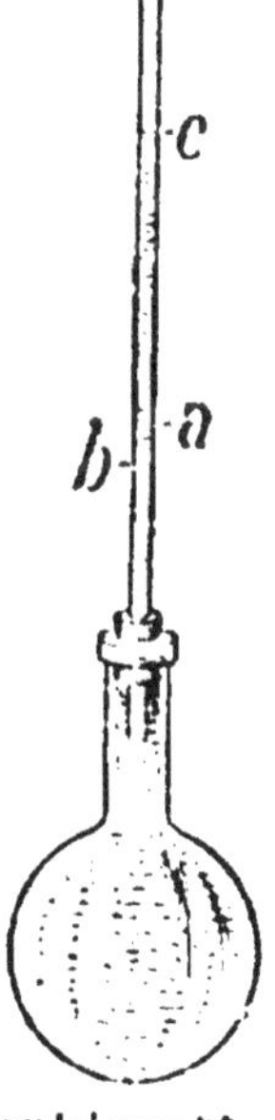

Expérience 53.

3. — **Les liquides, qui se dilatent, deviennent plus légers.** — Les liquides qui se dilatent augmentant de volume sans augmenter de poids, deviennent plus légers.

On peut le constater en mettant un peu de

sciure de bois dans un ballon où l'on chauffe de l'eau. Le mouvement de va-et-vient de la sciure indique le mouvement ascendant des couches chauffées qui sont devenues plus légères, et le mouvement descendant des couches plus froides et plus lourdes. (*Expérience 54.*)

Expérience 54

4. — Les gaz se dilatent plus que les liquides. — Les gaz se dilatent encore plus que les liquides.

A un ballon renfermant de l'air bien sec, on adapte un tube contenant quelques gouttes de liquide qui font office de fermeture ; il suffit de chauffer *avec la main* pour constater la dilatation de l'air par le déplacement de la petite colonne liquide. (*Expérience 55.*)

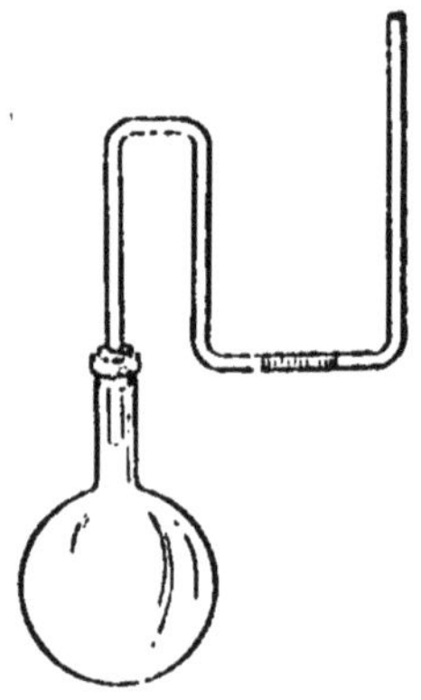
Expérience 55.

5. — Les gaz se déplacent en se dilatant. — Comme les liquides, les gaz chauffés deviennent *plus légers* et tendent à s'élever ; la place qu'ils occupaient est remplie par des gaz plus froids.

On peut s'en rendre compte lorsqu'on est devant une cheminée allumée ; les petits morceaux de papier s'élèvent dans le tuyau en même temps que l'air chaud qui a passé sur le foyer ; il arrive de nouvelles quantités d'air qui s'élèvent à leur tour : c'est ce qui produit le tirage de la cheminée.

Que l'on ouvre la porte qui fait communiquer deux salles dont l'une est chauffée et que l'on place une bougie allumée au bas de l'ouverture, on voit la flamme s'incliner du côté de la salle chaude ; si on place la bougie en haut, la flamme s'incline du côté de la salle froide.

Il se produit donc un *courant d'air froid* dans la partie inférieure et un *courant d'air chaud* dans la partie supérieure. (*Expérience 56.*)

Le vent n'est autre chose qu'un courant d'air et se

produit ordinairement, comme dans l'expérience ci-

Expérience 56.

dessus, par suite de l'inégal échauffement des couches d'air.

3°

6. — On peut connaître la température des corps. — En même temps que les corps chauffés augmentent de volume, leur température s'élève ; et comme *plus leur température s'élève, plus leur dilatation est grande*, on utilise cette dilatation pour se renseigner sur l'élévation de température.

7. — Le thermomètre. — On se sert pour cela du *thermomètre* dans lequel un liquide (le mercure ou l'alcool) se dilate s'il fait plus chaud et se contracte s'il fait plus froid.

Dans un thermomètre, on distingue le *réservoir* et le *tube*. C'est sur ce dernier (ou sur une planchette qui supporte le thermomètre) que sont marqués de petits espaces appelés *degrés ;* suivant que le liquide en occupe plus ou moins, on dit que la température est plus ou moins élevée.

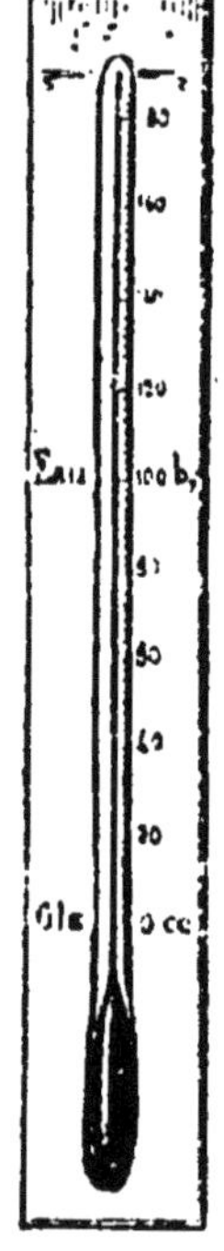

THERMOMÈTRE.

8 — Comment on gradue le thermomètre à mercure. — On a obtenu les degrés du thermomètre à mercure, en le plongeant dans de la glace fondante ; le point où le mercure s'est arrêté a été numéroté 0 ; puis on a plongé le thermomètre dans de la vapeur d'eau bouillante produite dans un appareil spécial, et le point où le mercure s'est arrêté a été numéroté 100. On a divisé l'espace entre 0 et 100 en 100 parties égales ou 100 degrés centigrades et on a prolongé la division au-dessus du point 100 (101 ; + 102 ; + 103) et au-dessous du point 0 (— 1 ; — 2 ; — 3... etc.).

9. — Usages du thermomètre. — Il est toujours bon

de posséder un thermomètre pour connaître la température de l'air, de l'eau et de tous les corps en général, car les indications du toucher sont souvent erronées. Ainsi, par exemple, si l'on s'en rapporte aux sensations qu'on éprouve, on risque, en hiver, de trop chauffer les appartements, de dépasser la température de 15 à 18° qui est la plus convenable, et de contracter de graves maladies en passant ensuite d'une température trop élevée à une température trop basse.

Le médecin emploie aussi le thermomètre ; la température moyenne de l'homme en bonne santé est 37° dans toutes les saisons et sous toutes les latitudes. Mais dans le choléra, par exemple, on constate un refroidissement de 10, 12° ; dans la scarlatine, une élévation de température de 5°.

L'évaluation de la température est d'ailleurs continuelle dans l'industrie.

RÉSUMÉ.

1. La chaleur dilate les corps, qu'ils soient solides, liquides ou gazeux ; ils se contractent, au contraire, en se refroidissant.
2. Les liquides se dilatent plus que les solides, et les gaz, plus que les liquides.
3. Les gaz et les liquides se déplacent en se dilatant.
4. On mesure la température au moyen du thermomètre à mercure ou à alcool.

QUESTIONS DE CERTIFICAT D'ÉTUDES.

Devoir 69. — 1. Quand est-ce qu'un corps se dilate ? — Quand est-ce qu'il se contracte ? — Comment prouve-t-on que les corps chauffés se dilatent ? — Qu'ils se contractent ? — Dites pourquoi le forgeron chauffe le cercle de fer des roues. — 2. Comment prouve-t-on que les liquides se dilatent ? — 3. Pourquoi les liquides chauffés deviennent-ils plus légers ? — Parlez de l'expérience 51. — 4. Les gaz se dilatent-ils plus ou moins que les liquides ? — Comment le fait-on voir ?

Devoir 70. — 5. L'air chauffé reste-t-il immobile ou s'élève-t-il ? — Comment peut-on s'assurer qu'il s'élève dans l'atmosphère ? — Qu'est-ce que le tirage de la cheminée ? Parlez de l'expérience 56. — Qu'est-ce que le vent ? — Qu'est-ce qui produit le vent ? — 6. Peut-on mesurer la température ? — Pourquoi ?

Devoir 71. — 7. Combien y a-t-il de sortes de thermomètres ? — De quoi se compose un thermomètre ? — 8. Comment gradue-t-on le thermomètre à mercure ? — 9. A quoi sert le thermomètre ? — Quelle est la température moyenne de l'homme ? — Dans quel cas augmente-t-elle ou diminue-t-elle ? — Quelle température ne faut il pas dépasser en chauffant les appartements ?

DEVOIRS D'INTELLIGENCE.

(A préparer oralement avant de les mettre par écrit.)

Devoir 72. — 1. Qu'arriverait-il si on plaçait devant le feu une vessie pleine d'air et bien fermée ? — 2. Que se passerait-il si on ne laissait pas un espace entre les rails de chemin de fer ? 3. — Pourquoi rive-t-on les clous à chaud dans les constructions en fer ? — 4. Si on verse de l'eau bouillante à moitié dans un verre, qu'arrive-t-il le plus souvent ? — 5. Pourquoi présente-t-on le verre au-dessus de la vapeur, avant d'y verser un liquide brûlant ?

Devoir 73. — 6 On ne scelle les barreaux, dans une fenêtre grillée, qu'à une extrémité. Pourquoi ? — 7. Un verre de lampe chaud se casse si l'on y laisse tomber une goutte d'eau. Pourquoi ? — 8. Pourquoi, quand on allume une lampe, prend-on la précaution de ne donner tout d'abord que peu de flamme ? — 9 Il arrive souvent qu'on ne peut ouvrir un flacon à bouchon de verre ; pourquoi sort-il après que l'on a chauffé le col du flacon ? — 10. Pourquoi les élèves ne doivent-ils pas garder en classe les fichus ou cache nez ? — 11. Quels services un thermomètre peut-il rendre dans une classe, une serre...?

PROBLÈMES.

32. Une barre de fer de 8 m. s'allonge de 1mm lorsque la température s'élève de 10°. De combien s'allongent les rails d'une ligne de chemin de fer de 100 km., lorsque la température augmente de 15° ?

33. L'huile augmente du 0,0009 de son volume quand la température s'élève de 1°. En supposant que l'huile vaille 2 fr. 20 le litre à 10°, trouver ce qu'a perçu en trop un épicier qui a vendu 25 litres d'huile, un jour d'été, où le thermomètre marquait 28° dans l'épicerie.

RÉDACTIONS.

45. Cerclage d'une roue de voiture.

1° Le forgeron pose le cercle de fer par terre, l'entoure de bois et de charbon et allume ;

2° Il prend ensuite avec des pinces le cercle porté au rouge, etc., etc...

Racontez tout le travail, comme vous l'avez vu faire souvent, et dites *pourquoi* on agit ainsi.

46. Pour déboucher un flacon à bouchon de verre, un maladroit essaye de tourner de force ce bouchon ; au besoin, il prend les tenailles et.. casse le bouchon ; si un robinet en cuivre ne veut pas tourner, il prend encore les tenailles et .. fausse le robinet.

Dites comment vous vous y prendriez pour ouvrir le flacon et le robinet.

47. Racontez l'expérience de la bougie qui s'incline tantôt d'un côté, tantôt d'un autre, selon qu'on la place en haut ou en bas d'une porte entr'ouverte.

Expliquez ensuite ce double déplacement d'air, et montrez enfin que le vent est dû à une cause analogue.

48. Montrez par plusieurs exemples que les corps se dilatent par la chaleur et se contractent par le froid. (*Calvados*. C. E. P.).

49. Un de vos amis, qui n'a pas appris la physique, vous demande ce que c'est qu'un thermomètre. Renseignez-le et dites-lui ce que vous savez de ce petit instrument scientifique. (*Loir-et Cher*. C. E P.)

50. Citez quelques faits qui montrent que la chaleur a la propriété d'augmenter le volume des corps en général. (*Doubs*. C. E. P.)

51. Le thermomètre. Description, graduation, ses usages. (*Charente*. C. E. P.)

LECTURE XI.

Variation de la température.

1. *Variations diurnes*. — La température de l'air change avec les heures du jour ; pendant les temps clairs, elle passe par un minimum un peu avant le lever du soleil ; elle passe par un maximum, après midi, de midi à 3 heures, suivant les saisons.

L'intervalle thermométrique qui sépare ces extrêmes est très faible dans les pays brumeux du Nord, surtout dans la saison froide ; il monte progressivement dans la saison chaude et à mesure que l'on pénètre vers le midi dans la région où le ciel est le plus pur.

L'ascension sur de hautes montagnes produit l'effet d'une

épuration du ciel, et l'on a vu dans les Alpes des faucheurs faucher le matin de l'herbe couverte de gelée blanche et continuer leur travail dans le jour sous une chaleur de 30°. Le refroidissement pendant la nuit peut produire de la glace en été sur les plateaux élevés de l'Inde, où la chaleur est difficile à supporter pendant le jour.

On ne sera donc pas surpris si on trouve dans les fossés de Cherbourg des plantes sauvages qui ne se rencontrent pas en liberté dans les environs de Montpellier. Ici elles sont tuées par les gelées de l'hiver et du printemps sous un ciel clair ; là, au contraire, les gelées sont faibles, parce que le ciel d'hiver y est généralement couvert ou brumeux.

2. *Variations annuelles.* — Elles sont généralement très faibles dans les régions équatoriales où les saisons ne se partagent pas en froide et chaude, mais plutôt en sèche et pluvieuse. A mesure qu'on remonte vers les pôles, les saisons thermométriques se différencient de plus en plus, moins encore par la diminution d'intensité des chaleurs que par la brièveté de leur durée, par l'allongement de l'hiver et par l'aggravation des froids de cette saison.

A Moscou, la chaleur moyenne de l'été monte en moyenne au même degré qu'à Paris, mais le froid en hiver descend à 12 ou 15° plus bas.

Rien ne supplée à la longueur des nuits dans les hautes latitudes, si ce n'est la mer dans les régions où affluent les courants chauds de l'Océan. L'Irlande, l'Ecosse, les Hébrides, les Shetland jouissent d'un climat relativement tempéré en hiver, comme les îles de la Manche. New-York, bien que placé près de la mer, a un été très chaud et un hiver plus rude que Paris, parce que son atmosphère n'est pas réchauffée en hiver, rafraîchie en été par les grands courants marins.

DICTIONNAIRE DE PÉDAGOGIE.
(Hachette)

DOUZIÈME LEÇON.

FUSION. — VAPORISATION. — MACHINE A VAPEUR.

1. — Les solides chauffés se transforment en liquides. — L'expérience de chaque jour nous apprend que la graisse, la cire, le beurre chauffés passent de l'état solide à l'état liquide : ce phénomène s'appelle *fusion*.

Il en est de même pour la plupart des corps solides; lorsqu'on les chauffe, ils *fondent* ou se *liquéfient;* chacun d'eux fond toujours *au même point de fusion*, c'est-à-dire à la même température, mais le point de fusion de l'un est différent du point de fusion de l'autre.

2. — **Tableau de quelques points de fusion.** — Ainsi la température de fusion de la glace ou le point de fusion de la glace est 0° (1).

Beurre.	33°	Bronze.	900°
Acide stéarique des bougies. .	70°	Fonte.	1200°
Soufre.	111°	Fer.	1500°
Plomb.	330°	Platine	2000°

Il y a des corps qui ne fondent même pas à ces hautes températures : on les dit *réfractaires* à la fusion : la chaux, par exemple.

3. —**Tant que dure la fusion, la température ne change pas.** — Nous avons vu que si on plonge un thermomètre dans de la glace fondante, le mercure reste stationnaire ; c'est parce que pendant tout le temps que dure la fusion, la température ne change pas ; le même phénomène se passe pour tous les corps qui fondent.

4. —**Les liquides refroidis se transforment en solides.** — Lorsqu'on penche une bougie allumée, la goutte d'acide stéarique qui tombe sur un corps froid ne tarde pas à redevenir solide ; la graisse et la cire fondues reprennent l'état solide ; de même la plupart des corps liquides refroidis se solidifient : ce phénomène s'appelle *solidification*.

5. — **Les liquides « diminuent » de volume en passant à**

(1) ° signifie degré.

l'état solide. — Généralement, en passant à l'état solide, les liquides *diminuent* de volume, et, par suite, augmentent de poids.

L'eau fait exception, elle *augmente* de volume en se solidifiant. C'est ce qui explique pourquoi la glace est plus légère que l'eau et flotte à sa surface; pourquoi les tuyaux de conduite et les vases remplis d'eau éclatent en hiver, lorsqu'il gèle très fort.

6. — **Les liquides chauffés se transforment en vapeur.** — Si le froid solidifie les liquides, la chaleur les transforme en vapeur; mais cette transformation peut s'accomplir de 2 manières.

7. — **Première manière : l'évaporation.**

Dans une soucoupe A, on verse une cuillerée d'éther, on

Expérience 57.

en met *autant* dans un dé à coudre B. Dans chacune des soucoupes C et D, on verse *autant* d'eau. Au bout de peu de temps, l'éther de la soucoupe A a disparu : il s'est changé en vapeur. (*Expérience 57.*)

Ici, la transformation en vapeur s'est produite naturellement, insensiblement. On dit que le liquide *s'est évaporé*, qu'il y a eu *évaporation*.

8. — **L'évaporation se produit à la surface du liquide.** — C'est seulement *à la surface* du liquide que l'évaporation s'est produite, plus cette surface est grande, plus l'évaporation est rapide ; voilà pourquoi il reste encore de l'éther dans le dé, quand il n'y en a plus dans la soucoupe.

9. — **Tous les liquides ne s'évaporent pas également vite.** — Il suffit d'examiner le contenu des soucoupes C et D pour constater que l'eau s'évapore plus lentement que l'éther; mais on peut activer l'évaporation en chauffant légèrement.

Plaçons la soucoupe D sur une surface chaude, celle d'un poêle, par exemple; l'eau qui s'y trouve s'évaporera plus vite que celle de la soucoupe C.

10. — **Froid produit par l'évaporation.** — Quand on ne chauffe pas un liquide qui s'évapore, *il prend de la chaleur* à lui-même ou aux corps qui l'entourent.

On constate le refroidissement en mettant un peu d'éther sur la main. (*Expérience 58.*)

Ainsi donc l'évaporation produit un abaissement de température, et comme l'évaporation est d'autant plus grande qu'il fait plus de vent, le refroidissement est plus grand dans les courants d'air : c'est ce qui explique le danger que l'on court en se plaçant dans un courant d'air quand on est en sueur.

11. — **Les brouillards et la pluie.** — Une évaporation continuelle se produit à la surface des étangs, rivières, océans... ; la vapeur qui en résulte se refroidit et forme au contact des corps froids la *rosée* qui peut devenir *gelée blanche*, les *brouillards* près du sol et les *nuages* dans les parties élevées de l'atmosphère. Les petites vésicules qui constituent les nuages sont très légères, mais en s'agglutinant, ou en *se condensant*, elles forment des gouttes plus lourdes qui tombent en pluie sur le sol.

12. — **Deuxième manière : l'ébullition.** — Au lieu de chauffer l'eau lentement et dans une soucoupe, chauffons-la dans un ballon placé sur une lampe à alcool.

Nous voyons d'abord, sur les parois du ballon, de petites

bulles qui s'élèvent en traversant l'eau, puis de plus grosses, en même temps que nous entendons le liquide chanter ; puis des bulles de plus en plus nombreuses et de plus en plus grosses agitent le liquide et viennent crever à sa surface ; enfin des vapeurs (quelquefois en brouillard) s'échappent du ballon. On dit que le liquide *bout*. (*Expérience 59.*)

Expérience 60.

Ce mode de transformation en vapeur, c'est l'*ébullition*.

En recueillant les vapeurs sur une assiette *froide*, elles donnent de la buée, puis des gouttes d'eau tout à fait comparables à la pluie. (*Expérience 60.*)

Ce qui prouve que les vapeurs et les gaz refroidis deviennent *liquides ;* c'est sur ce principe que repose la *distillation* de l'eau.

13. — **Quelques remarques sur l'ébullition.** — Tous les liquides ne bouillent pas à la même température ; ainsi l'eau bout à 100°, l'alcool à 78°, l'éther à 35°, 5 le mercure à 360°.

Un même liquide bout à des températures différentes, suivant qu'il est plus ou moins pressé par l'air qui est au-dessus, de sorte que si on enlève tout ou partie de cet air, le liquide bout à une température quelquefois très basse.

On prend le ballon de l'expérience précédente ; quand la vapeur a chassé l'air, ce qui arrive après 5 à 10 m. d'ébullition, on ferme le col avec un bouchon plein et on retourne le ballon sur une terrine pleine d'eau ; alors l'ébullition a cessé, mais elle recommence si on verse de *l'eau froide* sur le ballon. A un moment donné, la température du ballon est assez basse pour qu'on puisse sans danger y poser la main ;

et cependant l'eau de l'intérieur continue encore à bouillir, en donnant de très grosses bulles. (*Expérience 61.*)

14. — La vapeur a une très grande force. — La vapeur provenant de l'ébullition d'un liquide peut acquérir une *très grande force.*

On ferme solidement un ballon avec un bouchon percé de deux trous; dans l'un passe un tube effilé A plongeant au fond du ballon ; dans l'autre un tube muni d'un tube de caoutchouc C. On fait bouillir: la vapeur s'échappe par C, mais si on serre le caout-

Expérience 61.

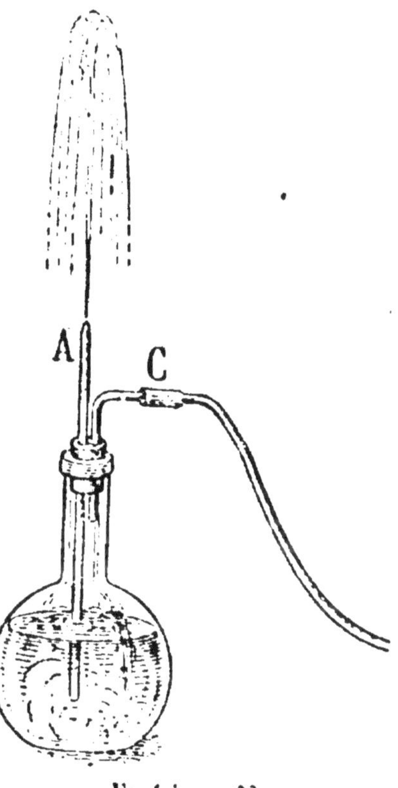

Expérience 62.

chouc, cette vapeur ne trouvant plus d'issue presse sur l'eau et la fait jaillir jusqu'à une hauteur de plusieurs mètres. (*Expérience 62.*)

15. — Les machines à vapeur. — On utilise cette force dans les machines à vapeur. De semblables machines comprennent 3 parties essentielles :

1° — *La chaudière*, dans laquelle l'eau est réduite en vapeur; cette chaudière est munie d'appareils destinés à éviter les explosions.

2° — *Le cylindre*, dans lequel se meut un *piston* ; le

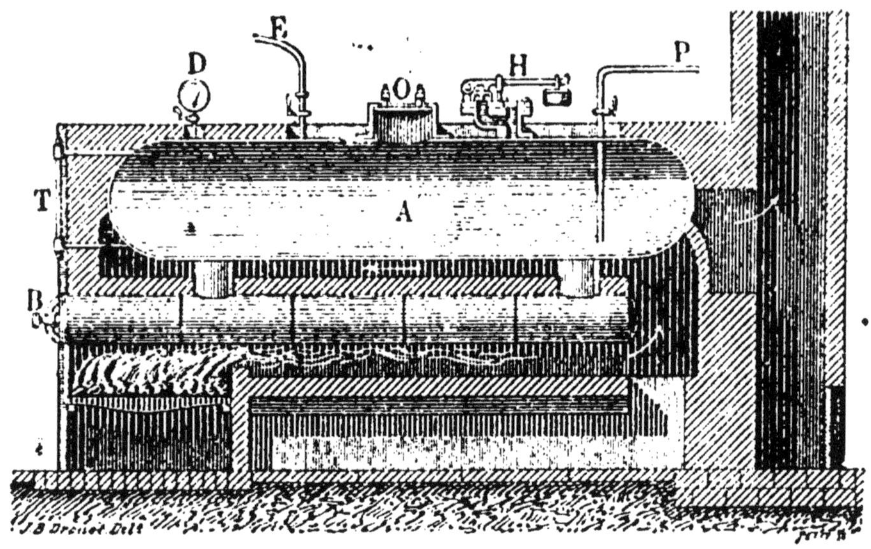

tout est disposé de telle sorte que la vapeur entre par

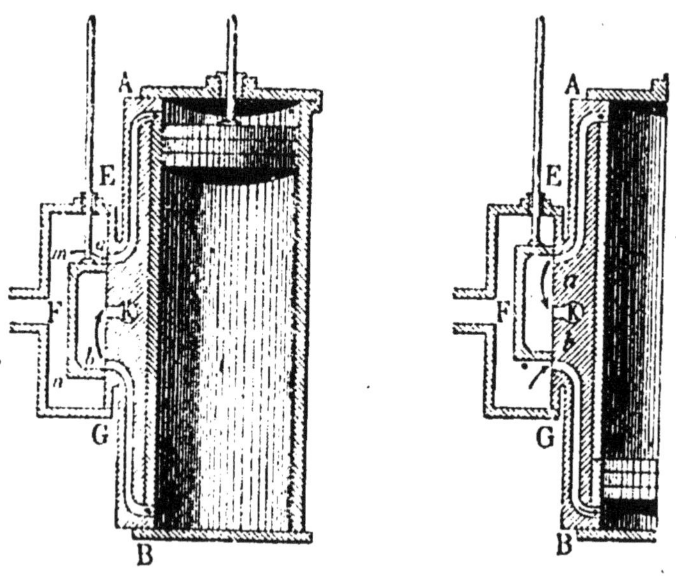

une extrémité du cylindre pendant qu'elle s'échappe

par l'autre extrémité; elle communique par là même un mouvement de *va-et-vient* au piston et à la tige qui le surmonte.

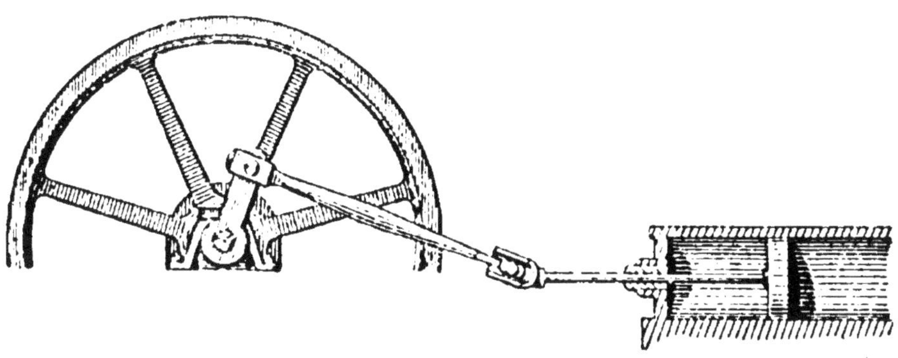

3° — Enfin des appareils destinés à changer ce mouvement de va-et-vient en mouvement circulaire.

RÉSUMÉ.

1. Les solides chauffés passent à l'état liquide : c'est la fusion.
2. Les liquides refroidis deviennent solides : c'est la solidification.
3. Les liquides chauffés passent à l'état gazeux : c'est la vaporisation qui se fait par évaporation et par ébullition. Les brouillards et la pluie ont pour origine l'évaporation des eaux.
4. Les gaz refroidis deviennent liquides.
5. La vapeur a une très grande force ; on l'utilise dans les machines à vapeur.

QUESTIONS DE CERTIFICAT D'ÉTUDES.

Devoir 74. — 1. Que deviennent la graisse, la cire et le beurre chauffés ? — Comment s'appelle ce phénomène ? — Qu'appelle-t-on point de fusion des solides ? — 2. Quel est le point de fusion du soufre ? — du platine ? — de l'acide stéarique ? — Comment appelle-t-on les corps que la chaleur ne peut fondre ? — Nommez-en un ? — 4. Que deviennent les liquides que l'on refroidit ? — Comment s'appelle ce phénomène ? — 5. Les liquides, en se solidifiant, augmentent-ils ou diminuent-ils de volume ? — Quel est le corps qui fait exception ? — Pourquoi les vases remplis d'eau éclatent-ils quand il gèle ?

Devoir 75 — 6. Que deviennent les liquides chauffés ? — 7. Qu'appelez-vous évaporation ? — 8. Où se produit l'évaporation ? — Pourquoi reste-t-il de l'éther dans le dé lorsqu'il n'y en a plus dans la soucoupe ? — 9 Tous les liquides s'évaporent-ils également vite ? — Quel est le moyen d'activer l'évaporation d'un liquide ? — 10. Parlez de l'expérience 58 et tirez-en la conclusion. Dans quel cas le refroidissement est il plus grand ? — Pourquoi ne faut-il pas se placer dans un courant d'air quand on est en sueur ?

Devoir 76. — 11. Qu'est-ce que les brouillards, et comment se forment-ils ? — D'où vient la pluie ?

12. Qu'entendez-vous par l'ébullition d'un liquide ? — Rappelez l'expérience 59.

13. Quel est le point d'ébullition de l'eau ? — de l'alcool ? — de l'éther ? — Ce point d'ébullition ne peut-il pas varier ? — Parlez de l'expérience 61 ?

Devoir 77. — 14. Par quelle expérience fait-on voir la force de la vapeur ? — 15. Quelles sont les diverses parties d'une machine à vapeur ? — Que fait la chaudière ? — A quoi sert le cylindre ? A quoi sert le piston ?

DEVOIRS D'INTELLIGENCE.

(A préparer oralement avant de les mettre par écrit.)]

Devoir 78. — 1. Pourquoi le beurre est-il plus mou en été qu'en hiver ? — 2. Expliquez l'expression : *geler à pierre fendre*. — 3. Savez-vous quelle est l'influence des gelées sur les terres argileuses qu'on a labourées avant l'hiver ? — 4. Comprenez-vous pourquoi on donne aux marais salants une très grande surface et peu de profondeur ? — 5. Pourquoi le linge mouillé exposé à l'air sèche-t-il ? — 6. Pourquoi l'étend-on sur les cordes ?

Devoir 79. — 7. Pourquoi la glace flotte-t-elle à la surface de l'eau ? — 8. Pourquoi faut-il changer de linge quand on est en sueur ? — 9. Comment expliquez-vous qu'une bouteille d'eau ou de vin se tienne fraiche si on l'entoure d'un linge humide ? — 10 Et surtout si on la place dans un courant d'air ? — 11. Pourquoi le couvercle de la marmite qui bout se soulève-t-il de temps en temps ?

Devoir 80. — 12. Qu'arriverait-il si on faisait bouillir de l'eau dans un tube en fer fermé par un bouchon ? — 13. Et si ce tube était solidement fermé par un bouchon en fer ? — 14. Le thé et le café chauds se refroidissent-ils plus vite dans une tasse ou dans une soucoupe ? — 15. Pourquoi les mares se dessèchent-elles en été ? — 16. Pourquoi les vitres des croisées se couvrent-elles quelquefois de vapeur d'eau ? — 17. Pourquoi un verre devient-il terne quand on souffle dessus ? — 18. Notre haleine est visible l'hiver, pourquoi ? — 19. Si on remplit un cruchon d'eau bouillante, pourquoi le bouchon en liège se sort-il facilement, bien qu'il soit enfoncé ? — 20. Et pourquoi, le lendemain, ne peut-on l'enlever que difficilement ? — 21. Pourquoi, en agitant une feuille de papier, l'écriture sèche-t-elle plus vite ?

PROBLÈMES.

34. L'eau, en se solidifiant, augmente du 1/13 de son volume. Quel volume de glace pourraient produire 20 kilogrammes d'eau?

35. En faisant arriver 1 kilogr. de vapeur dans 5 kilogr. 1/2 d'eau à 0°, on obtient 6 kilogr. 1/2 d'eau à 100° Combien de kil. de vapeur d'eau faudrait-il pour obtenir un quintal d'eau à 100° avec de l'eau à 0° ?

36. 1 litre d'eau donne 1700 litres de vapeur; combien de litres de vapeur pourraient produire 15 kilog. d'eau ?

RÉDACTIONS.

52. « Votre pompe éclatera, disait Pierre à son voisin Jacques, un soir d'hiver qu'il faisait très froid. — Oh ! que nenni, répondait Jacques, ma pompe est en cuivre. »

Et le lendemain matin, la belle pompe de cuivre ne fonctionnait plus : la glace l'avait fait éclater.

Racontez cette histoire à votre cousin et répétez-lui ce qu'on vous a enseigné à l'école sur la solidification de l'eau et la force d'expansion de la glace.

53. Le train file à toute vitesse, le navire sillonne les mers, la machine à battre remplace le fléau... Cherchez quels autres services la vapeur nous rend et dites quelles sont les diverses parties d'une machine à vapeur.

54. De quels gaz l'eau est-elle formée ? Que devient l'eau soumise à l'action de la chaleur ? Comment se produisent les nuages ? *Indre-et Loire* C. E. P.)

55. Un de vos camarades vous demande d'où vient la pluie. Résumez-lui dans une lettre une leçon que votre maître vous a faite sur cet intéressant sujet. Parlez-lui de la vapeur d'eau, des nuages, des brouillards, de la neige, de la grêle. Dites-lui ce que devient l'eau quand elle est tombée sur la terre. (*Tarn* C E. P.)

56. Indiquez ce que c'est que la pluie et ce qu'elle devient quand elle touche le sol. (*Indre-et-Loire.* C. E P.)

57 Indiquez quels sont les trois états de l'eau et faites-en connaître les usages à l'état liquide et à l'état gazeux. *Seine-et-Oise.* C E P.)

58. La pluie ; sa formation ; son origine ; son utilité au point de vue de l'agriculture, de l'hygiène. Désastres qu'elle cause quelquefois. (*Haute-Marne.* C. E. P.)

59. Montrez les grands avantages que l'eau nous procure sous ses diverses formes :

1° Comme eau courante et eau de pluie ;
2° Comme eaux minérales et thermales ;
3° Sous forme de vapeur. (*Calvados.* C. E. P.)

60. Dites ce que vous savez de la vapeur. Montrez les immenses services qu'elle nous rend. (*Jura* C. E. P.)

LECTURE XII.

Ce qui fait marcher la locomotive, c'est le soleil.

George Stephenson se promenait avec le géologue Buckland lorsqu'une des premières locomotives passa devant eux. La machine n'avait point encore l'élégance relative qu'elle possède aujourd'hui ; le jeu des divers organes était embarrassé et pénible, les mouvements étaient lents et gênés ; elle soufflait comme un cheval poussif et traînait avec peine son énorme fardeau. Un long nuage d'épaisse fumée presque immobile marquait son passage comme le sillage du vaisseau sur la mer silencieuse. C'était la locomotive naissante et informe, mais dont on pouvait déjà augurer toute la valeur sans attendre pour elle le nombre des années.

— Et quelle peut bien être, selon vous, la puissance qui transporte ces masses énormes avec tant de rapidité ? demanda Stephenson à Buckland.

— Mais c'est votre locomotive, répondit le grand géologue.

— Qui donne sa force à la locomotive ?

— La vapeur, répondit Buckland.

— Et qui la donne à la vapeur ?

— Le charbon qui brûle sur la grille et produit la chaleur.

— Mais d'où le charbon tire-t-il cette source de chaleur ?

Ici Buckland resta muet, Stephenson poursuivit, s'animant de plus en plus :

— Savez-vous de qui il tient cette force immense ? Eh bien ! c'est de l'astre qui nous éclaire maintenant ; du soleil, qui répand la chaleur et la vie sur notre globe et qui a donné naissance à ce charbon en produisant les plantes dont il est formé.

C. Flammarion, *Contemplations scientifiques.*

TREIZIÈME LEÇON.

POIDS DES CORPS. — BALANCES.

1. — **La pesanteur est la cause du poids des corps.** — Un corps qui n'est pas soutenu tombe en suivant la direction du fil à plomb, en suivant *la verticale.* Pour expliquer ce fait, on dit qu'il est attiré vers la terre par une *force* qu'on appelle *la pesanteur.* Si on veut empêcher un corps de tomber, il faut opposer à l'action de la pesanteur un effort égal au *poids du corps.* Il ne faut donc pas confondre *pesanteur* et *poids*, pas plus qu'il ne faut confondre *cause* et *effet* : la pesanteur est la *cause* du poids des corps.

2. — **Le gramme.** — On enseigne, en arithmétique, que, pour obtenir le poids d'un corps, il faut *comparer ce poids* à un autre poids pris pour unité, *le gramme.*

Le gramme, c'est le poids d'un cm^3 d'eau pure, prise à la température de 4° centigrades, poids que l'on ramène, par des calculs compliqués, à celui qu'on obtiendrait si on pesait le cm^3 d'eau dans le vide, c'est-à-dire dans un espace complètement privé d'air.

3. — **Les balances.** — Avec un toucher exercé, en soupesant un corps, on peut calculer son poids, approximativement, mais lorsqu'on veut en obtenir le poids *exact*, on se sert de *balances.* Dans une balance ordinaire, la partie essentielle est celle qui *balance* ou oscille : on l'appelle *levier ou fléau.*

Voici une balance réduite à sa partie essentielle.

On suspend une règle (fléau) par son milieu A ; à chaque extrémité, on attache avec du fil des plateaux en carton. Les bras du fléau AC et AB sont égaux. Si on met dans les plateaux des poids égaux (1 pièce de 5 centimes dans chacun par exemple), le fléau ne penche d'aucun côté. En mettant le plateau B en D, au milieu de AB, on constate :

1° Que le fléau s'incline du côté de C;

2° Que pour le ramener horizontalement ou pour *rétablir l'équilibre*, il faut mettre en D un *poids double* de celui qui est en C, ou 2 pièces de 5 centimes. (*Expérience 63.*)

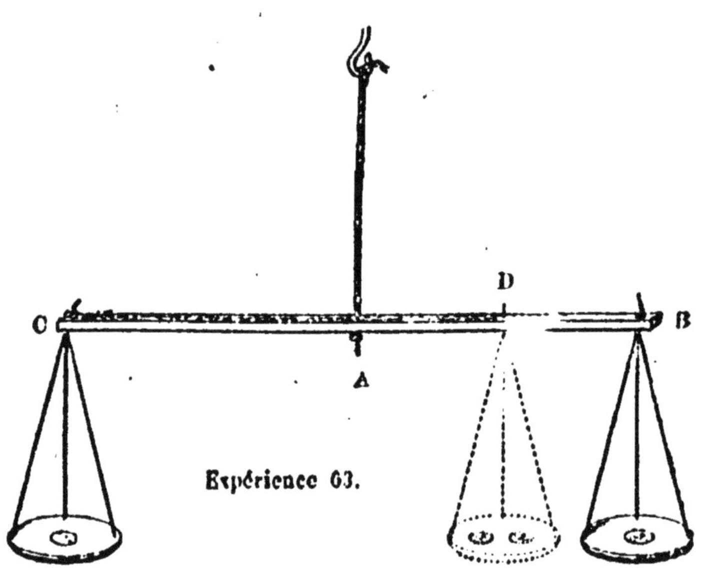

Expérience 63.

4. — **Principe de la balance. La bascule** — Quand les bras du fléau sont égaux, les poids sont égaux ; quand les bras du fléau sont inégaux, les poids sont inégaux. Au plus *grand* bras, correspond le plus *petit* poids. A un bras 2, 3, 4 fois plus grand, correspond un poids 2, 3, 4 fois plus petit.

Dans les bascules, un des bras est 10 fois plus grand que l'autre ; et comme c'est à l'extrémité du *long* bras que l'on met les poids marqués, il faut multiplier ce poids par 10 pour avoir le poids du corps que l'on met sur le plateau.

5. — **Balance juste.** — Une balance qui donne à la première pesée le poids exact d'un corps est une *balance juste*. Une des conditions essentielles de la

justesse d'une balance c'est que les bras du fléau soient égaux en longueur et en poids.

On le reconnaît, en mettant un corps à peser, une pierre, par exemple, dans un des plateaux ; puis, dans l'autre, de la grenaille de plomb ou du sable jusqu'à ce que l'équilibre soit rétabli (grenaille ou sable... s'appellent *tare*). On change de place les corps à peser et la tare. Si les plateaux restent en équilibre, la balance est juste. (*Expérience 64.*)

6. — **Balance sensible.** — Pour que la balance soit encore plus juste, c'est-à-dire pour qu'elle accuse, par ses oscillations, de toutes petites surcharges, on la rend *très mobile.*

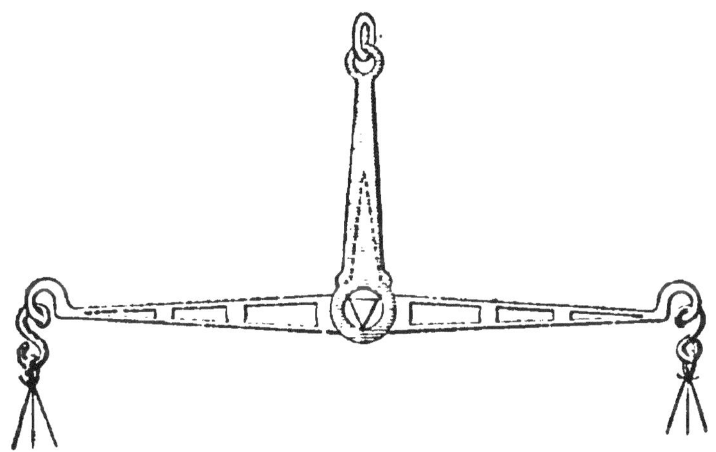

Expérience 65.

On y parvient en creusant ou évidant le fléau, ce qui lui donne la légèreté : et en le faisant reposer par une arête aiguë sur une plaque d acier.

Si alors la balance trébuche pour une surcharge de 2mg, 1mg 1/2 mg on la dit sensible au double-milligramme, au milligramme. au 1/2 mg.

Quand la balance oscille. elle ne doit pas chavirer ; il faut même, lorsqu elle est inclinée, qu'elle reste en repos après quelques oscillations.

Plus les plateaux sont bas, moins il y a de danger qu'elle chavire quand elle s'incline ; de même qu'il y a moins de danger pour une voiture ou un navire de chavirer lorsque les secousses les font pencher, si les corps lourds sont placés très bas. (*Expérience 65.*)

Mais il ne faut pas cependant que les plateaux soient placés trop bas, car la balance perdrait de sa sensibilité.

7. — **Poids spécifique ou densité.** — On compare quelquefois les poids des corps entre eux. Pour rendre cette comparaison plus facile, on cherche le poids de l'unité de volume de chaque corps ; ce poids est le *poids spécifique*, qu'on peut appeler aussi *densité.*

On l'obtient en divisant le poids par le volume. Si, par exemple, 3dm³ 4 de fer pèsent 26kg52

$$1dm^3 \text{ de fer pèse } \frac{26\text{ kg }52}{3,4} \text{ ou } 7\text{kg}8.$$

On dira que la densité du fer est 7, 8.

Poids spécifique égale donc $\frac{poids}{volume}$

Voici la densité de quelques corps.

Platine	22	Zinc	7
Or	19	Marbre	2, 8
Mercure	13, 6	Bois de hêtre	0, 5
Argent	10, 5	Eau de mer	1, 03
Cuivre	8, 8	Eau pure	1
Fer	7, 8	Alcool	0, 8

RÉSUMÉ.

1. La pesanteur est une force qui attire verticalement les corps vers le centre de la terre ; c'est cette force qui est la cause du poids des corps.
2. Pour trouver le poids d'un corps on le compare au poids du gramme ; on détermine le poids des corps au moyen des balances et des bascules.
3. Dans la balance, les bras de levier sont égaux ; dans la bascule, l'un des bras est 10 fois plus grand que l'autre.
4. La balance doit être juste et sensible.

5. On peut dire que la densité d'un corps est le poids d'un décimètre cube de ce corps ; on l'obtient en divisant le poids de ce corps par son volume.

QUESTIONS DE CERTIFICAT D'ÉTUDES.

Devoir 81. — 1. Qu'est-ce que la pesanteur? Pourquoi les corps pèsent-ils ? — 2. Qu'est-ce que le gramme ? — 3. De quel instrument se sert-on pour déterminer exactement le poids d'un corps ? Quelle est la partie essentielle d'une balance ? — 4. Les bras doivent-ils être égaux ou inégaux ? Pourquoi ? Dites en quelle proportion est partagé le bras d'une bascule ? Quel est le poids d'un corps auquel on fait équilibre dans une bascule avec 575 gr. ? Quels poids faudra-t-il mettre dans le petit plateau d'une bascule pour faire équilibre à des corps ayant les poids suivants : 65 kg., 375 kg., 45 kg. ?

Devoir 82. — 5. Qu'est-ce qu'une balance juste ? A quelles conditions est-elle juste ? Comment reconnaît-on qu'elle est juste ? — 6. Qu'est-ce qu'une balance sensible ? Comment la rend on sensible ? Une balance est sensible au cg. ; qu'est-ce que cela veut dire ? — 7. Qu'est-ce que la densité d'un corps ? La densité du platine est 22, qu'est que cela signifie ? Comment trouve t-on la densité d'un corps ? Quelle est la densité de l'alcool ? De l'eau de mer ?

DEVOIR D'INTELLIGENCE.

(*A préparer oralement avant de le mettre par écrit.*)

Devoir 83. — 1. Pourquoi se sert-on d'eau *pure* pour déterminer le gramme? — 2. Et pourquoi d'eau à 4° ? — 3. Quel avantage retire-t-on de l'emploi de la bascule ? — 4. Si l'un des bras d'une bascule était 100 fois plus grand que l'autre, qu'arriverait-il ? — 5. Pourquoi les balanciers des pompes sont-ils, en général, longs et lourds ? — 6. Deux enfants n'ayant pas le même poids, se balancent sur une planche posée sur un tronc d'arbre couché ; que devront-ils faire pour qu'il y ait équilibre ? — 7. Expliquez pourquoi on recule le siège d'une voiture à deux roues, au moment de descendre une côte ? — 8. Pourquoi une voiture chargée de foin ou de paille risque-t-elle de chavirer ?

PROBLÈMES.

37. Quelle est la densité du fer d'une barre longue de 1 m. 65, large de 0 m 024, épaisse de 0 m. 014 et pesant 4 kg. 266 ?

38. Les deux bras d'une bascule sont dans le rapport de $\frac{1}{50}$; cela veut dire que l'un des bras est 50 fois plus petit que l'autre.

Quels poids faudra-t-il pour peser, avec cette bascule, un chargement de 678 kg. ? Si le rapport était $\frac{1}{75}$, quels poids faudrait-il ?

RÉDACTIONS.

61. Faites la description de la balance à colonne et à plateaux supportés par des chaînes, que vous avez pu voir chez le boucher ou l'épicier.

Dites ensuite ce qu'on entend par une balance juste et une balance sensible.

Terminez en parlant de la bascule.

62. Le maître dans une leçon veut faire comprendre qu'il ne suffit pas de voir les corps pour en connaître le poids. Il montre quatre cylindres semblables de même hauteur et de même diamètre, les faces couvertes d'un papier noir bien collé ; il montre aussi quatre parallélépipèdes d'un décimètre de base et d'un décimètre de hauteur, ayant un papier gris collé sur toutes les faces. En effet, personne de nous n'a pu seulement dire lequel des cylindres ou des parallélépipèdes pesait le plus. Mais en les soupesant avec attention, nous avons pu finir par classer les uns et les autres par ordre de densité : par exemple, ça n'a pas marché sans contestations ! Enfin il a fallu la balance pour nous mettre d'accord sur le poids exact de ces corps.

Vous raconterez cette expérience à l'un de vos amis, en nommant les camarades qui discutaient le plus et en les faisant parler, et vous direz en terminant de quelle matière chacun des solides était fait.

LECTURE XIII.

Newton et la chute des corps.

Newton a attaché son nom aux lois de la chute des corps. « Assis un jour sous un pommier, que l'on montre encore, une pomme tomba devant lui. Il se mit à réfléchir sur la nature de ce singulier pouvoir qui sollicite les corps vers le centre de la terre, qui les y précipite avec une vitesse continuellement accélérée et qui s'exerce encore sans éprouver aucun affaiblissement appréciable sur les plus hautes tours et au sommet des montagnes les plus élevées.

Et de ces réflexions sortit l'explication du mouvement des planètes autour du soleil. Il trouva aussi la masse relative de différents astres, la force du soleil et de la lune pour soulever l'Océan... Et il fut tellement ému de sa découverte qu'il ne put achever la démonstration qui l'en assurait.

Mais ce n'est que par l'effort non interrompu de la méditation la plus solitaire et la plus profonde que Newton put démontrer toutes les vérités qu'il avait conçues. Un jour, comme on lui demandait de quelle manière il était parvenu à ses découvertes, il répondit : *En y pensant toujours.* Il écrivait aussi : « Croyez-moi, si mes recherches ont produit quelques résultats utiles, ils ne sont dus qu'*au travail* et à *une pensée patiente.* »

Et voici comment ce grand génie se jugeait lui-même : « Je ne sais pas ce que je parais au monde ; pour moi, je me compare à un jeune enfant jouant sur le bord de la mer, ramassant, çà et là, un caillou plus ou moins lisse, ou une coquille d'une beauté peu ordinaire, pendant que le grand océan de vérité reste complètement caché à mes yeux. »

D'après Biot. *Mélanges scientifiques et littéraires.*

QUATORZIÈME LEÇON.

LES GAZ

LA PRESSION ATMOSPHÉRIQUE ; LE BAROMÈTRE.

1. — **Les gaz n'ont ni forme ni volume propre.** — Les gaz sont des corps qui se rapprochent des liquides en ce qu ils n'ont pas de forme ; ils s'en distinguent en ce qu'ils sont beaucoup plus subtils, et que se *comprimant* et se *dilatant* avec facilité, ils n'ont pas de *volume propre*.

2. — **Propriétés des gaz** — Certains gaz manifestent leur existence par leur odeur : exemple, le gaz d'éclairage, le gaz des fosses d'aisances ; d'autres par leur couleur, le chlore ; d'autres par leur saveur, l'acide carbonique ; *tous* ont un *poids*, ordinairement très faible, 1, 2 3, gr par litre ; tous occupent une place dans l'espace au détriment des autres corps (nous l'avons vu pour l'air) ; mais cette place est plus ou moins grande, parce que les gaz se laissent comprimer, autrement dit, ils sont *compressibles*.

3. — **Les gaz sont doués d'élasticité.** — Cependant dès

que la force qui a comprimé un gaz cesse d'agir, ce gaz tend à reprendre son premier volume.

Ainsi les gaz s'étendent et se resserrent, et voilà pourquoi on dit qu'ils sont doués *d'élasticité.*

Expérience 66.

Dans un ballon se trouve un peu d'eau et de l'air ; on y introduit une nouvelle quantité d air en soufflant par le tube effilé A ; puis, avant de retirer la bouche, on pince le tube de caoutchouc B. Quand on desserre le caoutchouc, l'eau jaillit par le tube, pressée par l'air qui se détend comme un ressort.

Expérience 66.

On met un bouchon dans le col d'une carafe placée horizontalement. En soufflant sur le bouchon, on ne peut pas le faire entrer dans la carafe ; au contraire, le bouchon est lancé *en avant*, parce que l'air introduit de force dans la carafe se détend après avoir été comprimé. (*Expérience 67.*)

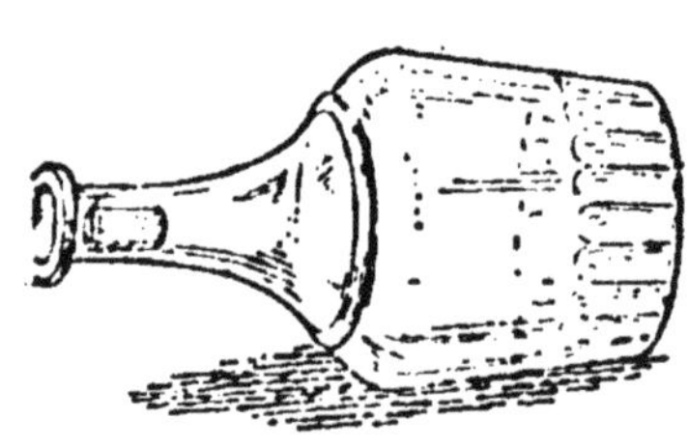

Expérience 67.

La force avec laquelle un gaz se détend s'appelle *force élastique.*

4 — **La force élastique d'un gaz est en raison inverse de son volume.** — C'est encore cette force élastique qui agit comme résistance lorsqu'on comprime un gaz.

Poussez lentement la tige du piston dans le pistolet à

Expérience 68.

vent ; si vous empêchez le bouchon de partir, vous éprouvez une certaine résistance (*Expérience 68.*)

Plus vous poussez, plus le volume occupé par le gaz *diminue* et plus la résistance est *grande*.

Le même phénomène se produirait si vous rapprochiez les deux lames d'un soufflet en empêchant l'air de sortir.

On exprime ce fait, en disant que la force élastique d'un gaz est en raison *inverse* de son volume. Cela veut dire, par exemple, que la force élastique d'un gaz devient deux fois plus *forte* quand le volume de ce gaz devient deux fois plus *petit*.

5. — **La pression atmosphérique.** — Cette force élastique s'appelle *pression atmosphérique* quand il s'agit de l'air qui nous entoure.

Voici quelques expériences permettant de constater l'existence de la pression atmosphérique.

On prend une pièce de monnaie un peu usée, on l'applique sur un mur bien plan ou sur un carreau de vitre : la pièce reste collée. (*Expérience 69.*)

Placez un journal sur une table bien unie ou sur le plancher ; faites adhérer avec la main, à plat ; vous ne pourrez ensuite soulever tout d'un coup le papier en le prenant par le milieu. (*Expérience 70.*)

Expérience 71.

Avec un gros radis que l'on a tranché bien net, on peut soulever une assiette. (*Expérience 71.*)

Le tire-pavé en cuir, muni d'une ficelle, permet d'enlever des plats, des livres, une brique... (*Expérience 72.*)

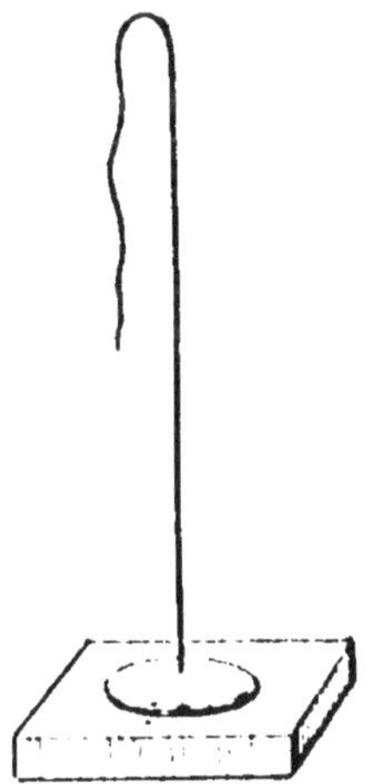
Expérience 72.

Un verre étant bien rempli d'eau, on applique à la surface de l'eau une feuille de papier qui déborde un peu ; on retourne le verre, l'eau ne tombe pas. (*Expérience 73.*)

On jette dans une carafe un morceau de papier enflammé ; on place en même temps dans le col un œuf cuit dur et dépouillé de sa coquille ; presque aussitôt l'œuf entre seul dans la carafe. Le papier ayant pris, pour brûler, l'oxygène de l'air, le reste ne suffit plus pour contrebalancer la pression atmosphérique. (*Expérience 74.*)

Expérience 74.

La pipette ou tâte-vin retient le liquide qu'elle renferme, parce que ce liquide est plus pressé de bas en haut par la pression atmosphérique, que de haut en bas par l'air qui peut rester au-dessus. (*Expérience 75.*)

6. — La pression atmosphérique soutient une colonne d'eau de 10m 33.

Au lieu de prendre une pipette qui a quelques décimètres de long, prenons un long tube de 1 à 2 mètres, et, en aspirant l'air qu'il renferme, remplissons-le d'eau ; nous constaterons que cette eau reste dans le tube *ouvert en bas*, si nous tenons l'autre extrémité fermée. (*Expérience 76.*)

Le tube pourrait être plus grand encore ; mais pourtant il ne pourrait dépasser une certaine longueur sans que l'eau descendît et s'écoulât par en bas. Ainsi, dans un tube de 10m 33 de long, l'eau se maintiendra suspendue par la pression atmosphérique ; mais si le tube est plus long, la colonne liquide maintenue en suspension ne dépassera pas 10m 33, une partie de l'eau s'écoulera.

Une colonne d'eau de 10m 33 mesure donc la pression atmosphérique, puisque cette pression ne peut soutenir une colonne plus haute.

7. — La pression atmosphérique se mesure avec une colonne de mercure. — Au lieu de prendre de l'eau pour mesurer la pression atmosphérique, ce qui exigerait un tube trop long, on prend un liquide plus lourd, le mercure. Comme le mercure est 13 fois *plus lourd* que l'eau (13, 6 exactement), il est évident que la pression atmosphérique n'en pourra soulever qu'une colonne 13 fois moindre, aussi un tube d'environ 1 mètre suffit-il.

8. — Le baromètre. — Une *colonne de mercure* contenue dans un tube fermé à sa partie supérieure et ouvert à sa partie inférieure, voilà la partie essentielle du *baromètre*, instrument destiné à mesurer la pression atmosphérique.

Mais comme la pression atmosphérique change, la quantité de mercure varie.

Pour que le liquide ne se perde pas quand la pression diminue, et pour qu'il puisse entrer dans le tube quand la pression augmente, on plonge le *tube barométrique* dans une *cuvette* contenant du mercure.

Afin de mieux constater les changements de pression atmosphérique, on place le long du tube barométrique une règle graduée en décimètres, centimètres et millimètres; le point de départ ou le zéro de la graduation est au niveau du mercure dans la cuvette.

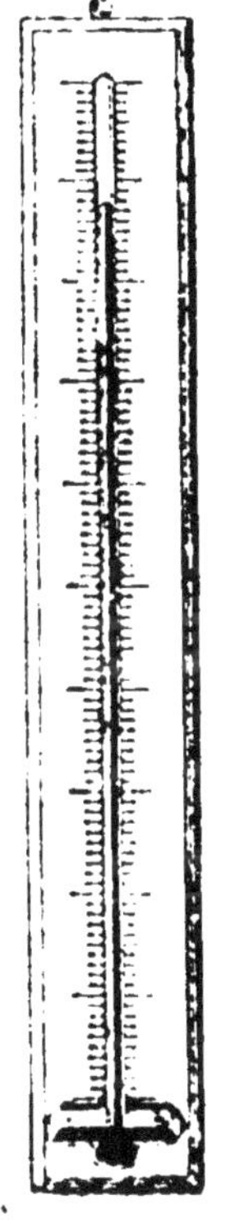
BAROMÈTRE.

9. — La prévision du temps. — On a remarqué que dans beaucoup de cas, quand le mercure monte (ou, comme on dit vulgairement, quand le baromètre monte) lentement et graduellement, il fait beau temps; quand il descend lentement, graduellement, il fait mauvais temps.

Voilà pourquoi on recommande de consulter le baromètre pour prévoir le temps qu'il fera ; cependant il est bon de n'accorder aux indications barométriques qu'une confiance limitée.

10. — **Baromètre métallique** — On vend aujourd'hui

des baromètres métalliques, qu'on a gradués par comparaison avec un baromètre à mercure.

RÉSUMÉ.

1. Les gaz n'ont ni forme ni volume propre, bien qu'ils aient un poids ; ils se compriment et se dilatent très facilement, c'est-à-dire qu'ils sont *compressibles*.

2. Ils sont doués d'élasticité ; leur force élastique est en raison inverse de leur volume.

3. Quand il s'agit de l'air qui nous entoure, cette force élastique s'appelle pression atmosphérique.

4. La pression atmosphérique soutient une colonne d'eau de 10 m. 33 ; dans la pratique, on mesure cette pression avec le baromètre à mercure.

5. Le baromètre sert aussi à prévoir le temps.

QUESTIONS DE CERTIFICAT D'ÉTUDES.

Devoir 84. — 1. Qu'appelle-t-on gaz ? — En quoi ressemblent-ils aux liquides et en quoi en diffèrent-ils ? — 2. Quels sont les gaz reconnaissables à leur odeur ? à leur couleur ? à leur saveur ? — On dit que les gaz sont compressibles ; qu'entend-on par là ? — 3. Que fait le gaz quand on cesse de le comprimer ? — Parlez de l'expérience 66. — Et de l'expérience 67. — Comment appelle-t-on la force avec laquelle un gaz se détend ?

Devoir 85. — 4. Qu'arrive-t-il quand on comprime un gaz ? — Rappelez l'expérience du pistolet à vent. Que se passe-t-il avec un soufflet quand on empêche l'air de sortir ? — Que devient la force élastique d'un gaz quand son volume diminue de moitié ? — Et si le volume devient deux fois plus grand ? — 5. Qu'entend-on par la pression atmosphérique ? — Parlez de l'expérience de la pièce de monnaie et de celle du journal.

Devoir 86. — 6. Quelle colonne d'eau soutient la pression atmosphérique ? — Comment peut-on s'en assurer ? — 7. Dans la pratique se sert-on d'une colonne d'eau pour mesurer la pression atmosphérique ? — De quelle colonne se sert-on ? — 8. Qu'est-ce que le baromètre ? — 9 Expliquez comment le baromètre peut servir à prévoir le temps.

DEVOIRS D'INTELLIGENCE.

Devoir 87. — 1. Qu'arriverait il si l'on plaçait un livre sur une vessie, et si l'on soufflait dans la vessie ? — 2 Pourquoi le vin d'une barrique ne coule-t-il pas par le robinet ouvert quand la bonde n'est pas soulevée ? — 3. Et pourquoi coule-t-il après qu'on a fait un petit trou au-dessus de la barrique ? — 4. Pourquoi un tube de porte-plume, en fer, se colle t-il aux lèvres, en aspirant ? — 5. Un litre d'air, au bord de la mer, pèse-t il plus ou moins qu'un litre d'air sur une montagne ? — 6 L'eau qu'on ferait bouillir sur la montagne serait-elle plus chaude ou moins chaude que l'eau qu'on ferait bouillir au pied de la montagne ?

Devoir 88. — 7. Pourquoi une croisée à moitié ouverte se ferme-t-elle avec bruit quand on ouvre la porte fermée du même appartement ? — 8. Pourquoi la poudre qui s'enflamme chasse t elle avec tant de force la balle ou le boulet ? — 9. Un baromètre placé dans la nacelle d'un ballon descend-il ou monte-t-il pendant que le ballon monte ? — 10. La colonne de mercure d'un baromètre a-t-elle plus ou moins de longueur au sommet d'une montagne ou au pied ? — 11. Quelles différences faites-vous entre un baromètre et un thermomètre ?

PROBLÈMES.

39. Quel est le poids d'une colonne d'eau de 1cm² de base et de 10 m. 33 de hauteur ?

(*Ce poids représente la pression atmosphérique qui s'exerce sur une surface de 1cm².*)

40. Quelle est la pression atmosphérique exercée sur une table rectangulaire de 1 m. 20 de long et 0 m. 80 de large ?

41. La pression atmosphérique soutient une colonne d'eau de 10 m. 33 ; quelle sera la hauteur d'une colonne de mercure soutenue par la pression atmosphérique ? Densité du mercure : 13.6.

(*On pourrait faire chercher la hauteur d'une colonne d'huile, d'alcool.* . etc.)

RÉDACTIONS.

63. Les élèves d'école primaire confondent souvent le thermomètre avec le baromètre.

Etablissez clairement la différence entre ces deux instruments, dites comment on les construit, à quoi ils servent.

N'oubliez pas de faire remarquer que le baromètre métallique n'est pas le véritable baromètre

64. Une des choses les plus difficiles à comprendre en physique, c'est la pression atmosphérique. Votre voisin Pierre est du nombre de ceux qui n'y croient pas. Vous tâchez de le convaincre en faisant devant lui les expériences que votre maître vous a faites à vous-même (journal, verre d'eau, sou sur la vitre, etc.).

Rapportez la conversation que vous avez eue avec Pierre et dites-nous comment vous vous êtes tiré d'affaire.

65. L'air exerce une pression sur les corps. Comment le prouvez-vous simplement ? Comment appelle-t-on les instruments servant à mesurer les pressions atmosphériques ? (*Gard*, C. E. P.)

66. On vous a fait une leçon sur le baromètre ; vous écrivez à un ami et vous lui dites ce que vous savez de cet instrument, de son principe et de son utilité. (*Corse*. C. E. P.)

67. Dites ce que vous savez sur le baromètre et le thermomètre. (*Seine-et-Marne*. C. E. P.)

68. Citez quelques faits à l'aide desquels vous prouvez que l'air est pesant. (*Doubs*. C. E. P.)

LECTURE XIV.

Du poids et de la pression de l'air.

Puisque chaque partie de l'air est pesante, il s'ensuit que la masse entière de l'air est pesante ; et comme la sphère de l'air n'est pas infinie en son étendue, qu'elle a des bornes, aussi le poids de la masse de tout l'air n'est pas infini...

Comme les corps qui sont dans l'eau sont pressés de toutes parts par le poids de l'eau qui est au-dessus, ainsi les corps qui sont dans l'air sont pressés de tous côtés par le poids de la masse de l'air qui est au-dessus.

Comme les animaux qui sont dans l'eau n'en sentent pas le poids, ainsi nous ne sentons pas le poids de l'air par la même raison ; et comme on ne pourrait pas conclure que l'eau n'a point de poids, de ce qu'on ne le sent pas quand on y est enfermé, ainsi on ne peut pas conclure que l'air n'a pas de pesanteur, de ce que nous ne la sentons pas. ..

Comme il arriverait en un grand amas de laine (si on en avait assemblé de la hauteur de 20 ou 30 toises) que cette masse se comprimerait par son propre poids, et que celle qui serait au fond serait bien plus comprimée que celle qui serait au milieu ou près du haut, parce qu'elle serait pressée d'une plus grande quantité de laine; ainsi la masse de l'air qui est un corps compressible et pesant, aussi bien que la laine, se comprime elle-même par son propre poids : et l'air qui est au bas, c'est-à-dire dans les lieux profonds, est bien plus comprimé que celui qui est plus haut, comme au sommet des montagnes, parce qu'il est chargé d'une plus grande quantité d'air.

PASCAL (1). *Traité de la pesanteur de la masse de l'air.*

DEVOIRS DE RÉCAPITULATION

Sur les quatre premières leçons de physique.

Devoir 89. — 1. Quand est-ce qu'un corps se dilate? — 2. Quand se contracte-t-il? — 3. Qu'est-ce qu'une balance juste? — 4. Comment reconnaît-on qu'elle est juste? — 5. Combien y a-t-il de sortes de thermomètres? — 6. De quoi se compose un thermomètre? — 7. Qu'est-ce que la pesanteur? — 8. Quelle est la partie essentielle d'une balance? — 9. Quels sont les gaz reconnaissables à leur odeur? — 10. Qu'arrive-t-il quand on comprime un gaz? — 11. Qu'est-ce que le gramme? — 12. Quel est le point de fusion du soufre?

Devoir 90. — 13. Dites en quelle proportion est partagé le bras d'une bascule? — 14. Dites pourquoi le forgeron chauffe le cercle de fer des roues? — 15. Comment prouve-t-on que les liquides se dilatent? — 16. Quels sont les gaz reconnaissables à leur couleur? à leur saveur? — 17. Comment appelle-t-on les corps que la chaleur ne peut fondre? — 18. Les liquides, en se solidifiant, augmentent-ils ou diminuent-ils de volume? — 19. Qu'est-ce qu'une balance sensible? — 20. Une balance est sensible au centigramme; qu'est-ce que cela veut dire? — 21. Pourquoi les corps chauffés deviennent-ils plus légers? — 22. Qu'est-ce que le vent?

Devoir 91. — 23. L'eau, en se solidifiant, augmente-t-elle ou diminue-t-elle de volume? — 24. Comment appelle-t-on la force avec laquelle un gaz se détend? — 25. Pourquoi les vases remplis d'eau éclatent-ils quand il gèle? — 26. Comment gradue-t-on le thermomètre à mercure? — 27. Qu'est-ce que la densité d'un corps? — 28. La densité du platine est 22; qu'est-ce que cela signifie? — 29. Qu'appelez-vous évaporation? — 30. Quels sont les moyens d'activer l'évaporation d'un liquide? — 31. Qu'entend-on par la pression atmosphérique? — 32. Quelle colonne d'eau soutient la pression atmosphérique?

(1) PASCAL (Blaise), né à Clermont en Auvergne, en 1623, mort en 1662, était déjà célèbre comme mathématicien, à l'âge de seize ans. C'est lui qui a découvert les lois de la pesanteur de l'air et de l'équilibre des liquides.

Devoir 92. — 33. Quelle est la température moyenne de l'homme ? — 34 Dans quel cas augmente-t-elle ou diminue-t-elle ? — 35. Quelle est la densité de l'alcool, de l'eau de mer ? — 36. Pourquoi ne faut-il pas se placer dans un courant d'air quand on est en sueur ? — 37 Qu'entendez-vous par l'ébullition d'un liquide ? — 38. Par quelle expérience fait-on voir la force de la vapeur ? — 39 A combien de degrés convient-il de chauffer les appartements ? — 40 Qu'est-ce que le baromètre ? — 41. Expliquez comment le baromètre peut servir à prévoir le temps ? — 42. Quelles sont les diverses parties d'une machine à vapeur ?

QUINZIÈME LEÇON.

PROPRIÉTÉS DES LIQUIDES.

1. — **La surface libre des liquides est horizontale.** — Si l'on met de l'eau dans différents vases, on remarque qu'elle prend la forme de ces vases, mais la surface libre du liquide, c'est-à-dire celle qui n'est pas en contact avec les parois du vase, se dispose toujours de la même façon.

Dans des vases de diverses formes, assiette, carafe... etc., on met de l'eau légèrement teintée avec de l'encre ; on constate que dans tous ces vases le fil à plomb est perpendiculaire à la surface libre du liquide. (*Expérience 77.*)

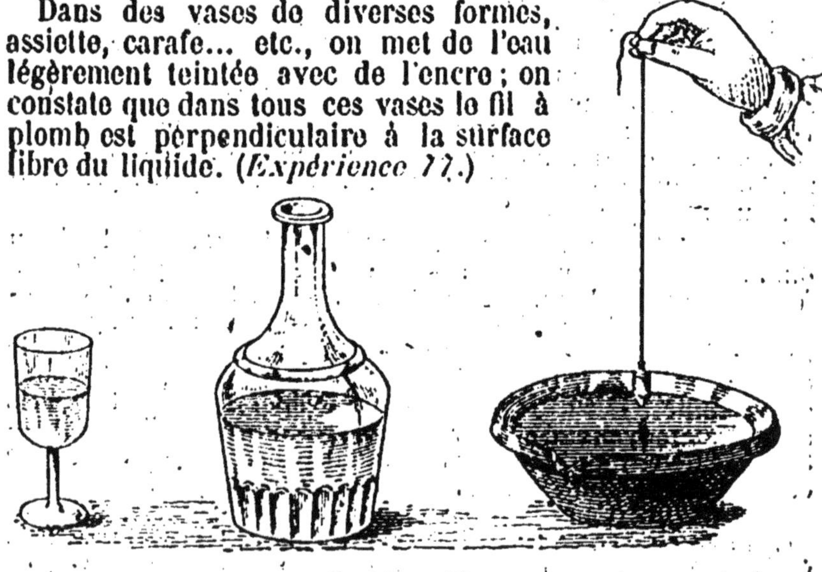

Expérience 77

Pour se rendre compte qu'il est bien perpendiculaire, il suffit d'examiner l'image du fil réfléchi par l'eau : on aperçoit cette image dans le prolongement même du fil.

Ce phénomène ne se produit que pour cette *seule* position : on peut s'en assurer en écartant le fil de la verticale.

La surface libre d'un liquide *au repos* est donc *perpendiculaire* au fil à plomb, c'est-à-dire à la verticale ; cette surface est dite HORIZONTALE.

On se sert quelquefois de cette surface libre pour déterminer la direction de l'horizontale.

2. — **Les liquides se superposent par ordre de densités.** — En versant dans un vase plusieurs liquides inégalement lourds et qui ne se mêlent pas, on observe qu'ils se disposent par ordre de densités, le plus lourd au fond du vase ; de plus, leurs surfaces de séparation sont horizontales. (*Expérience 78.*)

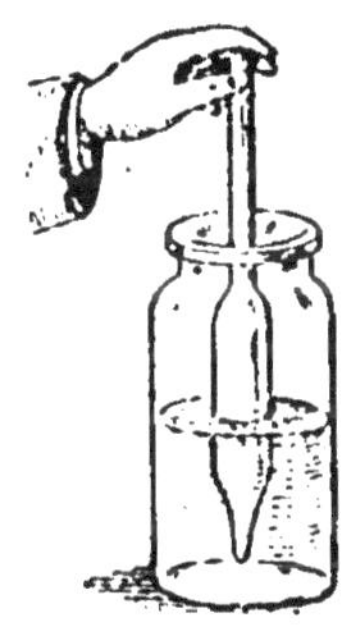
Expérience 78

Dans un flacon, on verse de l'alcool coloré, puis avec une pipette qui plonge au fond du flacon, on fait arriver de l'eau lentement : les deux liquides ne se mélangent pas et l'alcool monte peu à peu à la partie supérieure.

On peut commencer par verser l'eau et faire couler doucement à sa surface un peu de vin rouge ; le vin étant un peu plus léger que l'eau reste au-dessus. (L'expérience réussit bien en mettant une croûte de pain sur l'eau et en versant le vin sur la croûte qu'on enlève ensuite.)

Expérience 79.

L'huile surnage très facilement sur l'eau ; c'est le principe des veilleuses. (*Expérience 79.*)

3. — **Vases communicants.** — Si au lieu de verser le liquide dans un vase ordinaire, on le verse dans un vase qui communique avec un ou plusieurs autres par la partie inférieure, on constate encore que les sur-

faces libres sont horizontales ; *de plus*, toutes sont sur la même horizontale ou se trouvent au *même niveau.*

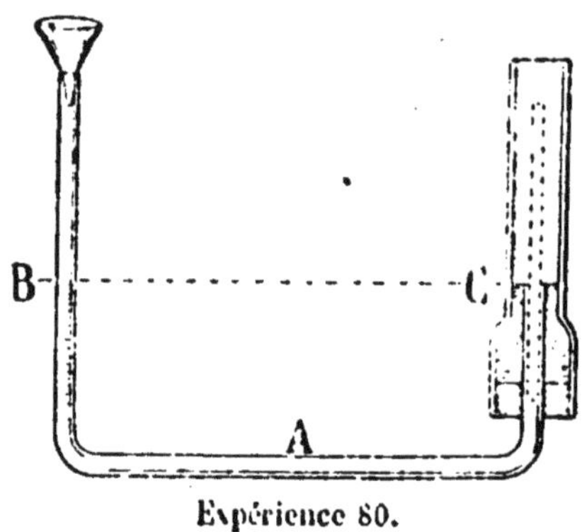

Expérience 80.

Le tube A est doublement recourbé, la petite branche entre dans un gros bouchon à mi-hauteur ; on peut fixer *dans* ce bouchon ou *autour* du bouchon des tubes de diverses formes et de diverses grosseurs. Toutes les fois qu'on mettra de l'eau jusqu'en B, cette eau s'élèvera *au même niveau* dans les tubes mobiles placés en C, quel que soit le diamètre de ces tubes. (*Expérience 80.*)

Un arrosoir de jardinier peut, au besoin, servir à démontrer le principe des vases communicants. Qu'on remplisse l'arrosoir par l'ouverture ordinaire ou par le tube

Expérience 81.

d'arrosage, le liquide est toujours au même niveau dans les deux cylindres ; si l'on fait deux petits trous dans un arrosoir hors d'usage, l'un dans le gros cylindre, l'autre dans le tube d'arrosage, à la même hauteur, on verra que l'eau s'échappera *en même temps* des deux trous. (*Expérience 81.*)

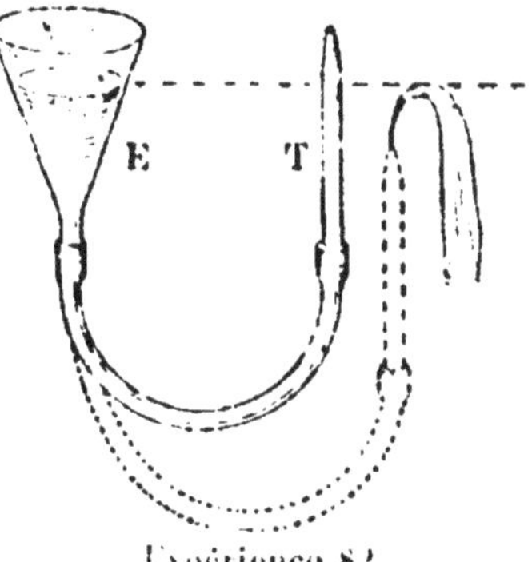

Expérience 82.

Un entonnoir E est relié par un tube en caoutchouc avec un tube effilé T. L'eau versée dans l'entonnoir s'élève à la même hauteur dans le tube effilé ; si ce tube est placé plus bas que l'entonnoir, l'eau sortira du tube et jaillira à la hauteur où elle se trouve dans l'entonnoir. (*Expérience 82.*)

4. — **Applications des vases communicants.** — L'expérience précédente donne l'explication des jets d'eau, des sources jaillissantes, des puits ordinaires et des puits artésiens.

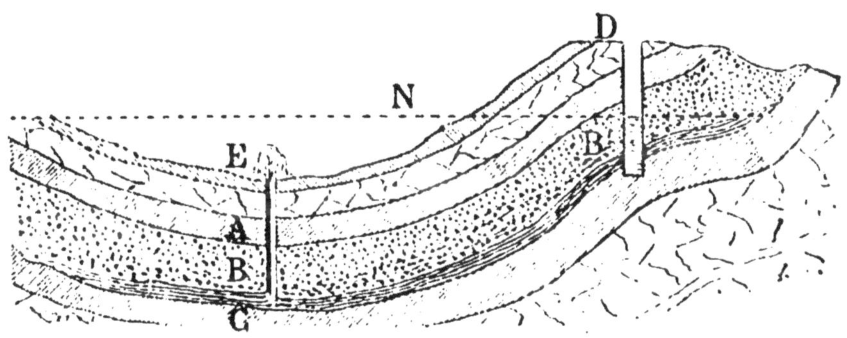

La pluie qui tombe sur une colline pénètre entre deux couches de terre imperméable (argile) et reste entre ces deux couches jusqu'à ce qu'une ouverture naturelle ou artificielle lui permette de remonter jusqu'à son niveau le plus élevé.

Le niveau d'eau, les écluses sont encore des applications des vases communicants.

5. — **Les liquides pressent sur les parois des vases.** — Un liquide dans un vase presse sur les parois de ce vase

et d'autant plus que la hauteur du liquide est plus grande. Cette pression se traduit par un jet de liquide quand il y a des fissures dans le vase ou que l'on perce une ouverture sur les parois.

On vérifie le fait avec une boîte vide cylindrique ayant contenu des conserves. (*Expérience 83.*)

6. — **De plus, le liquide presse ou pousse les corps qu'on y plonge.** — Il est facile de s'en rendre compte en enfonçant simplement la main à plat dans l'eau.

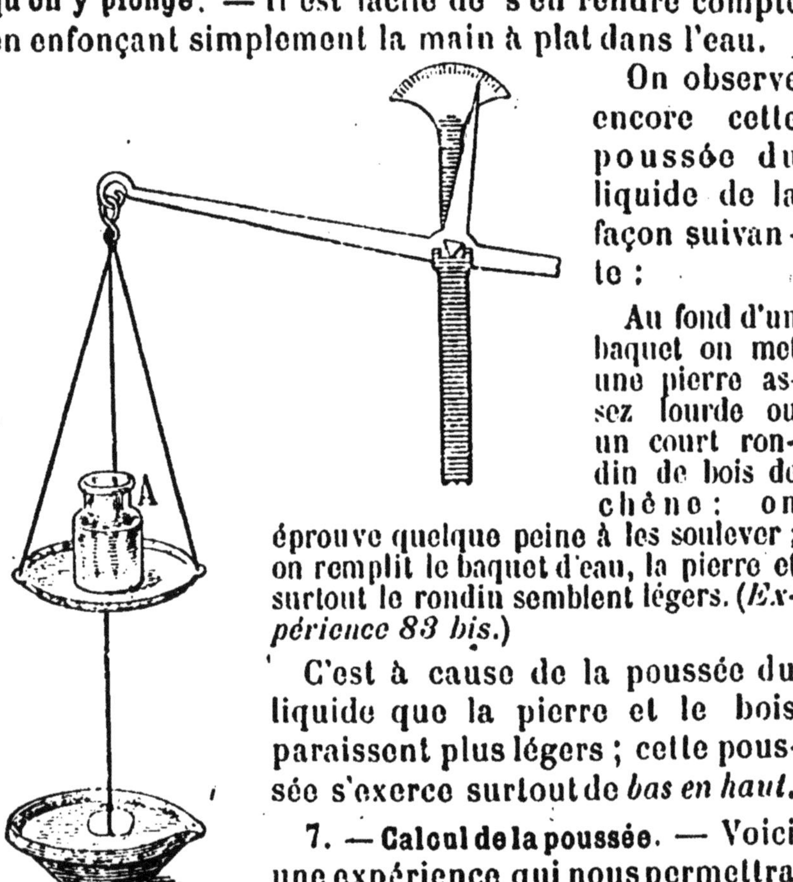

Expérience 84.

On observe encore cette poussée du liquide de la façon suivante :

Au fond d'un baquet on met une pierre assez lourde ou un court rondin de bois de chêne : on éprouve quelque peine à les soulever ; on remplit le baquet d'eau, la pierre et surtout le rondin semblent légers. (*Expérience 83 bis.*)

C'est à cause de la poussée du liquide que la pierre et le bois paraissent plus légers ; cette poussée s'exerce surtout de *bas en haut.*

7. — **Calcul de la poussée.** — Voici une expérience qui nous permettra de mieux constater cette poussée.

Après avoir rempli d'eau une petite fiole A, on y plonge un caillou suspendu à l'extrémité d'un fil ; le caillou fait sortir de la fiole un volume d'eau *égal à son propre volume.* (*Expérience 84.*)

On retire le caillou, on essuie la fiole, on la place sur le plateau d'une balance et on suspend le caillou au dessous de ce même plateau ; on établit l'équilibre au moyen de tare ; on plonge le caillou suspendu dans l'eau d'une terrine : la balance s'incline du côté de la tare, comme si l'on avait soulevé ou poussé le caillou avec la main.

Ainsi *un corps plongé dans l'eau subit une poussée de bas en haut.*

Mais si l'on verse ensuite dans la fiole A l'eau que le caillou en avait fait sortir, le poids de cette eau suffit pour rétablir l'équilibre.

Donc, la *poussée de bas en haut est égale au poids du liquide déplacé par le corps.* C'est ce qu'on appelle le *principe d'Archimède.*

8. — **Le principe d'Archimède explique pourquoi certains corps flottent.** — Cette poussée exercée par les liquides explique pourquoi certains corps flottent à la surface de l'eau. Si, par exemple, un corps de $5 dm^3$ de volume et qui pèse 3 kg. est plongé dans l'eau, la poussée qui tend à le faire monter est plus grande que le poids qui tend à le faire descendre, ce corps surnage

Remarquons aussi que la poussée de l'eau salée sera plus forte sur un même corps que la poussée de l'eau douce, puisque l'eau salée pèse plus que l'eau douce.

RÉSUMÉ.

1 La surface libre des liquides au repos est horizontale ; si on verse dans le même vase plusieurs liquides qui ne se mélangent pas, ils se superposent par ordre de densités.

2. Lorsque plusieurs vases contenant un liquide communiquent par la partie inférieure, toutes les surfaces du liquide sont horizontales ou au même niveau ; c'est le principe des vases communicants.

3 Les liquides pressent sur les parois des vases et sur les corps qui y sont plongés.

4. Les corps plongés dans l'eau subissent *une poussée de bas en haut égale au poids du liquide qu'ils déplacent :* c'est le principe d'Archimède.

DEVOIRS DE CERTIFICAT D'ÉTUDES.

Devoir 93. — 1. Quelle forme prend un liquide versé dans un vase ? — Comment se dispose la surface de ce liquide ? — Quelle expérience peut-on faire pour s'assurer que la surface du liquide est horizontale ? Que remarque-t-on si on écarte le fil de la verticale ? — 2. Comment se superposent les liquides versés dans un même vase ? — Comment sont leurs surfaces de séparation ? — Comment faut-il s'y prendre pour que du vin versé dans l'eau ne s'y mélange pas ? — 3. Qu'appelez-vous vases communicants ? — Comment se comporte un liquide versé dans un de ces vases ? — Parlez des expériences 80 et 81.

Devoir 94. — 4. Qu'arrive-t-il lorsque la pluie s'infiltre sur une colline entre deux couches imperméables ? — 5. Sur quoi presse un liquide dans un vase ? — Par quoi se traduit cette pression ? — Parlez de l'expérience 83. — 6. Qu'arrive-t-il lorsque des corps sont plongés dans un liquide ? — Pourquoi ces corps paraissent-ils plus légers ? — Quelle est la direction principale de la poussée ?

Devoir 95. — 7. Expliquez comment on calcule cette poussée ? — Comment s'appelle ce principe ? — Énoncez-le — 8 Pourquoi certains corps flottent ils à la surface de l'eau ? — Que savez-vous de la poussée de l'eau salée ?

DEVOIRS D'INTELLIGENCE.

(*A préparer oralement avant de les mettre par écrit.*)

Devoir 96. — 1. Comment expliquez-vous le fonctionnement d'un jet d'eau ? — 2. Pourquoi, au moment de la crue d'un cours d'eau, les caves des maisons situées le long des cours d'eau se remplissent-elles ? — 3. Pourquoi un œuf frais s'enfonce-t-il dans l'eau douce et surnage-t-il dans l'eau salée ? — 4. Expliquez pourquoi le vin coule fort par le robinet quand la barrique est pleine, moins fort quand elle est à moitié et plus doucement encore quand elle se trouve presque vide. — 5. Pourriez-vous dire pourquoi un homme gros et gras nage plus facilement qu'un homme maigre ? — 6. Et pourquoi on nage plus facilement dans l'eau de la mer que dans l'eau des fleuves ou des rivières ? — 7. Pourquoi une épingle, si petite pourtant, s'enfonce-t-elle dans l'eau, et pourquoi un gros tronc d'arbre surnage-t il ?

Devoir 97. — 8. Pourquoi un morceau de er ou de cuivre surnagent-ils sur le mercure ? — Dans certaines villes, des robinets donnent de l'eau à tous les étages ; savez-vous pourquoi ? — 10. Pourquoi la fumée s'élève-t elle dans l'air ? — 11. Comprenez-vous pourquoi un ballon gonflé d'air chaud ou d'hydrogène s'élève dans l'air ? — 12. Pourquoi la glace surnage-t-elle ? — 13. Pourquoi nage-t-on plus facilement avec une ceinture de liège ?

PROBLÈMES.

42. Une barque, en forme de caisse, du poids de 16 500 kg., a 15 m. de long, 3 m. 50 de large et 2 m. de hauteur. De quel poids faudrait-il la charger pour la faire enfoncer dans l'eau douce ? Et dans l'eau de mer dont la densité est 1,026 ?

43. Une caisse de 1 m. d'arête à l'extérieur pèse 90 kg ; cette caisse s'enfoncera-t-elle en la mettant dans l'eau, si on la remplit de sable à moitié ? Densité du sable 2, 1.

RÉDACTIONS.

69 Expliquez pourquoi un puits contient presque toujours de l'eau ; comment on construit un jet d'eau, et comment l'eau peut être distribuée dans les étages des hautes maisons.

70. On a envoyé le petit Jean tirer du vin ; il met la bouteille sous le robinet et tourne la clé, mais le vin cesse de couler après quelques secondes. Jean tourne la clé de tous les côtés, mais le vin ne vient pas... et pourtant la barrique est pleine.

Il vient dire à son père que le vin ne veut pas couler : « C'est que la bonde est fermée, lui dit son père ; c'est une gourmande qui veut garder tout le vin pour elle ; viens avec moi, je vais ouvrir la bonde et le vin coulera. » En effet, le vin a coulé très bien après que la bonde a été ouverte.

Racontez cette petite histoire et expliquez pourquoi le vin ne sortait pas d'abord du tonneau et pourquoi il a coulé ensuite.

71. Vous avez vu un jet d'eau ; décrivez-le. Pourquoi l'eau jaillit-elle plus ou moins haut : Feriez-vous un petit jet d'eau ? Comment vous y prendriez-vous ? (*Haute-Saône*. C. E. P.)

72. La semaine dernière on a lancé chez vous un ballon. Vous écrivez à ce sujet à un camarade absent pour lui faire part de tout ce que vous avez remarqué. Vous profiterez de la circonstance pour lui rappeler comment et par qui ont été inventés les ballons ; vous lui ferez remarquer la différence qu'il y a entre les premiers ballons et ceux d'aujourd'hui ; enfin vous lui expliquerez pourquoi ils s'élèvent dans l'air et à quoi ils sont utiles. (*Consulter la lecture suivante.*) (*Seine*. C. E. P.)

LECTURE XV.

Les ballons ; les premiers aéronautes.

Le principe d'Archimède explique pourquoi un corps plus léger que l'eau s'élève dans ce liquide et surnage. Les choses se passent dans l'air comme dans l'eau. Si un corps situé dans l'atmosphère a un poids moindre que l'air qu'il déplace, il monte : c'est le principe des ballons.

Le gaz employé à les gonfler (air chaud, hydrogène, gaz d'éclairage) est très léger. Son poids, augmenté du poids de l'enveloppe qui le contient et du poids total de la nacelle, est plus faible que le poids de l'air déplacé.

Plus la différence entre les deux poids est grande, plus le ballon monte vite, plus sa force ascensionnelle est grande.

C'est en 1783 que les frères Montgolfier, fabricants de papier à Annonay, eurent l'idée d'utiliser la légèreté de l'air chaud à la construction des ballons. La première expérience eut lieu dans leur ville natale. Le 19 septembre 1783, ils étaient admis à la répéter à Versailles devant le roi Louis XVI. Une *montgolfière* fut lancée aux acclamations d'une foule immense. Au-dessous on avait suspendu une cage dans laquelle étaient enfermés un mouton, un coq et un canard.

Un mois à peine après l'expérience de Versailles, deux hommes, Pilâtre des Rosiers et le marquis d'Arlande, osèrent s'aventurer dans les airs. Louis XVI avait hésité longtemps avant de permettre l'ascension. Il proposait que l'expérience fût faite par deux condamnés à mort : « Eh quoi ! dit Pilâtre des Rosiers, de vils criminels auraient la gloire de s'élever dans les airs ! Non, non, cela ne sera point !... » Le roi finit par céder ; le ballon vint passer sur Paris, en émerveillant la population.

Vers la même époque le physicien Charles imaginait de remplacer l'air chaud par l'hydrogène, et l'expérience ayant réussi, il construisit un ballon capable d'emporter plusieurs personnes. C'est dans une de ces machines que l'aéronaute Blanchard fit la traversée de la Manche, de Douvres à Calais.

Depuis, les ascensions se sont multipliées, et beaucoup ont eu d'heureux résultats pour la science. Aujourd'hui le ballon est une machine indispensable en temps de guerre pour observer les mouvements de l'ennemi et communiquer au loin.

Pourra-t-on un jour naviguer dans l'air comme on navigue sur l'eau ? Arrivera-t-on à diriger les ballons ? Il est permis de l'espérer, bien que dans l'état actuel de nos connaissances il soit téméraire de l'affirmer.

SEIZIÈME LEÇON.

POMPES. — SIPHON.

1. — L'eau monte dans les tubes dont on aspire l'air. — Disposons un flacon à deux tubulures comme le montre le dessin ci-contre : le tube E plonge dans l'eau de la terrine C ; dans le tube coudé DB, la partie H est en caoutchouc ; si on aspire l'air par le tube B et que l'on serre le caoutchouc au moment où l'on cesse d'aspirer, l'eau de la terrine C monte un peu dans le tube E ; si on recommence l'opération, l'eau monte de nouveau ; on peut ainsi remplir presque complètement le flacon. (*Expérience 85*)

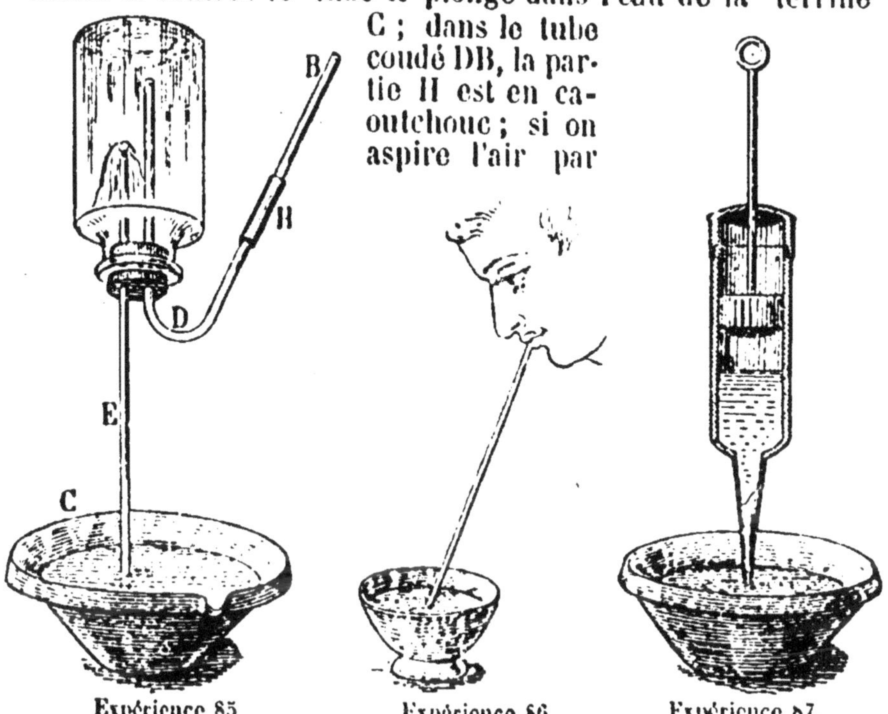

Expérience 85 — Expérience 86. — Expérience 87.

Il n'est personne qui ne sache que l'eau monte dans un tube plongé dans l'eau si on aspire l'air de ce tube. (*Expérience 86.*)

Tous les élèves enfin connaissent l'usage de la seringue ou clifoire en sureau ; ils l'ont bien des fois remplie d'eau en retirant le piston vers eux, pendant que le bout de l'instrument était plongé dans le liquide. (*Expériences 87 et 88.*)

Ces expériences vont nous aider à comprendre le fonctionnement des pompes, qui servent pour élever

Expérience 88.

l'eau des puits, des citernes ... ou pour la lancer à une certaine hauteur.

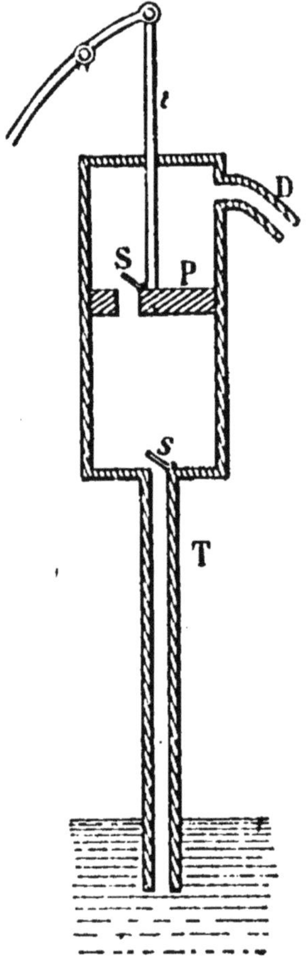

LA POMPE ASPIRANTE.

2. — **La pompe aspirante.** — On l'appelle *aspirante* parce que l'eau monte dans cette pompe comme dans le tube dans lequel on *aspire* l'air.

La pompe aspirante comprend :

1° — Un corps de pompe muni d'un tuyau de déversement D. Dans ce corps de pompe, se trouve un piston P, percé d'une ouverture munie d'une soupape S ; au moyen d'une tige *t* mue par un balancier, on communique au piston un mouvement de bas en haut et de haut en bas.

2° — Un tuyau d'aspiration T communiquant d'une part avec le corps de pompe et d'autre part avec le réservoir contenant l'eau à élever.

La communication entre le corps de pompe et le tuyau d'aspiration peut être interceptée par une soupape *s* ; les deux soupapes S et *s* s'ouvrent de bas en haut.

3. — **Manœuvre de la pompe.** — Supposons le piston au bas de sa course, c'est-à-dire appliqué à la base du corps de pompe et les deux soupapes fermées.

4. — **Soulevons le piston.** — La soupape S *restera fermée*

parce qu'elle sera plus pressée en dessus par la pression atmosphérique qu'en dessous où il n'y a presque pas d'air entre le piston et le corps de pompe ; la soupape S *s'ouvrira* poussée de bas en haut par la force élastique de l'air du tuyau d'aspiration ; mais en même temps l'air du tuyau d'aspiration occupant un plus grand espace, aura une force moindre, de sorte qu'il pressera moins sur l'eau du réservoir, et celle-ci, *poussée par la pression atmosphérique*, s'élèvera dans le tuyau d'aspiration. Résultat :

Une partie de l'air du tuyau d'aspiration a passé dans le corps de pompe et de l'eau du réservoir a monté dans le tuyau d'aspiration.

Le piston arrivé au haut de sa course, la soupape *s* se referme parce qu'elle est également pressée sur ses deux faces et que son poids la fait retomber.

5. — **Abaissons le piston.** — La soupape S s'ouvre ; car l'air renfermé dans le corps de pompe étant comprimé, sa force élastique augmente et suffit pour ouvrir la soupape. Cet air est chassé au dehors ; la soupape *s* reste fermée parce qu'elle est plus pressée en dessus qu'en dessous.

RÉSULTAT : *l'air du corps de pompe a été chassé au dehors.*

6. — **Coup de piston.** — Le double mouvement d'ascension et de descente du piston s'appelle coup de piston.

On voit donc qu'après un coup de piston, *de l'air du tuyau d'aspiration a été expulsé, et l'eau du réservoir a monté dans le tuyau d'aspiration.* Chaque coup de piston produit le même résultat. Il arrive donc un moment où l'eau atteint la base du piston : on dit alors que la *pompe est amorcée.*

7. —**La pompe est amorcée.** — A partir de ce moment, si on continue la manœuvre, on verra.

1° Qu'en soulevant le piston, l'eau s'élèvera dans le corps de pompe ;

2° Qu'en l'abaissant, il traversera l'eau, la soupape S s'ouvrant, la soupape *s* restant fermée.

3° Qu'en le soulevant de nouveau, l'eau qui est au-dessus du piston sortira par le tuyau de déversement, et ainsi de suite, de telle sorte qu'à chaque nouveau coup de piston, l'eau sortira *par le tuyau de déversement et sera remplacée par celle du réservoir.*

8. — **C'est la pression atmosphérique qui fait monter l'eau.** N'oublions pas que ce qui fait monter l'eau dans le tuyau d'aspiration, c'est la *pression atmosphérique* ; or nous avons vu que cette pression ne peut soulever une colonne d'eau de plus de 10m33 de hauteur ; en effet, une pompe aspirante ne peut élever l'eau à plus de 10m33 de hauteur.

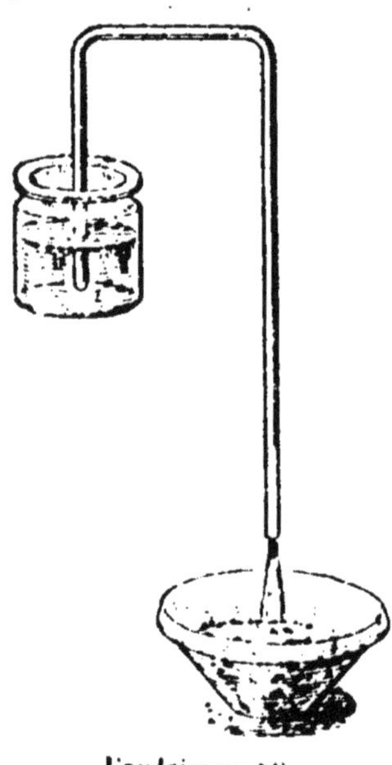
Expérience 69.

Vous pourrez étudier plus tard comment on s'y prend pour élever l'eau des puits ayant plus de 10 mètres de profondeur.

9. — **Le siphon.** — Pour transvaser l'eau ou les liquides, c'est-à-dire pour les verser d'un vase dans un autre, on soulève d'ordinaire l'un des vases et on le penche au-dessus de l'autre. Lorsqu'un dépôt s'est formé au fond du liquide qu'on veut obtenir clair, nous avons vu, en chimie, qu'on le verse doucement de façon à ne pas le troubler ; en un mot, on *décante* le liquide.

Pour transvaser plus facilement un liquide, on se sert du *siphon*.

C'est un tube recourbé, à branches inégales. Pour s'en servir, on place la petite branche dans le liquide à transvaser ; puis on amorce en aspirant par la grande branche l'air contenu dans le siphon ; la pression atmosphérique pousse le liquide dans la petite branche, puis dans la grande, et le liquide s'écoule dans le vase inférieur. (*Expérience 89.*)

RÉSUMÉ.

1. L'eau monte dans les tubes qui y plongent quand on aspire l'air de ces tubes, soit par la bouche, soit par un piston.

2. Une pompe aspirante peut monter l'eau à 10 mètres de hauteur environ; c'est la pression atmosphérique qui fait monter l'eau dans les pompes.

3. On transvase les liquides au moyen du siphon.

QUESTIONS DE CERTIFICAT D'ÉTUDES.

Devoir 98. — 1. Parlez de l'expérience 85. — 2. Qu'est-ce que la pompe aspirante? — Combien de parties renferme-t-elle? — 3. Où sont les soupapes? Comment s'ouvrent-elles? — Avec quoi communique le tuyau d'aspiration? — 4. Quand on soulève le piston, la soupape S se ferme-t-elle ou s'ouvre-t-elle? — Et la soupape *s*? — Que fait alors l'air du tuyau d'aspiration? — Et l'eau du réservoir? — Qu'arrive-t-il quand le piston arrive au haut de sa course? — 5. Que fait la soupape *s* quand on abaisse le piston? — Et la soupape S? — Qu'y a-t-il dans le corps de pompe quand le piston est au bas de sa course?

Devoir 99. — 6. Qu'appelle-t-on coup de piston? — Quel résultat a-t-on obtenu après un coup de piston? — Quand est-ce que la pompe est amorcée? — 7. Quand la pompe est amorcée, qu'arrive-t-il en soulevant le piston? — Et en l'abaissant? — 8. Quelle est la force qui fait monter l'eau dans les pompes? — A quelle hauteur une pompe aspirante simple peut-elle élever l'eau? — 9. Comment transvase-t-on les liquides d'ordinaire? — Qu'est-ce que décanter un liquide? — A quoi sert le siphon? — Faites-en la description?

DEVOIR D'INTELLIGENCE.

(*A préparer oralement avant de le mettre par écrit.*)

Devoir 100. — 1. Une pompe aspirante peut-elle soulever la même colonne d'eau à toutes les altitudes? — 2. Pourquoi peut-on boire dans un verre avec une paille? — 3. Dites ce qui arriverait si on faisait un petit trou au corps de pompe. — 4. Examinez comment la pompe fonctionnerait si quelques grains de sable empêchaient les soupapes de se fermer hermétiquement. — 5. Et si une fissure s'ouvrait dans le tuyau d'aspiration ? — 6. Quelle est la cause de l'écoulement des liquides dans le siphon? — 7. Pourquoi le siphon ne fonctionnerait-il pas si les deux branches étaient égales?

PROBLÈME.

44. Une source de pétrole est à 12 m. de la surface de la terre. Pourra-t-on extraire ce liquide avec une pompe aspirante, sachant que la densité du pétrole est 0,85 ?

RÉDACTIONS.

73. Votre père vient de faire poser une jolie pompe aspirante en cuivre au puits de la maison. Les ouvriers sont arrivés, ont descendu dans le puits, posé d'abord le tuyau d'aspiration, au haut duquel vous avez pu voir la soupape ; puis ils ont scellé dans le mur le corps de pompe.. Le soir, la pompe fonctionnait à merveille. Décrivez toutes ces opérations, en faisant la description des diverses parties de la pompe.

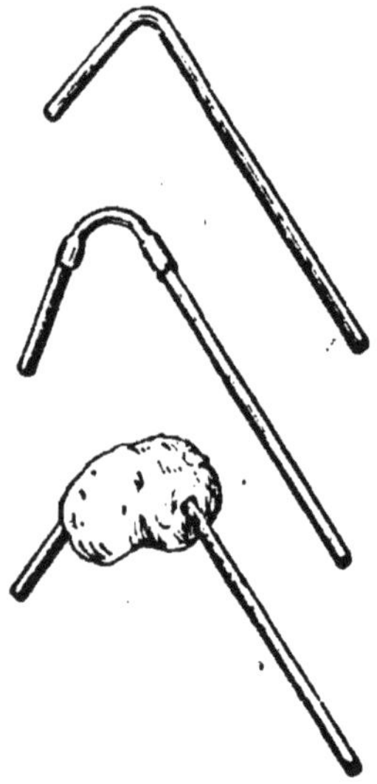

Comment on peut faire un siphon.

74. On peut faire un siphon :

1° En recourbant à la lampe à alcool un petit tube de verre;

2° En reliant deux tubes de verre ou de macaroni par deux ou trois centimètres d'un tube en caoutchouc;

3° En reliant les tubes de verre ou de macaroni par un marron ou une pomme de terre.

Votre maître, dans une leçon vous a parlé du siphon, de ses usages, et vous a montré les diverses façons de construire un petit siphon. Ecrivez tout cela à un ami.

LECTURE XVI.

Les Pompes. — Le Siphon.

On raconte que des fontainiers de Florence, chargés par le duc de Toscane de faire monter l'eau dans les appartements supérieurs de son palais, ne purent l'élever à plus de 32 à 33 pieds (10 m 33 environ). Ils allèrent trouver Galilée, un des plus grands savants de l'époque, pour lui demander la raison de ce fait.

On expliquait alors l'ascension de l'eau dans les pompes en disant que *la nature avait horreur du vide.* Dès qu'on retirait l'air d'un tuyau, l'eau ou le gaz environnants s'y précipitaient à cause de cette *horreur du vide.*

Galilée donna, dit-on, l'explication qui précède. On se demandait cependant pourquoi la nature abhorre le vide seulement jusqu'à 10 m. 33 quand ce vide doit être comblé par de l'eau; pourquoi elle ne l'abhorre que jusqu'à 0 m. 76 quand l'eau est remplacée par le mercure; pourquoi la nature ne hait pas le vide également sur un clocher, sur une montagne, dans la plaine.

Et après des expériences restées célèbres, Pascal répondit à ces questions: « La nature n'a aucune horreur pour le vide: elle ne fait aucune chose pour l'éviter, et la pesanteur de l'air est la seule cause de tous les effets que l'on avait jusqu'ici attribués à cette cause imaginaire. »

C'est aussi la pression de l'air qui est cause du mouvement des liquides dans les siphons. Un savant d'autrefois, Héron, s'imagine que « l'on peut faire passer l'eau d'une rivière par-dessus une montagne pour la faire rendre dans le vallon opposé, pourvu qu'il soit un peu plus profond, par le moyen d'un siphon placé sur le sommet et dont les jambes s'étendent le long des coteaux, l'une dans la rivière, l'autre de l'autre côté, et il assure que l'eau s'élèvera de la rivière jusque sur la montagne, quelque hauteur qu'elle ait. »

Si l'on veut élever l'eau à plus de 10 m., il faut associer plusieurs pompes aspirantes ou bien employer une pompe dite foulante dans laquelle l'eau est poussée par une force plus grande que la pression atmosphérique, ou se servir de chaînes sans fin munies de godets qui se remplissent d'eau et viennent la déverser à la surface du sol.

DIX-SEPTIÈME LEÇON.

LE SON.

1. — Les vibrations des corps produisent le son. — Dans un verre en cristal que l'on fait résonner, on met un peu de sable fin; aux mouvements du sable qui sautille, on s'aperçoit que le verre est animé de mouvements de va-et-vient ou de vibrations. En touchant la partie supérieure du verre, on arrête ces mouvements et en même temps on éteint le son. (*Expérience 90.*)

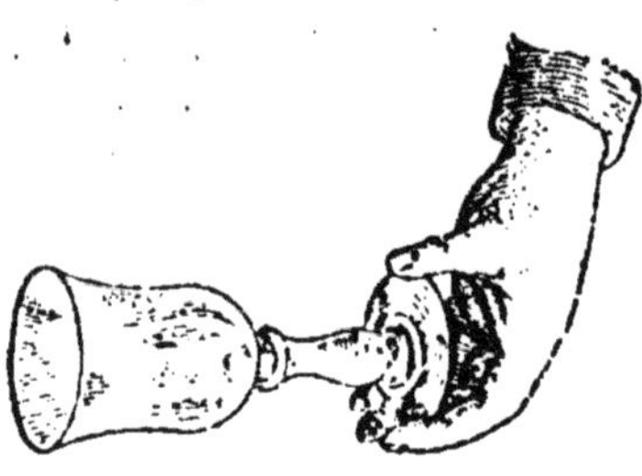

Expérience 90.

De petits cavaliers en papier posés sur une corde de violon qui chante montrent également que cette corde est en vibration. (*Expérience 91.*)

Faisons l'expérience inverse. Plantons dans une boîte, par la pointe, une plume en acier; écartons-la de sa position première et abandonnons-la à elle-même; nous savons qu'elle oscillera au-dessus et au-dessous de son point d'attache, qu'elle vibrera et qu'elle fera entendre un son. (*Expérience 92.*)

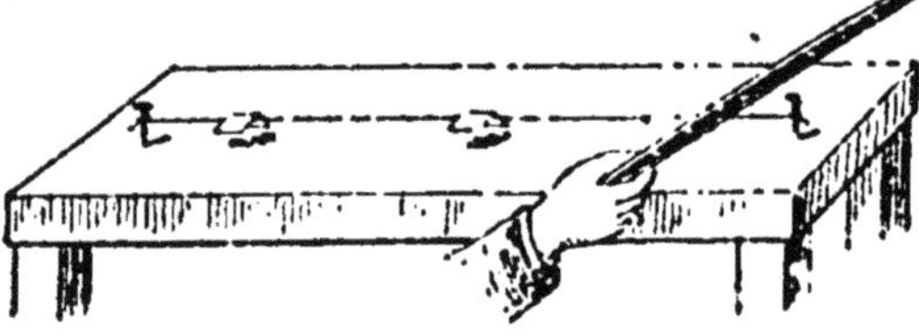

Expérience 91.

Expérience 92.

On conclut de ces expériences que le son ne se produit que s'il y a *vibration* d'un corps.

2. — **C'est l'air qui transmet les sons.** — En vibrant, un corps sonore fait vibrer l'air et les corps qui l'entourent; mais *il ne les déplace pas*. Pour se rendre compte de la manière dont les vibrations se transmettent d'un corps à l'autre, on peut faire l'expérience suivante :

On dispose des sous en file sur une table, le sou n° 1 est lancé sur la file, le sou n° 2 reçoit le choc et le transmet sans se déplacer au n° 3 qui agit de même... et ainsi de suite; le dernier sou se détache seul. (*Expérience 93.*)

Un fait analogue se produit lorsqu'on fait entendre un bruit très fort dans le voisinage d'une habitation (*un coup de canon; le son d'une grosse cloche*), les vibrations se transmettent par l'intermédiaire de l'air qui vibre jusqu'aux vitres des appartements qui vibrent à leur tour.

S'il n'y avait pas d'air entre le corps sonore et les

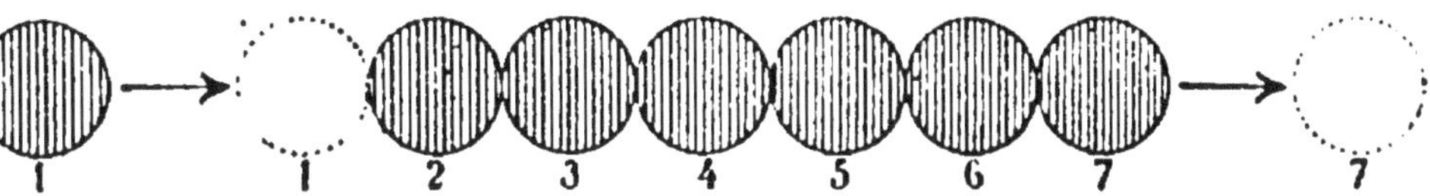

Expérience 93.

vitres, celles-ci ne vibreraient pas. De même, dans les circonstances ordinaires, nous n'entendrions pas les sons s'il n'y avait pas d'air entre les corps sonores et notre oreille.

3. — **Les liquides et les solides transmettent aussi les sons.** — L'air peut être remplacé par un autre corps, liquide ou solide, qui puisse vibrer et transmettre les vibrations.

Les pêcheurs savent fort bien que les poissons entendent le moindre bruit.

En appliquant l'oreille à l'extrémité d'une longue planche, on entend très bien le son produit en grattant avec une épingle à l'autre extrémité, alors même que ce son ne serait pas transmis par l'air jusqu'à l'oreille.

Ceci explique pourquoi on juge de l'approche d'une voiture sur une route en plaçant l'oreille sur la route.

4. — **Le son met un certain temps à se transmettre à l'oreille.** — Entre le moment où un son est produit et l'instant où on l'entend, il se passe un temps appréciable et d'autant plus long que l'on se trouve plus éloigné du corps sonore. Lorsqu'on est à une certaine distance d'un bûcheron qui abat un arbre ou d'un

homme qui fend du bois, on voit la cognée s'abattre, et elle est quelquefois levée pour un autre coup avant qu'on ait entendu le choc.

On a calculé que le son met une seconde pour parcourir dans l'air une distance de 340 mètres.

UNE HARPE

En notant exactement l'instant précis où un corps produit un son, et l'instant précis où un observateur entend ce son, on peut calculer la distance du corps à l'observateur.

5. — **Comment l'écho se produit.** — Lorsque dans le voisinage d'un corps sonore se trouve un mur, une maison, le son est arrêté et *renvoyé* : c'est l'écho.

Il y a écho si le son arrivant directement à l'oreille et le son renvoyé sont *distincts* ; il y a résonance seulement, si le son entendu par réflexion s'ajoute au son direct et ne fait qu'allonger celui-ci.

Dans d'autres cas, le son est arrêté, et on ne l'entend pas derrière l'obstacle ; c'est le cas des tentures, portières, matelas, qui amortissent ou étouffent les bruits.

6. — **Tous les sons ne se ressemblent pas : ils diffèrent**

par leur hauteur. — « Lorsqu'on écoute un air quelconque avec un peu d'attention, on remarque que tous les sons de cet air offrent de légères différences : la voix semble tantôt monter, tantôt descendre. On exprime ce fait en disant qu'il y a des sons bas ou *graves* et des sons hauts ou *aigus*. Cette première qualité du son est sa *hauteur* (1). »

On remarque que cette *hauteur* est due, dans les instruments à cordes, principalement à la tension de la corde et à sa longueur ; plus une corde est longue, plus le son qu'elle émet est *grave ;* plus elle est courte, plus le son est aigu. La harpe ci-contre, dont on joue avec les doigts, montre comment on peut disposer des cordes longues et courtes pour en tirer des sons graves ou aigus.

Si l'on ne possède pas un violon, on tend une corde AB sur une longue boîte ou sur une table et on la soulève au $\frac{1}{3}$ par un petit chevalet C; puis on fait vibrer chaque partie. On pose à la même place C un autre chevalet plus haut ou plus bas pour tendre la corde plus ou moins, et on recommence à faire vibrer chaque partie. (*Expérience 94*)

Expérience 94.

Dans les instruments à vent, comme le cornet à pistons, la flûte, les orgues, la *hauteur* des sons est due principalement à la force du courant d'air qui détermine les vibrations et à la longueur du tuyau ou du tube.

Souffler plus ou moins fort dans une clé percée ou dans

(1) Solfège modal Galin-Paris-Chevé, 32, rue des Bons-Enfants, Paris.

un tube fermé à une extrémité, de manière que l'air arrive obliquement sur le bord de l'ouverture. (*Expérience 95.*)

Faire un sifflet avec une tige de saule ou de vergne, en détachant un cylindre d'écorce. En enfonçant le bois plus ou moins dans le tube, on entend des sons plus ou moins aigus. (*Expérience 96.*)

Lorsque plusieurs personnes chantent à *l'unisson*, c'est-à-dire ensemble le même air, elles produisent des sons de même hauteur.

Emettre des sons à leur vraie hauteur, s'appelle *chanter juste.*

7. — **Les sons diffèrent aussi par leur intensité.** — Un son est plus fort ou plus intense qu'un autre, s'il s'entend plus loin que cet autre. Quand on parle à voix basse, le son est moins intense que lorsqu'on parle à haute voix *L'intensité* est aussi une qualité du son.

Les sons les plus intenses ne sont pas toujours les plus agréables ; les élèves ont le tort, en général, de trop forcer la voix en chantant ; ils se figurent que le chant n'est beau qu'autant qu'il résonne au loin et qu'il étourdit ceux qui l'entendent.

8. — **Enfin les sons diffèrent par le timbre.** — Ecoutez attentivement deux instruments de musique, un violon et un cornet à pistons, par exemple, jouant ensemble le même air : les sons ne se confondent pas, car chaque instrument conserve son timbre propre. Le *timbre* est la troisième qualité du son.

Tout le monde sait qu'on peut reconnaître les personnes au timbre de voix.

9.— **Il faut chanter avec expression.** — « Nous savons enfin qu'un même morceau de musique chanté par différentes personnes ne fait pas sur nous la même impression : tel chanteur nous émeut et nous charme, tel autre nous laisse froid. Cela tient à l *expression.*

On l'obtient dans le chant, soit en modifiant le timbre du son, soit en faisant varier son intensité (1). »

RÉSUMÉ.

1. Le son est produit par la vibration des corps et transmis par l'air.
2. Les liquides et les solides transmettent aussi les sons
3. Le son parcourt dans l'air 340 m par seconde; il peut être renvoyé par un obstacle et former écho.
4. Les sons diffèrent par la hauteur, l'intensité et le timbre.
5. On ne chante bien que lorsqu'on chante juste et avec expression.

QUESTIONS DE CERTIFICAT D'ÉTUDES.

Devoir 101. — 1. Parlez de l'expérience 90 et de l'expérience 91 — Quelles conclusions en tire-t-on? — 2. Qu'est-ce qui transmet les sons? — Comment les vibrations se transmettent-elles à l'oreille? — L'air est-il déplacé? — 3. Les liquides et les solides conduisent-ils le son? — Comment a-t-on pu le savoir? — 4 Le son arrive-t-il instantanément à l'oreille? — Combien parcourt-il par seconde dans l'air? — 5. Dites comment l'écho se produit. — Quand est-ce qu'il y a écho, véritablement? — Quand est ce qu'il y a résonance?

Devoir 102 — 6. Qu'appelle-t-on hauteur des sons? — Quel nom portent les sons bas? — et les sons hauts? — A quoi est due la hauteur des sons dans les instruments à cordes? — Quand la corde est longue, les sons sont-ils graves ou aigus? — A quoi est due la hauteur des sons dans les instruments à vent? — Qu'est-ce que chanter à l'unisson? Et chanter juste? — 7. Par quoi diffèrent les sons? — Les sons les plus intenses sont-ils les plus agréables? — Que font souvent les élèves en chantant? — 8 Qu'est-ce que le timbre? — 9 Comment faut-il chanter?

DEVOIR D'INTELLIGENCE.

(*A préparer oralement avant de le mettre par écrit.*)

Devoir 103. — 1. Un plongeur au fond d'une rivière peut-il entendre les cris d'une personne qui se trouve sur le bord? — 2. Expliquez pourquoi une cloison entre deux chambres n'empêche pas d'entendre dans l'une ce qui se passe dans l'autre. — 3. Placez une montre entre les dents : vous l'entendrez très bien marcher; pourquoi? — 4. Pourquoi entend-on arriver une

(1) Voir note page 131

troupe en marche ou un train en plaçant l'oreille sur la route ou contre les rails, lors même qu'on ne les entend pas en restant debout? — 5. Quand on met le bout d'un morceau d'élastique entre les dents et qu'on le tend par l'autre bout avec le doigt, que faut-il faire pour obtenir des sons graves? — Et des sons aigus? — 6. Dans la harpe (regardez la gravure), quelles sont les cordes qui produisent des sons aigus? — 7. Pourquoi un verre de cristal qui sonne cesse-t-il de s'entendre quand on le touche avec le doigt? — 8. Pourquoi les vitres d'un appartement vibrent elles quand le tonnerre se fait entendre?

PROBLÈMES.

45. A l'extrémité d'un tunnel en ligne droite on tire un coup de pistolet. Sachant qu'on n'entend le coup que 7 secondes après avoir aperçu la lumière, trouver la longueur du tunnel.

46. A quelle distance de la terre se trouve un nuage orageux, sachant que le bruit du tonnerre s'entend 3 secondes après avoir vu l'éclair?

RÉDACTION.

75. Enumérez les sons divers que vous reconnaissez *au timbre seul*, et ajoutez quelques phrases sur chacun d'eux; vous pouvez dire s'ils vous produisent une impression agréable ou désagréable...

Exemples : 1° Les cris des animaux, âne, chien, chat, poule, moineau... etc., etc.

2° Le sifflet de la locomotive, les sons des diverses cloches de l'église de votre village...

3° Le son de l'argent, de l'or, de la flûte, de la clarinette...

4° La voix de tel ou tel camarade, de telle ou telle personne.

5° etc...

LECTURE XVII.

Le Phonographe (1).

La voix est reproduite merveilleusement, avec toutes ses intonations, avec son accent... On dirait que l'on vous parle dans le tuyau de l'oreille en enflant un peu la voix... La musique est reproduite aussi bien. Nous avons entendu la *Marseillaise* jouée par la musique militaire des gardes de la reine d'Angleterre, la

(1) Instrument qui écrit, enregistre les sons; il a été inventé par l'Américain Edison.
Ne pas confondre avec le téléphone, qui transmet les sons au loin.

marche du régiment, l'*Ave Maria* chanté la veille par Gounod et accompagné au piano par lui-même, etc... une sonnerie de cors de chasse vraiment parfaite de reproduction.

Et tout cela sortant d'un petit appareil à peine gros comme un accordéon, inscrit sur de petits cylindres de cire de dix centimètres de long, pouvant renfermer plus de mille mots. C'est à confondre l'entendement humain Il faut une loupe pour bien voir les traces imperceptibles qui sont marquées sur la cire, et, malgré cette finesse et cette délicatesse d'inscription, le même rouleau peut servir jusqu'à cinq mille auditions. Quand il est usé, on rabote un peu la surface, et il peut recevoir une nouvelle empreinte On peut faire répéter la même phrase autant qu'on le désire, faire varier la vitesse de marche et transposer la musique ..

Les applications se devinent : transmission postale des messages phonographiques ; enregistrement préalable des discours des hommes d'État, avocats, prédicateurs, orateurs ; répétition de rôles par les acteurs et chanteurs en vue de corriger l'articulation et la prononciation, car l'appareil redit le bon comme le mauvais; conservation et répétition infinie de la voix des hommes célèbres, des adieux d'une personne chère, des conseils d'un parent aimé ; impression des livres et lecture à haute voix sans lecteur, etc.

Il n'y a rien de singulier comme la reproduction de sa propre voix. On ne se connaît guère soi-même, et l'on éprouve certaine surprise à s'entendre parler par l'entremise du phonographe.

H. DE PARVILLE. (*Annales*.)

DIX-HUITIÈME LEÇON.

LA LUMIÈRE.

RÉFLEXION.

1. — La lumière se propage en ligne droite. — Lorsqu'on se trouve dans une chambre obscure qui porte une petite ouverture du côté du soleil, on aperçoit une traînée lumineuse droite ; elle est produite par la lumière du soleil qui éclaire sur son passage toutes les poussières en suspension dans l'air. On en conclut que les *rayons lumineux* viennent du soleil en *ligne droite*.

2. — **Nous voyons les corps, parce qu'ils nous envoient de la lumière.** — Le soleil n'est pas le seul corps qui envoie de la lumière ; tous les corps que nous voyons envoient des rayons lumineux dans toutes les directions,

Expérience 97.

et c'est précisément pourquoi nous les voyons ; seulement il faut distinguer les corps lumineux par eux-mêmes, comme le soleil, les bougies et becs de gaz allumés, qu'on appelle sources lumineuses, et qui envoient leurs propres rayons, et les autres corps qui n'envoient que les rayons qu'ils reçoivent eux-mêmes : ceux-ci ne se voient pas dans l'obscurité, tandis que les premiers se voient très bien. (*Expérience 97.*)

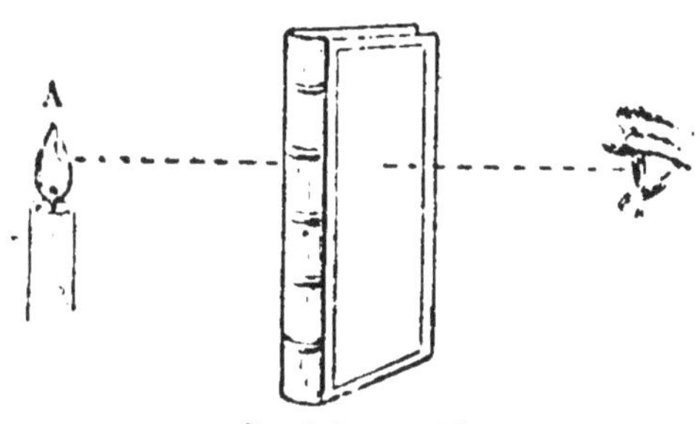

Expérience 98.

3. — Tous les corps ne se voient pas toujours. — Pour que nous voyions un corps, si nous n'employons pas d'instrument, il faut :

1° Que ce corps soit lumineux ou éclairé ;

2° Qu'il n'y ait aucun corps opaque, c'est-à-dire non transparent, sur la ligne droite qui joint ce corps à notre œil.

Ainsi nous n'apercevons pas la bougie A (*Expérience 98*) si nous plaçons un livre sur la ligne droite qui joint l'œil et la flamme.

Expérience 99.

4. — L'ombre portée par les corps éclairés. — Derrière le livre il n'arrive pas de lumière directement de la bougie ; toute la partie ainsi privée de lumière est dans l'ombre. Sur le mur placé derrière le livre, on aperçoit une partie obscure: c'est l'ombre formée par le livre ou l'ombre portée par le livre sur le mur. (*Expérience 99.*)

5. — **On peut écarter de sa route un rayon lumineux.** — On peut cependant faire dévier un rayon lumineux de

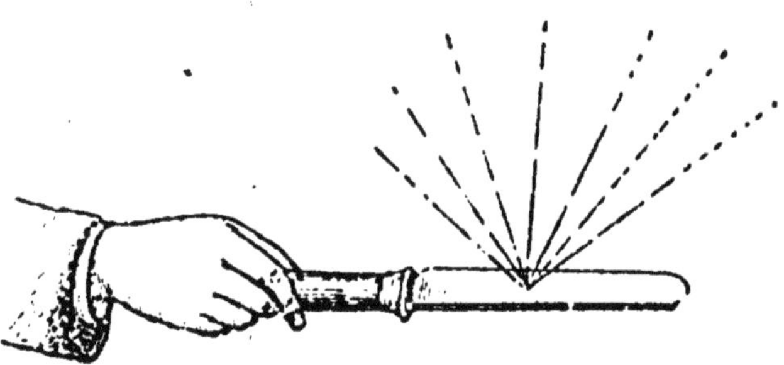

Expérience 100

sa direction rectiligne, si on reçoit ce rayon sur une surface bien polie.

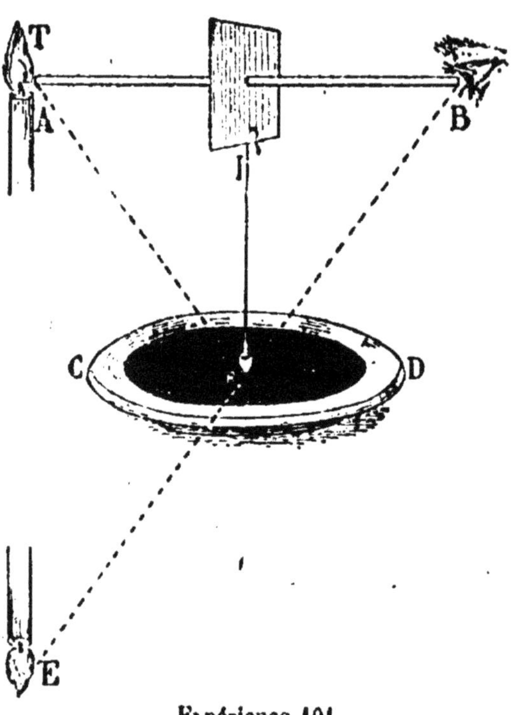

Expérience 101.

Il suffit d'une simple lame de couteau pour renvoyer la lumière du soleil dans un grand nombre de directions; si l'on modifie l'inclinaison du couteau, les rayons renvoyés ou réfléchis changent immédiatement de direction. (*Expérience 100.*)

6. — **Réflexion de la lumière.** — Etudions de plus près ce phénomène qu'on appelle réflexion de la lumière.

AB est une règle placée bien horizontalement. En son milieu se trouve un carton afin d'empêcher l'œil situé en B de voir la bougie placée en A. Au carton est suspendu un fil à plomb qui tombe dans l'eau contenue dans l'assiette CD. Cette eau est un peu noircie avec de l'encre afin que sa surface réfléchisse mieux la lumière. Si l'œil regarde e point de rencontre R du fil et de l'eau, il croit apercevoir en E la bougie renversée. (*Expérience 101.*)

Voici ce qui s'est passé. Parmi les rayons qui partent de la bougie dans toutes les directions, il en est qui ont rencontré l'eau au point R ; là, ils ont été réfléchis, ont pris la direction RB et sont arrivés à l'œil. Donc,

1er principe : le rayon lumineux et le rayon réfléchi forment des angles égaux avec la perpendiculaire RI.

De plus, comme par habitude l'œil place les objets lumineux sur le prolongement des rayons qui lui arrivent, il a vu, non la bougie, mais *l'image* de la bougie sur le prolongement de BR, en E. Remarquons que EC = CT et qu'il en est ainsi de tous les points correspondants de la bougie et de l'image.

2e principe : l'image n'est pas disposée comme l'objet, elle est symétrique de l'objet.

7. — **Ce que c'est qu'une image symétrique.** — Tous les élèves connaissent les dessins symétriques ; ils en

Expérience 102

font quand ils dessinent quoi que ce soit sur une demi-feuille de papier et qu'ils appliquent ce dessin encore frais sur l'autre moitié de la feuille.

Pliez une feuille en deux ; ouvrez-la ; dessinez à l'encre ou au fusain, par exemple les lettres BL sur une moitié et refermez la feuille : vous obtiendrez le dessin ci-contre : la trace JЯ est le dessin *symétrique* des premiers. (*Expérience 102.*)

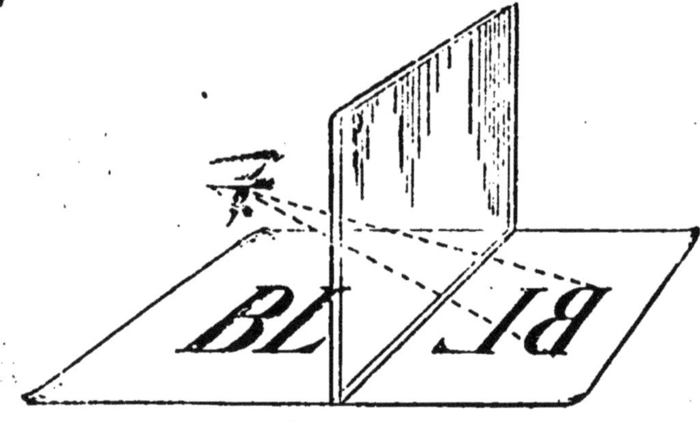

Expérience 103.

Placez une vitre verticalement sur une feuille de papier blanc ; dessinez des lettres sur un des côtés de la feuille ; placez-vous du même côté, regardez obliquement la vitre et vous apercevrez les lettres de l'autre côté, mais les lettres symétriques. (*Expérience 103.*)

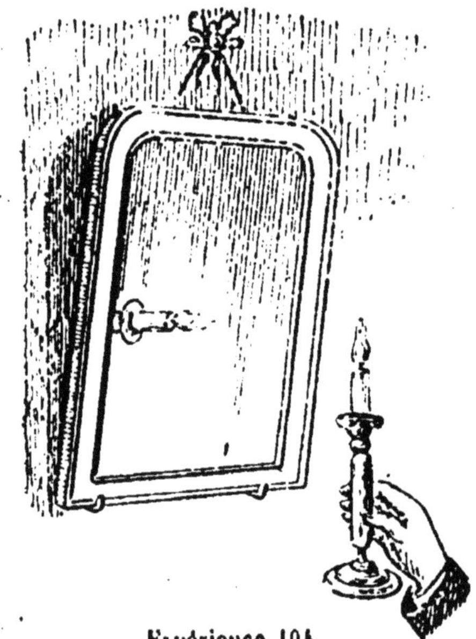

Expérience 104

C'est parce que l'image formée par une glace est symétrique de l'objet et non égale ou identique à cet objet que nous ne nous voyons jamais tels que nous sommes dans un miroir ; qu'il est difficile d'exécuter un travail quelconque auquel on est bien habitué, comme enfiler une aiguille, écrire ou dessiner, si on examine attentivement dans une glace ce que l'on fait ; qu'un objet vertical vu dans une glace inclinée à 45° est vu horizontal ; que si nous approchons d'une glace notre image se rapproche, si nous nous éloignons, elle s'éloigne. (*Expérience 104.*)

RÉFLECTEURS.

8. — Les miroirs courbes. — Les glaces ou miroirs plans sont ceux dont nous nous servons le plus souvent ; mais on utilise aussi des miroirs courbes, soit comme *réflecteurs* en les plaçant derrière les lampes pour éclairer dans une direction déterminée, soit pour obtenir des images de diverses formes ou de diverses grandeurs.

On voit très bien ces images lorsqu'on examine une bulle de savon. Les objets bien éclairés, une bougie par exemple, y forment *plusieurs* images, *deux* en particulier plus petites que l'objet. Au point A, l'image est droite ; elle est formée par la surface courbe convexe CD ; au point B, elle est renversée et formée par la surface courbe concave EF. (*Expérience 105.*)

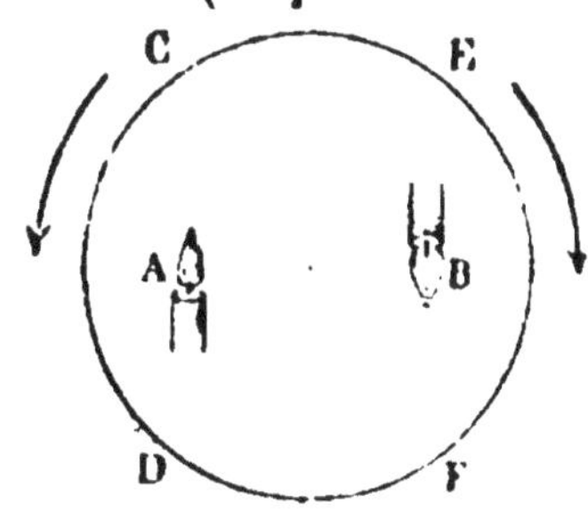

Expérience 105

RÉSUMÉ.

1 La lumière se propage en ligne droite, par des rayons que les corps lumineux ou éclairés envoient dans toutes les directions

2. Nous ne voyons pas les corps lumineux ou éclairés si un corps opaque est placé sur la droite qui joint le corps lumineux à notre œil, le corps opaque qui nous cache le corps lumineux donne de l'ombre.

3. Les rayons lumineux qui tombent sur une surface polie sont réfléchis, les rayons lumineux et les rayons réfléchis forment des angles égaux avec la perpendiculaire, et l'image qu'ils forment est symétrique de l'objet.

4 Les miroirs courbes produisent plusieurs images.

QUESTIONS DE CERTIFICAT D'ÉTUDES.

Devoir 104. — 1 Comment se propage la lumière? — 2. Quels sont les corps qui nous envoient de la lumière? — Qu'appelez-vous sources lumineuses? — 3. Qu'appelez-vous corps opaques? — Qu'arrive-t-il quand un corps opaque se trouve sur la ligne droite qui joint notre œil à une lumière? — 4. Expliquez comment l'ombre se forme. — 5. Comment écarte-t-on de leur route les rayons lumineux? — Qu'arrive-t-il si l'on change l'inclinaison du couteau?

Devoir 105 — 6 Parlez de l'expérience 101. — Enoncez le 1er principe. — Qu'est-ce que le rayon lumineux? — Pourquoi l'œil ne peut-il voir la bougie placée en A? — Enoncez le 2e principe D'ordinaire, où l'œil place-t-il les objets lumineux? — A quelle distance de la surface de l'eau voit-on l'image? — 7. Comment peut-on obtenir un dessin symétrique? — Comment nous voyons nous dans un miroir? — 8. Quelles sont les deux images principales produites par les miroirs courbes?

DEVOIRS D'INTELLIGENCE ET DE RÉFLEXION.

(*A préparer oralement avant de les mettre par écrit.*)

Devoir 106. — 1. Nommez cinq corps lumineux par eux-mêmes. — 2. La lune qui éclaire la terre parce qu'elle reçoit et réfléchit les rayons du soleil, est elle une source lumineuse? — 3 Qu'arrive-t-il quand la lune se trouve en ligne droite entre a terre et le soleil? — 4. Et quand c'est la terre qui se trouve en ligne droite entre la lune et le soleil? — 5. Croyez vous que la terre, qui est une sphère éclairée par le soleil, produise une ombre dans l'espace?

Devoir 107. — 6 Quel phénomène obtenez-vous quand vous recevez les rayons du soleil sur un morceau de glace que vous inclinez entre les doigts ? — 7. Pourquoi un arbre, une maison, paraissent-ils renversés dans l'eau ? — 8. Pourquoi, quand nous nous regardons dans une glace, et que nous levons le bras droit, est-ce le bras gauche de l'image qui se lève ? — 9. Pourquoi ne peut on voir une lumière si on la regarde au moyen d'un tube coudé ?

PROBLÈMES.

47. La lumière parcourt 300.000 kilomètres par seconde. Sachant que la terre est éloignée du soleil de 38 millions de lieues, trouvez le temps qu'il faut à la lumière pour franchir la distance du soleil à la terre ?

48. Combien de temps mettrait un train express à raison de 100 kilomètres à l'heure pour parcourir une distance de 38 millions de lieues, c'est-à-dire la distance du soleil à la terre ? trouver ensuite le rapport des deux vitesses, ou combien de fois la lumière court plus vite que ce train.

RÉDACTIONS.

76. Expliquez la formation des images dans un miroir et pourquoi elles sont renversées dans l'eau. N'oubliez pas la comparaison des dessins symétriques.

77. Enumérez, avec quelques mots d'explication, les nombreuses applications de la réflexion de la lumière : lanternes, miroirs, glaces dans les magasins pour faire paraître les étalages plus grands ; miroirs parallèles se regardant, télescopes, etc.......

LECTURE XVIII.

Influence de la lumière sur les êtres vivants.

La lumière est une des premières conditions de vie pour les végétaux. Dans l'obscurité les plantes perdent leur matière verte et s'étiolent. Les jardiniers privent de lumière les légumes, salades, céléri..., qu'ils veulent faire blanchir.

Examinez une plante placée devant une fenêtre. La partie tournée du côté de l'appartement est plus chétive que celle qui est en pleine lumière ; et si vous voulez rétablir l'équilibre, il faut chaque jour modifier l'orientation de la plante.

Dans les forêts trop touffues, l'accroissement des arbres se fait surtout en hauteur, du côté le plus éclairé ; les arbres sont minces, élancés, mais ils grossissent peu. Il en est de même des céréales qu'on a semées trop dru.

« Toutes les fois que la lumière est abondante, la croissance des végétaux est rapide. Ainsi à Paris la croissance complète du blé, depuis la reprise de a végétation au printemps jusqu'à la moisson, dure 122 jours et exige une somme de températures moyennes s'élevant à 1970°, tandis qu'à Lynden, cap Nord, là où le soleil brille pendant tout l'été sans presque se coucher, la végétation dure 72 jours et n'exige que 675°.

« Peu importe, au point de vue du rendement, que l'été soit chaud ou froid, l'année précoce ou tardive, le rendement dépend uniquement de l'éclairement Le blé, par exemple, reçoit toujours dans nos climats assez de chaleur pour arriver à maturité, mais il ne reçoit pas toujours assez de lumière, et les mauvaises récoltes de certaines années pluvieuses sont causées, non par le défaut de chaleur, mais par le défaut de lumière. »

E. Bouant, *Dictionnaire de chimie.*

Voici d'ailleurs une expérience probante sur le rendement des végétaux suivant la quantité de lumière qu'ils reçoivent.

On a planté des tubercules de pommes de terre d'égale grosseur dans le même terrain ; on les a recouverts, le premier d'une cloche noire, le 2e d'une cloche violette, le 3e d'une cloche incolore. Les rendements ont été les suivants :

Sous la cloche noire : 210 gr.
Sous la cloche violette : 420 gr.
Sous la cloche incolore : 610 gr.

ou sensiblement comme les nombres 1, 2 et 3.

De tels résultats se passent de commentaires.

La lumière n'est pas moins importante pour les animaux.

Dans les rues basses, étroites, à peine éclairées, les habitants sont pâles, anémiques ; leurs organes languissent dans l'atonie ; au contraire, ceux qui vivent sous les rayons éclatants de la lumière deviennent, en général, colorés, forts, agiles, et leurs fonctions s'exécutent avec énergie. « Le médecin entre là où le soleil ne pénètre pas, » dit un proverbe italien, qui montre combien est importante pour la santé l'influence de la lumière solaire.

Il paraît prouvé aujourd'hui que l'action lente et continue de la lumière solaire sur les microbes est telle que, s'ils ne sont pas détruits, leur puissance est considérablement modifiée ; ce qui est d'accord avec cet autre fait que les épidémies de maladies microbiennes coïncident avec des temps sombres, nuageux et sans soleil.

DEVOIRS DE RÉCAPITULATION

Sur les huit premières leçons de physique.

Devoir 108. — 1. Qu'est-ce que la pesanteur? — 2. Quels sont les gaz reconnaissables à leur odeur? — 3. Qu'appelle-t-on point de fusion des solides? — 4. Quand est-ce qu'un corps se dilate? — 5. Quelle forme prend un liquide versé dans un vase? — 6. Comment se dispose la surface de ce liquide? — 7. Qu'est-ce que la pompe aspirante? — 8. Combien de parties renferme-t-elle? — 9 Comment les vibrations des corps se transmettent-elles à l'oreille? — 10. Comment se propage la lumière?

Devoir 109. — 11. Quels sont les corps qui nous envoient de la lumière? — 12. Comment prouve-t-on que les liquides se dilatent? — 13 Que deviennent les liquides que l'on refroidit? — 14. Qu'est-ce qu'une balance juste? — 15. Qu'appelez-vous vases communicants? — 16. Qu'appelle-t-on coup de piston? — 17. Les liquides et les solides conduisent-ils le son? — 18. Qu'appelez-vous sources lumineuses? — 19. Et corps opaque? — 20. On dit que les gaz sont compressibles: qu'entend-on par là?

Devoir 110. — 21. Qu'arrive-t-il lorsque la pluie s'infiltre sur une colline, entre deux couches imperméables? — 22. Quand est-ce qu'une pompe aspirante est amorcée? — 23 Qu'est-ce que le tirage de la cheminée? — 24. Les liquides, en se solidifiant, augmentent-ils ou diminuent-ils de volume? — 25. Qu'est-ce qu'une balance sensible? — 26. Comment appelle-t-on la force avec laquelle un gaz se détend? — 27. Combien le son parcourt-il de mètres par seconde dans l'air? — 28. Qu'appelle-t-on hauteur des sons? — 29. Comment peut-on écarter de leur route les rayons lumineux? — 30. Qu'entendez-vous par la poussée des liquides sur les corps qui y sont plongés?

Devoir 111. — 31. Qu'arrive-t-il quand on comprime un gaz? — 32. Qu'est-ce que le principe d'Archimède? — 33. Que savez-vous de la poussée de l'eau salée? — 34. Quelle est la force qui fait monter l'eau dans les pompes? — 35. A quelle hauteur une pompe aspirante simple peut-elle élever l'eau? — 36. Qu'est-ce que décanter un liquide? — 37. Qu'est-ce qui produit le vent? — 38. Comment nous voyons-nous dans un miroir? — 39. Quelles sont les deux images principales produites par les miroirs courbes? — 40. A quoi sert le siphon?

Devoir 112. — 41. A quoi sert le thermomètre? — 42. Comment gradue-t-on le thermomètre à mercure? — 43. Pourquoi les vases remplis d'eau éclatent-ils quand il gèle? — 44. Qu'appelez-vous évaporation? — 45. Qu'est-ce que la densité d'un corps? — 46. Comment trouve-t-on la densité d'un corps? —

47. Qu'entend-on par la pression atmosphérique? — 48. Quelle colonne d'eau soutient la pression atmosphérique ? — 49. Qu'est-ce que le baromètre? — 50. A quoi est due la hauteur des sons dans les instruments à cordes ?

Devoir 113. — 51. Qu'est-ce que chanter à l'unisson?. — 52. Quelle est la température moyenne de l'homme? — 53. Quel est le moyen d'activer l'évaporation d'un liquide? — 54. Pourquoi ne faut-il pas se placer dans un courant d'air quand on est en sueur? — 55. Qu'est-ce que chanter juste ? — 56. Comment faut-il chanter ? — 57. Qu'est-ce que les brouillards et comment se forment-ils? — 58. De quelle colonne se sert-on, dans la pratique, pour mesurer la pression atmosphérique? — 59. A quoi sert le baromètre? — 60. Quelles sont les diverses parties d'une machine à vapeur?

DIX-NEUVIÈME LEÇON.

LA LUMIÈRE.

RÉFRACTION — LENTILLES.

1. — **Les corps transparents font dévier les rayons lumineux.** — Nous avons vu que la réflexion d'un rayon lumineux a pour effet d'en changer la direction; un

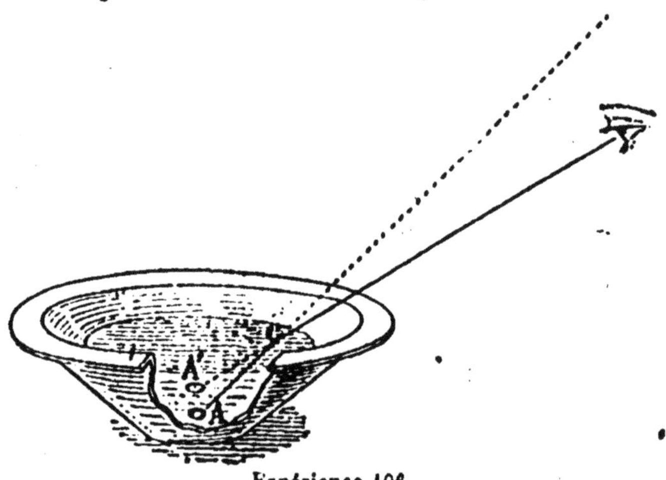

Expérience 106.

rayon lumineux dévie également lorsqu'il traverse un corps transparent; dans ce cas la déviation prend le nom de *réfraction*.

On met une pièce de monnaie A dans une cuvette ; puis on s'éloigne jusqu'à ce qu'on n'aperçoive plus la pièce. A ce moment, le rayon parti de A, rasant le bord de la cuvette, passe au-dessus de l'œil. On fait alors verser de l'eau dans la cuvette, et l'œil, bien qu'il n'ait pas bougé, aperçoit la pièce A. (*Expérience 106.*)

2. — **Expliquons ce phénomène.** Un des rayons partis de A, en passant de l'eau dans l'air s'est brisé en C; la partie aérienne de ce rayon est arrivée à l'œil, et l'œil a placé le point A sur le prolongement de cette partie du rayon, c'est-à-dire en A'. De même pour tous les autres points de la pièce, de telle sorte que, vue à travers l'eau, la pièce *paraît* plus élevée qu'elle ne l'est réellement.

Il en est ainsi pour tous les objets placés dans l'eau, lorsque nous regardons obliquement la surface du liquide ; c'est pourquoi un bâton plongé en partie dans l'eau paraît coudé.

Quand l'eau courbe un bâton, ma raison le redresse (1).

Il vous sera facile maintenant de comprendre ce vers de la Fontaine.

3. — **Les lentilles en cristal.** — Parmi les corps transparents qui font réfracter

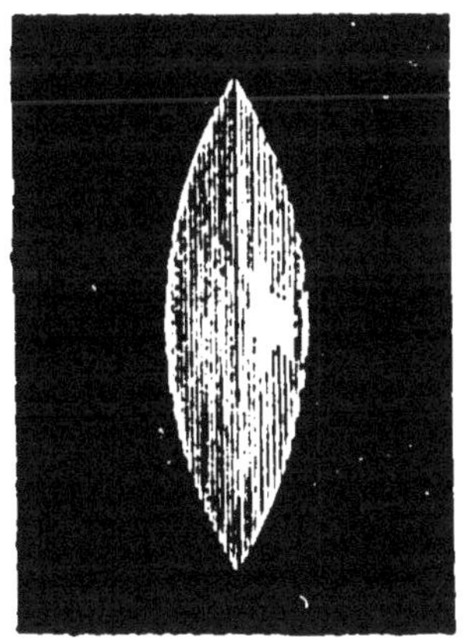
LENTILLE.

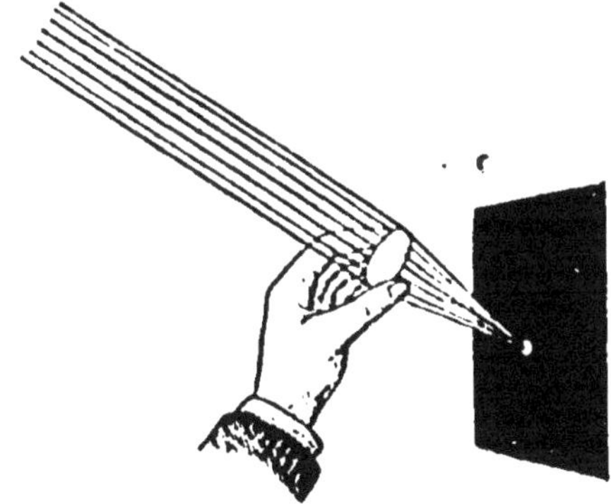
Expérience 107.

les rayons lumineux, on utilise surtout le cristal. On

(1) La Fontaine, *Un animal dans la Lune*, livre VII.

le taille de différentes façons, particulièrement en forme de graine de lentille, d'où le nom de *lentilles* que l'on donne aux morceaux de cristal ronds et plus épais au milieu que sur les bords.

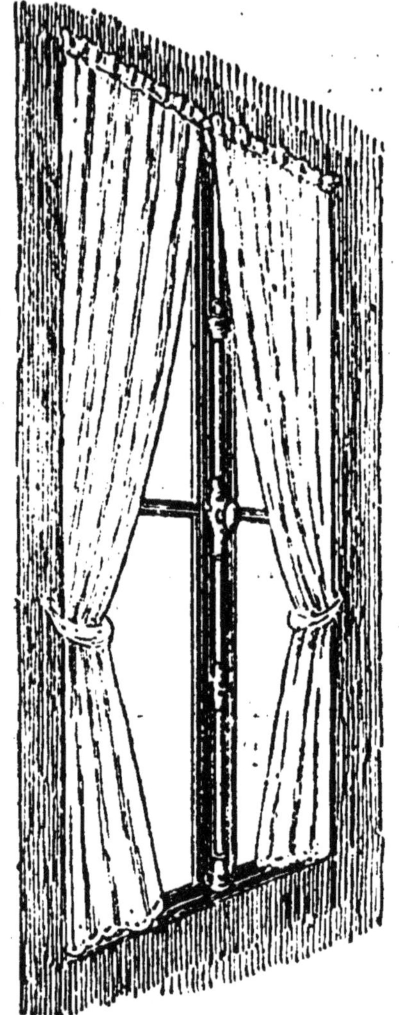

4. — Propriétés des lentilles Dirigeons une lentille vers le soleil, et de l'autre côté promenons près de la lentille une feuille de papier. Nous verrons sur cette feuille une tache blanche qui sera plus ou moins large et plus ou moins éclairée, suivant la position de la feuille. En tâtonnant un peu, nous trouverons une position où la tache sera très petite et très éclairée.

Si, à ce point, nous met-

Expérience 108

tons un petit morceau de laine noire, nous ne tarderons pas à le voir prendre feu. (*Expérience 107.*)

1re PROPRIÉTÉ. — Les lentilles ont donc la propriété de réunir ou de concentrer les rayons lumineux ; le point où la tache est très petite et très éclairée, où l'étoffe prend feu, s'appelle le *foyer* de la lentille.

Tournons la même lentille du côté d'un objet bien éclairé, une fenêtre, une bougie, en tenant la lentille à quelque distance de cet objet, et promenons encore de l'autre côté une feuille de papier, nous verrons sur cette feuille l'image *nette* mais *renversée* de la fenêtre, de la bougie. (*Expérience 108.*)

2ᵉ PROPRIÉTÉ. — Les lentilles ont la propriété de former des images que l'on peut recevoir sur une surface ; la surface qui reçoit l'image porte le nom d'écran.

5. — **L'appareil du photographe** — Dans l'appareil du photographe, il y a une lentille A qui forme les images et un écran B qui les reçoit, comme dans l'expérience ci-dessus.

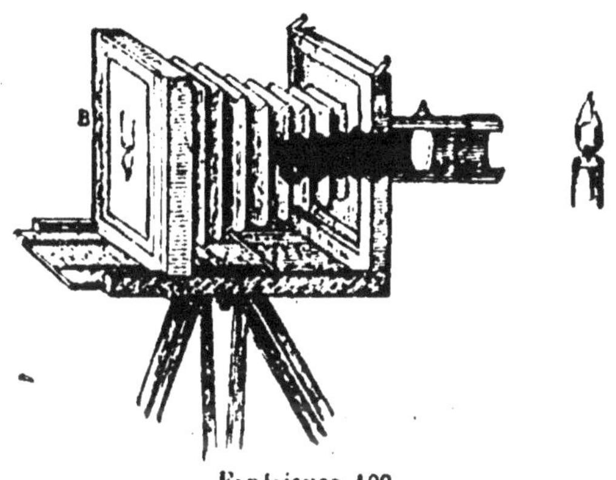

Expérience 109.

Cet écran est enduit d'une matière particulière qui permet de conserver les images. (*Expérience 109.*)

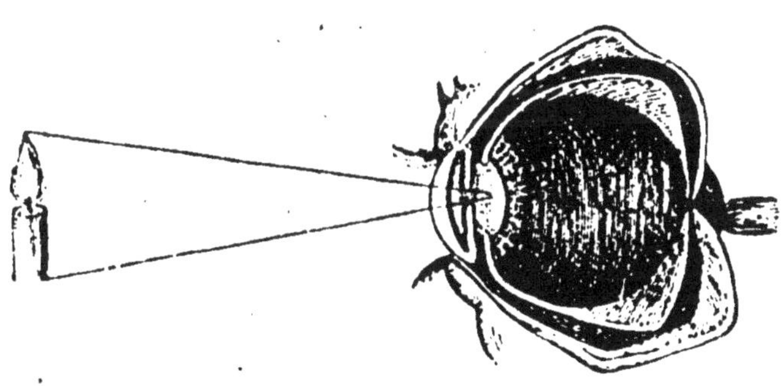

6. — **La lentille de notre œil** — Dans notre œil, il y a également une lentille qu'on appelle *cristallin*, et un

LA LOUPE

écran qui est le nerf de l'œil. Les objets que nous voyons forment dans l'œil une image comparable à celle que vous venez d'apercevoir sur le papier de l'expérience.

7. — La loupe et le microscope grossissent les objets. — Approchons la lentille d'un objet assez petit; tenons-la par exemple à quelques centimètres des petites lettres d'un livre : nous les voyons agrandies.

Ici la lentille nous a servi de *loupe* pour grossir les objets.

Il y a des appareils formés de plusieurs lentilles qui grossissent encore bien plus que la loupe ; ils grossissent 100, 200, 500 fois : ce sont les microscopes ; ils rendent de grands services pour l'étude et la recherche des corps excessivement petits.

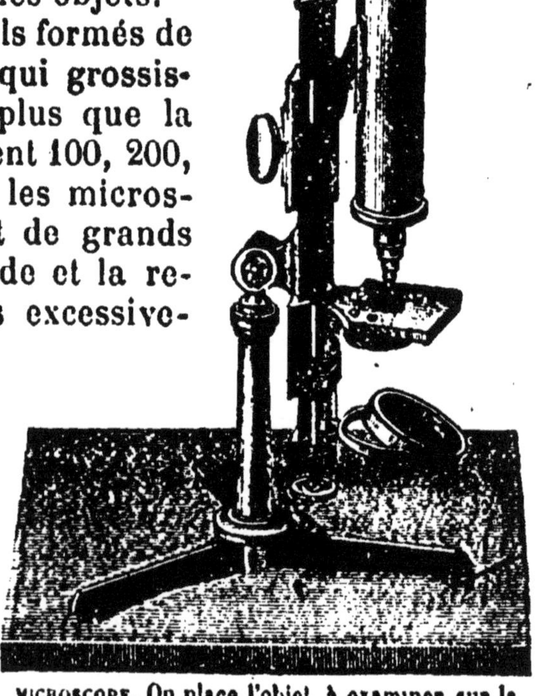

MICROSCOPE. On place l'objet à examiner sur la platine A, et l'on met l'œil en B.

8. — Les lentilles concaves. — Enfin il existe des lentilles inverses des précédentes, c'est-à-dire des lentilles qui sont creuses au lieu d'être bombées ; leurs bords sont plus épais que leur milieu.

Au lieu de rapprocher les rayons lumineux, ces lentilles les font écarter ou *diverger* ; les objets vus

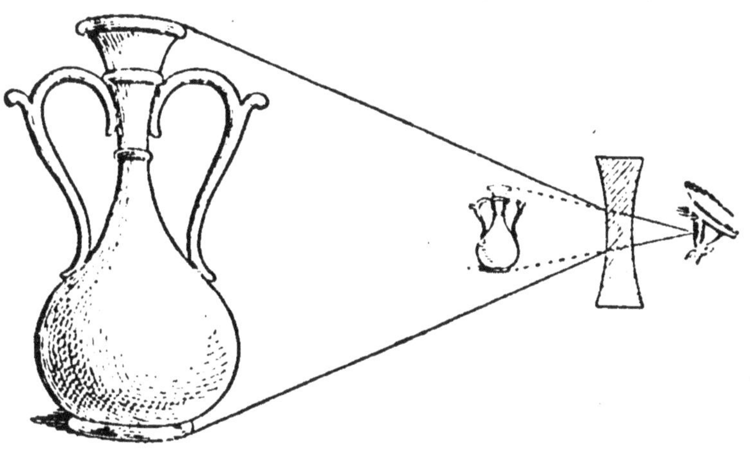

LES LENTILLES CONCAVES

au travers de semblables lentilles, paraissent toujours *plus petits*.

9. — **Les lunettes d'approche emploient les deux sortes de lentilles.** — Si vous possédez deux lentilles, l'une bombée ou convexe, l'autre creuse ou concave, regardez un objet au travers de ces deux lentilles en les plaçant dans la position indiquée par la figure : vous verrez cet objet rapproché. (*Expérience 110.*)

Expérience 110.

Les choses se passent ainsi dans les lunettes d'approche.

10. — **Les lunettes des myopes et des presbytes.** — Les lentilles servent encore comme verres à lunettes. Certaines personnes, les myopes, ne voient que les objets rapprochés de leur œil; cela provient de ce que leur cristallin étant trop bombé, rapproche trop vite les rayons lumineux.

Au moyen de lunettes à lentilles concaves, on fait diverger ces rayons avant qu'ils entrent dans l'œil.

D'autres personnes, les presbytes, ne voient que les objets éloignés, leur cristallin trop aplati ne rapproche pas assez vite les rayons lumineux; on aide le cristallin en plaçant devant l'œil une lentille bombée qui commence à les rapprocher avant leur entrée dans l'œil.

Il faut s'habituer, quand on est jeune, à ne jamais regarder les objets de trop près sous peine de se rendre myope; les élèves feront donc bien de ne pas pencher la tête sur leur cahier quand ils écrivent.

RÉSUMÉ.

1. Les rayons lumineux se réfractent en traversant les corps transparents, solides, liquides ou gazeux.
2 On utilise les lentilles en cristal soit pour concentrer les rayons lumineux en un point, soit pour recevoir sur un écran l'image des objets
3. L'appareil du photographe se compose simplement d'une lentille convexe et d'un écran.
4. Notre œil contient aussi une lentille convexe, le cristallin, et un écran, qui est le nerf de l'œil.
5. La loupe n'est autre chose qu'une lentille convexe; le microscope est composé de plusieurs lentilles.
6. Les lunettes d'approche contiennent une lentille convexe et une autre concave; les lunettes de myope sont des lentilles concaves, et celles de presbyte, des lentilles convexes

---

QUESTIONS DE CERTIFICAT D'ÉTUDES.

Devoir 114. — 1. Quand est-ce qu'un rayon lumineux se réfléchit? — Quand se réfracte-t-il? — 2. Pourquoi la pièce de monnaie se voit-elle quand on a mis de l'eau dans la cuvette? — Pourquoi un bâton plongé en partie dans l'eau paraît-il coudé?— 3. Quel corps utilise-t-on parmi les corps transparents? — Comment taille t-on le cristal? — D'où vient le nom de lentille que l'on donne au cristal taillé? — 4. Parlez de l'expérience 107. — Que prouve cette expérience? — Comment s'appelle le point où les rayons lumineux se concentrent? — Parlez de l'expérience 108 — Que prouve-t elle?

Devoir 115. — 5. Que trouve-t-on dans l'appareil du photographe? — Sur quoi est reçue l image dans l'intérieur de l'appareil? — Que présente de particulier l'écran qui reçoit l'image? — 6. Comment appelle-t-on la lentille qui est dans notre œil? — Et l'écran qui reçoit les rayons dans notre œil? — 7. Qu'est-ce qu'une loupe? — De quoi est-elle composée? — Et un microscope? — A quoi sert-il? — 8. Qu'appelle-t-on lentilles concaves? — Quelles sont les propriétés de ces lentilles?

Devoir 116. — 9. Parlez de l'expérience 110. — Que prouve-t-elle? — A quoi servent les lorgnettes et les jumelles de théâtre? — 10. Quand est-ce qu'un homme est myope? — Pourquoi le myope ne voit il que les objets rapprochés de son œil? — Quelles lentilles ou verres faut-il à ses lunettes?— Quand est ce qu'un homme est presbyte? — Quelle est la cause de la presbytie? — Comment y remédie-t-on? — Pourquoi votre maître vous recommande-t-il souvent de lever la tête en écrivant?

DEVOIR D'INTELLIGENCE.

(A préparer oralement av[illegible]t de le mettre par écrit.)

Devoir 117. — 1. Que doit-il arriver lorsque le cristallin d'un œil s'aplatit? — 2. Lorsqu'il se courbe trop? — 3. Et lorsqu'il devient opaque, c'est-à-dire quand il ne laisse plus passer les rayons lumineux? — 4. Quand du bord de la rivière nous voyons un poisson, le voyons-nous à la place véritable qu'il occupe? — 5. Le voyons-nous trop bas ou trop haut? — 6 Si nous voulions le tuer, où faudrait-il viser? — 7. Pourquoi les cordonniers, pour travailler le soir avec une simple chandelle, se servent-ils quelquefois d'une boule pleine d'eau qu'ils suspendent entre la chandelle et le soulier? — 8. Expliquez pourquoi une rivière, un étang paraissent moins profonds qu'ils ne sont en réalité.

RÉDACTIONS.

78. Dites ce que c'est qu'une lentille convexe et quelles en sont les propriétés. Montrez ensuite que l'appareil du photographe et l'œil de l'homme se composent surtout d'une lentille concentrant l'image sur un écran.

79. Dites ce que vous savez de la loupe, du microscope, des lunettes ou lorgnettes, et des lunettes des myopes et des presbytes.

LECTURE XIX.

Les lunettes.

Il y a une chose aussi belle que le jour, ce sont les yeux; il en est une plus terrible que la nuit, la cécité. Voir, c'est vivre, c'est posséder, c'est marcher, c'est se défendre; mais, hélas! de quelle façon voyons-nous? A vingt ans, nos yeux nous appartiennent complètement, et l'espace est à nous; mais peu à peu ce beau royaume qu'on appelle le monde nous échappe province à province; vient la vieillesse qui nous mesure le nombre d'heures où nous pouvons le regarder; bientôt nous ne voyons plus qu'à trente pas, qu'à dix; ce caractère est trop fin, impossible de le lire; cet objet est trop éloigné, nous ne le distinguons pas. Adieu les veillées du savant! ses organes font défaut à son génie. Prends garde à toi, vieillard qui t'aventures dans la rue, cette voiture va t'écraser. Pleurez, vous tous, artistes, riches, pauvres, ouvriers, la cécité s'avance! Pleurez!... A moins que quelque fée bienfaisante ne vienne réparer l'ouvrage détruit de la nature... La fée est venue, un talisman est dans sa main, talisman grossier, dont le nom est vulgaire, dont la forme est commune, dont la matière est sans prix, mais qui est sublime cependant; sais-tu ce que c'est?... Les lunettes. Tu entendras dire souvent: « Ne prenez pas de lunettes, cela use les yeux. » La vérité est précisément le contraire. Les lunettes ne prolongent pas seulement nos regards, elles conservent nos yeux. Lire avec difficulté, c'est lire avec effort; lire avec effort, c'est se fatiguer pour lire; se fatiguer, c'est s'user. Sais-tu à quoi je compare les lunettes? Aux mères des petits oiseaux, qui triturent et broient le grain pour n'offrir qu'une nourriture facile aux organes délicats de leurs petits. Eh bien! les lunettes facilitent à nos yeux la digestion de la lumière, en faisant pour notre vieille prunelle ce qu'elle ne peut plus faire, en rassemblant les rayons épars, en les réunissant en faisceau et en les faisant pénétrer ainsi condensés dans notre pupille; c'est exactement le rôle des mères oiseaux. Ayant affaire à des estomacs délicats, elles modifient la nourriture pour leur rendre la besogne plus aisée.

E. Legouvé. *Nos fils et nos filles.* (Hetzel.)

VINGTIÈME LEÇON.

L'ÉLECTRICITÉ — LA FOUDRE.

1. — Prenons un morceau de papier bien sec (on l'obtient ainsi en l'exposant pendant quelques instants au-dessus d'un réchaud bien allumé) ; frottons-le avec la main, également bien sèche : nous pouvons constater qu'il attire les corps légers ; barbes de plume, sciure de bois, petits brins de paille, de papier,... etc. (*Expérience 111.*)

Répétons la même expérience avec une tige de verre, un porte-plume en ébonite, du soufre, de la cire à cacheter : nous constaterons le même phénomène. (*Expérience 112.*)

On donne le nom d'*électricité* à la force en vertu de laquelle des corps frottés attirent d'autres corps. Les corps frottés sont dits *corps électrisés* et l'attraction est un *phénomène électrique.*

2. — **Il y a deux sortes de corps électrisés.** — Tous les corps s'électrisent par le frottement Les uns, comme ceux que nous venons de citer, peuvent s'électriser même quand on les tient à la main, parce que l'électricité développée sur ces corps reste à peu près à l'endroit frotté, ne se répand pas rapidement dans toute la masse et ne se transmet pas à la main : on les appelle *mauvais conducteurs* de l'électricité.

Les autres, comme les métaux, ne s'électrisent qu'à la condition de n'être pas en contact avec la main ; on les appelle *bons conducteurs* parce qu'ils conduisent bien l'électricité, de sorte qu'elle se répand vite sur les corps environnants. Ce sont ces corps bons conducteurs qu'on emploie pour conduire l'électricité d'une ville à une autre, dans les télégraphes, les sonneries électriques...

Le corps de l'homme et des animaux, la terre,

l'eau, l'air humide sont aussi des corps bons conducteurs;

3. — **L'étincelle électrique.** — Sur une feuille de papier fortement électrisée, plaçons un corps bon conducteur (une pièce de 5 francs, un papier d'étain), et approchons le doigt du métal : nous entendons un petit bruit sec. Si l'expérience a lieu dans une demi-obscurité, nous voyons une lueur jaillir entre le métal et le doigt. (*Expérience 113.*)

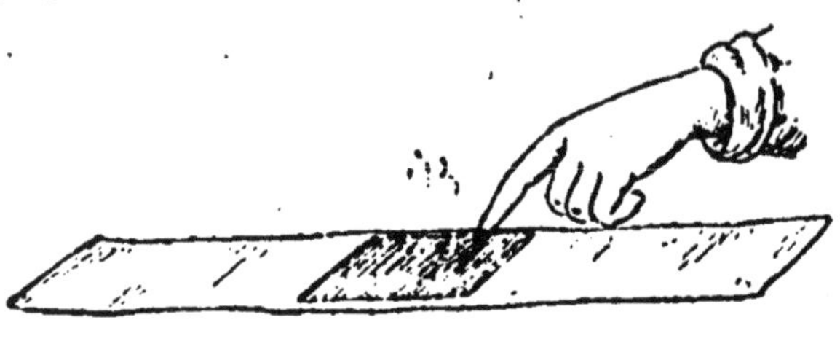

Expérience 113.

Cette lueur est une étincelle électrique ; elle permet de reconnaître si un corps est électrisé.

4. — **Les corps électrisés se repoussent ou s'attirent.** On frotte séparément et de la même façon deux feuilles de papier; si on approche l'une de l'autre, *elles se repoussent.* (*Expérience 114.*)

Deux morceaux de verre frottés et suspendus chacun à un fil *se repoussent* également dès qu'on approche l'un de l'autre. (*Expérience 115.*)

Au contraire, si on approche le verre électrisé du papier électrisé, *il y a attraction.* (*Expérience 116.*)

Ainsi donc :

1° Deux corps électrisés de la *même façon se repoussent* ;

2° Deux corps électrisés de *façon différente s'attirent.*

En continuant l'expérience avec d'autres corps, on verrait que les uns sont repoussés par le verre frotté, les autres par le papier frotté.

Ce qui conduit à admettre que les premiers s'électrisent comme le papier, et les seconds, comme le verre.

Retenons aussi les deux lois suivantes :

3° Un corps électrisé électrise à son tour un corps *mauvais* conducteur avec lequel il est mis en contact ;

4° Un corps électrisé perd son électricité quand il est mis en contact avec un corps *bon* conducteur.

5. — **La danse des pantins.** — Sur deux livres, on pose une lame de verre électrisée ; au-dessous, on répand quelques parcelles de bouchon ou de sciure de bois. On voit les petits corps attirés par la vitre, puis repoussés, monter et redescendre plusieurs fois. (*Expérience 117.*)

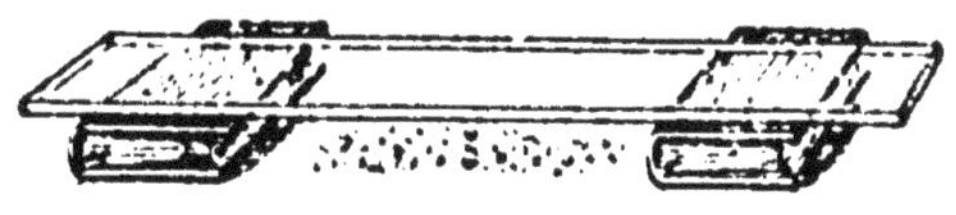

Expérience 117.

Les lois 3, 1 et 4 expliquent ce singulier phénomène.

6. — **Les corps peuvent s'électriser par influence.**

Au-dessus d'une feuille de papier frotté, suspendons deux balles de sureau retenues par des fils de soie : les deux balles s'écartent l'une de l'autre. Elles sont donc électrisées, et électrisées de même façon. (*Expérience 118.*)

En approchant de l'une d'elles un bâton de verre frotté, on constaterait une répulsion ; elles sont donc électrisées comme le verre et de façon différente du papier. (*Expérience 119.*)

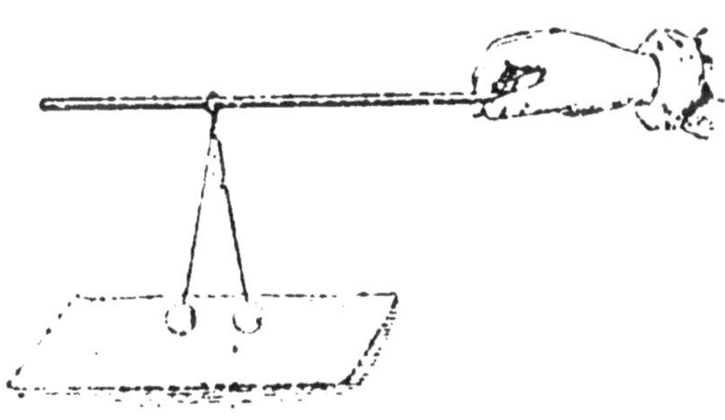

Expérience 118.

Les balles de sureau n'ont été électrisées ni par contact, ni par frottement, elles sont électrisées *par influence*.

7. — **Les pointes et les toiles métalliques empêchent les corps de s'électriser.**

Plaçons le papier électrisé au-dessus d'un pantin dont

les bras et les jambes sont mobiles; aussitôt nous voyons bras et jambes se diriger du côté du papier. (*Expérience 120.*)

Mais plantons une aiguille dans la tête, ou bien plaçons une toile métallique entre le papier et le pantin, et celui-ci ne sera plus influencé par le corps électrisé. (*Expérience 121.*)

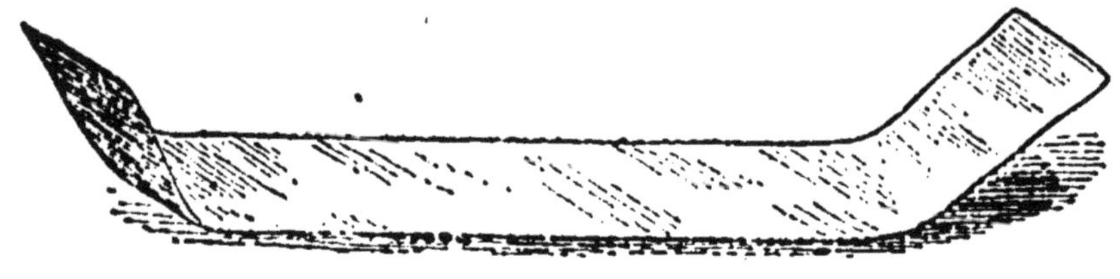

Expérience 120.

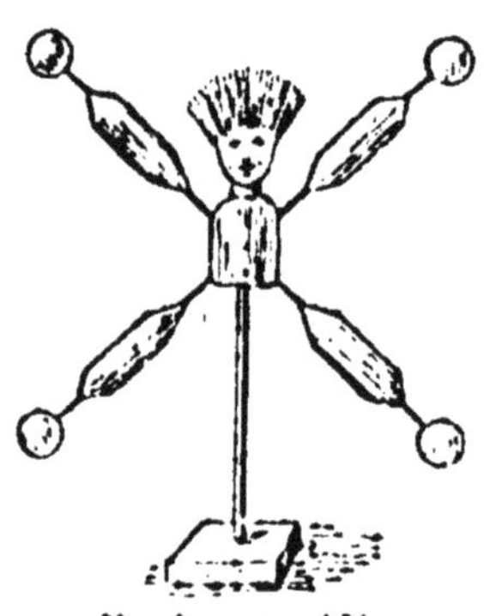

Expérience 121

Toutes ces expériences permettent d'expliquer ce qui se passe pendant les orages.

8. — **La foudre et le tonnerre.** — Dans l'atmosphère, il y a des nuages chargés d'électricité ; ils manifestent leur état électrique :

1° Par l'éclair ;
2° Par la foudre ;
3° Par l'influence qu'ils exercent sur les personnes et les objets placés sur le sol.

L'éclair jaillit entre deux nuages ; la *foudre*, entre un nuage et la terre, le *tonnerre* n'est autre chose que le bruit qui accompagne l'éclair et que tous les échos répercutent.

9. — **On peut se garantir de la foudre** — On peut neutraliser l'influence de la foudre en se plaçant : 1° dans une maison munie d'une ou plusieurs pointes ou paratonnerres en communication parfaite avec le sol ; 2° dans un édifice formé de barres métalliques assez rapprochées et qui agissent à la façon de la toile métallique de l'expérience 121.

On sait que les orages causent parfois de grands dégâts, surtout lorsqu'ils sont accompagnés de grêle.

10. — **L'électricité joue un rôle dans la végétation.** — L'électricité de l'air paraît jouer un rôle important dans la végétation ; on a souvent constaté l'influence bienfaisante de cette électricité atmosphérique en remarquant l'accroissement rapide des bourgeons et des jeunes pousses au moment des orages.

RÉSUMÉ.

1. Les corps frottés attirent les corps légers, par suite de l'électricité développée.
2. Il y a des corps bons conducteurs de l'électricité et des corps mauvais conducteurs.
3. Les corps s'électrisent par frottement, par contact ou par influence.
4. Les corps électrisés se repoussent ou s'attirent, selon qu'ils sont électrisés de la même façon ou différemment.
5. Les pointes et les toiles métalliques neutralisent l'influence de l'électricité.
6. L'éclair et la foudre ne sont autre chose que des phénomènes puissants d'électricité ; les paratonnerres mettent les maisons à l'abri de la foudre.
7. L'électricité paraît jouer un rôle dans la végétation.

QUESTIONS DE CERTIFICAT D'ÉTUDES.

Devoir 118. — 1. Quels phénomènes présentent les corps frottés ? — Comment s'appelle la force qui attire les corps légers ? Qu'appelez-vous corps électrisés ? — 2. Tous les corps s'électrisent-ils par frottement ? Qu'est-ce qu'un corps bon conducteur de l'électricité ? — Un corps mauvais conducteur ? — Faites une liste des corps bons conducteurs que vous connaissez et une liste des mauvais conducteurs. — 3. Qu'est-ce qu'une étincelle électrique ? — Comment se produit-elle ? — Parlez de l'expérience 113.

Devoir 119. — 4. Énoncez les quatre lois se rapportant aux corps électrisés. — 5. Parlez de la danse des pantins. — 6. Parlez de l'expérience 118. — De combien de manières un corps peut-il s'électriser ? (Voir résumé n° 3.)

Devoir 120. — 7. Parlez de l'expérience 120. — Comment peut-on empêcher le pantin de s'électriser? — 8. Qu'est ce que l'éclair? — la foudre? — le tonnerre? — 9. Comment peut-on garantir les édifices de la foudre? — 10. Dites ce que vous savez de l'influence de l'électricité sur la végétation

DEVOIR D'INTELLIGENCE.

(*A préparer oralement avant de le mettre par écrit*)

Devoir 121. — 1. Si je frotte une tige de cuivre, en la tenant à la main, va-t-elle s'électriser? Pourquoi? — 2. Les fils télégraphiques peuvent-ils conduire la foudre? — 3. Un fil de fer plongé dans l'eau ne peut pas conduire l'électricité Pourquoi? — 4. Comment donc se peut-il que l'électricité soit transmise à travers l'océan par des fils sous-marins? — 5. Pourquoi faut-il fortement chauffer les feuilles de papier pour les électriser? — 6. Pourquoi, dans la danse des pantins, les petits papiers ou boules de sureau s'élancent-ils vers la feuille électrisée? — 7. Pourquoi descendent-ils ensuite? — 8. Pourquoi ne faut-il pas s'abriter sous un arbre? — 9. Pourquoi ne faut-il pas sonner les cloches pendant l'orage?

RÉDACTIONS.

80. Les anciens croyaient que Jupiter, le père des dieux, faisait fabriquer la foudre par Vulcain et les Cyclopes, et qu'il la lançait ensuite sur la terre pour se venger des hommes qui l'avaient outragé.

Que pensez-vous de cette croyance? Expliquez ensuite ce que c'est que la foudre, l'éclair, le tonnerre, et dites quelles sont les précautions qu'il faut prendre en temps d'orage.

Racontez enfin l'histoire du cerf-volant de Franklin, si vous la connaissez.

81. Faites la description d'un orage. Dites si vous avez peur ou non des orages. Est-ce le tonnerre ou l'éclair qui vous impressionne le plus? — Pourquoi? (*Ardennes*. C. E. P.)

82. L'électricité, la foudre, le tonnerre. Expliquez comment les paratonnerres préservent de la foudre. (*Var*. C. E. P.)

83. Décrivez une ou deux expériences très faciles à réaliser pour montrer l'existence de l'électricité. Parlez de la foudre, des dangers qu'elle présente et des précautions à prendre pour les éviter dans la mesure du possible (*Marne*. C. E. P.)

LECTURE XX

Les premiers paratonnerres.

La partie du public qui, en matière de science, est réduite à juger sur parole, ne se prononce presque jamais à demi. Elle admet ou rejette tout avec emportement.

Les paratonnerres, par exemple, devinrent l'objet d'un véritable enthousiasme dont il est curieux de suivre les élans dans les écrits de l'époque.

Ici vous trouvez des voyageurs qui, en rase campagne, croient conjurer la foudre en mettant l'épée à la main contre les nuages, dans la posture d'Ajax menaçant les dieux ; là des gens d'église à qui leur costume interdit l'épée, regrettent amèrement d'être privés de ce talisman préservateur ; celui ci propose sérieusement, comme un préservatif infaillible, de se placer sous une gouttière, dès le début de l'orage, attendu que les étoffes mouillées sont d'excellents conducteurs de l'électricité. Celui-là invente certaines coiffures d'où pendent de longues chaînes métalliques qu'il faut avoir grand soin de laisser constamment traîner dans le ruisseau, etc........

Vers cette époque se place un vif débat sur les paratonnerres terminés en pointe ou en boule, débat qui divisa quelque temps les savants anglais. George III, roi d'Angleterre, était le promoteur de cette polémique : il se déclara pour le paratonnerre en boule, parce que Franklin, son heureux antagoniste sur des questions politiques d'une immense importance, demandait qu'on les terminât en pointe.

Arago (1) *Notices biographiques.*

VINGT ET UNIEME LEÇON.

AIMANT. — BOUSSOLE. — PILE. — TÉLÉGRAPHE.

1 — Ce que c'est que l'aimant. — Il existe dans la terre un minéral qui a la propriété d'attirer le fer et l'acier On l'appelle *pierre d'aimant* ou *aimant naturel.*

En frottant avec cette pierre d'aimant un morceau d'acier. on lui communique les mêmes propriétés : on en fait un *aimant artificiel*, qui, à son tour, peut servir à fabriquer d'autres aimants.

On donne ordinairement aux aimants la forme de fer à cheval, ou celle de barreau, d'aiguille... etc.

(1) Illustre savant français (1786-1853); il a excellé à vulgariser la science.

2. — **Les pôles de l'aimant.** — Sur un aimant artificiel (aiguille à coudre, plume d'acier), plaçons une feuille de papier et saupoudrons la feuille de limaille de fer; nous voyons cette limaille se rassembler vers les deux extrémités de l'aimant. (*Expérience 122.*)

Expérience 122.

Ces deux extrémités, où le pouvoir d'attraction de l'aimant semble être concentré, s'appellent *pôles de l'aimant.*

3. — **L'aimant s'oriente dans la direction nord-sud.** — Plaçons un aimant sur un flotteur en liège et abandonnons le tout sur l'eau contenue dans une assiette; une des extrémités de l'aimant se tourne toujours vers le nord, l'autre vers le sud. Si nous écartons l'aimant de sa direction, il la reprend dès qu'il est abandonné à lui-même. (*Expérience 123.*)

Expérience 123.

L'aimant s'oriente donc dans la direction nord-sud; on donne à ses deux pôles les noms de *pôle nord* et de *pôle sud.*

4. — **La boussole est un aimant.** — C'est sur cette propriété de l'aimant qu'est basée la boussole La partie essentielle de la boussole est une aiguille aimantée tournant sur un cadran où sont marqués les points cardinaux. Elle permet de s'orienter, puisqu'il suffit de connaître le nord pour connaître les autres points cardinaux et les points intermédiaires.

5 — **Les pôles se repoussent ou s'attirent.** — Déterminons, comme dans l'expérience précédente, le pôle nord et le pôle sud de deux aiguilles, puis abandonnons-en une sur un flotteur.

Si de son pôle N nous approchons le pôle N de l'autre, il y a répulsion ; si nous approchons le pôle S, attraction. On peut répéter la même expérience, en approchant les pôles *S*. (*Expériences 124.*)

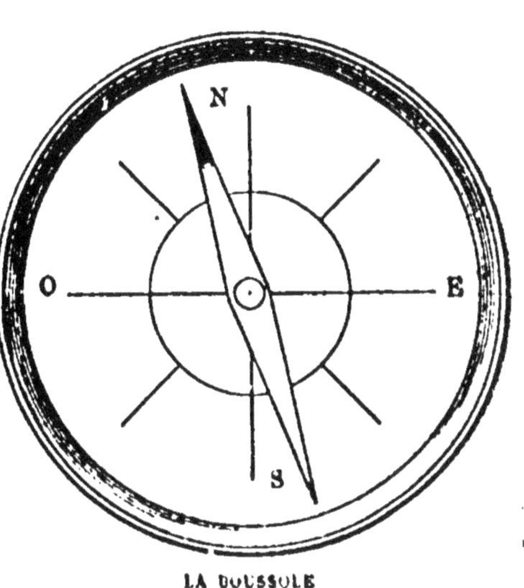

LA BOUSSOLE

Donc, les pôles de même nom se repoussent, et les pôles de nom différent s'attirent On conclut aussi de cette expérience qu'un aimant peut influer sur la direction de l'aiguille aimantée.

6. — **Les objets en fer modifient la direction de la boussole** — Si, à peu de distance de l'assiette où flotte librement une aiguille aimantée, on approche un objet en fer ou en acier assez volumineux, on voit l'aiguille changer de direction. (*Expérience 125.*)

Il est bon de connaître cette propriété et d'en tenir compte quand on se sert de la boussole dans le voisinage de grosses masses de fer ou d'acier.

7. — **Les aimants et le courant électrique.** — On obtient aujourd'hui des aimants par un autre procédé que le frottement de l'acier par un aimant ; on utilise le *courant électrique*.

Voici un moyen simple de produire le courant électrique :

Dans un verre ordinaire, on verse de l'eau à laquelle on a

ajouté un peu d'acide sulfurique. On plonge dans cette eau acidulée une lame de zinc munie d'un fil de cuivre et une lame de cuivre (une pièce de deux sous suffit) avec un fil de cuivre ; puis on réunit les deux fils de cuivre. (*Expérience 126*).

Expérience 126.

L'appareil ainsi construit est *une pile.*

Pour constater l'existence du courant, il suffit de placer le fil de cuivre qui réunit les deux lames

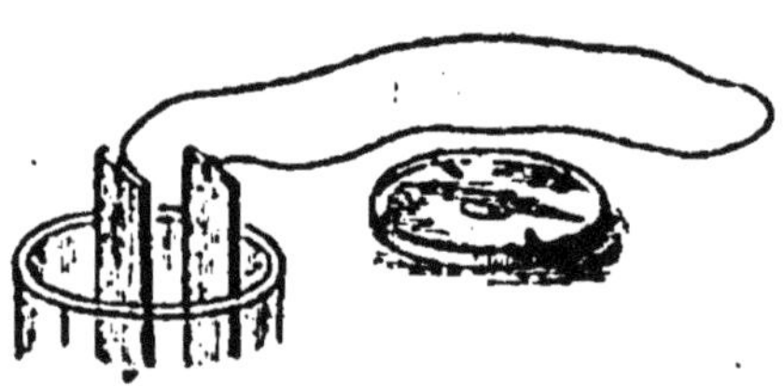

Expérience 127.

au-dessus de l'aiguille aimantée : on la voit dévier de sa direction. (*Expérience 127.*)

8. — **Le courant électrique aimante le fer.** — Enroulons le fil conducteur du courant autour d'une tige de fer non aimantée (clou isolé par un tube de verre) : aussitôt cette tige de fer devient un aimant. Si nous interrompons le courant, en coupant le fil de manière qu'il ne soit plus en communication ou avec le zinc ou avec le cuivre, immédiatement l'aimantation du fer cesse.

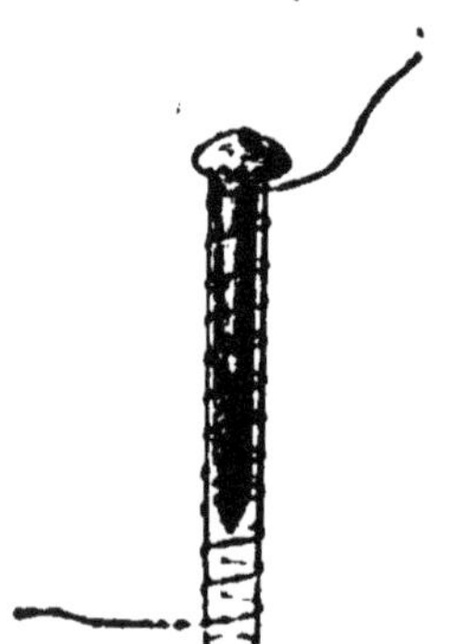

Expérience 128.

Si on rétablit la communication, l'aimantation du fer se produit de nouveau. (*Expérience 128.*)

C'est donc bien le courant qui produit l'aimantation. Un aimant ainsi obtenu porte le nom d'*électro-aimant.*

9. — **Le courant peut aimanter le fer à de longues distances.** — Il n'est pas nécessaire que la pile, qui produit le courant, et le fer, qui deviendra électro-aimant, soient mis l'un près de l'autre ;

il suffit qu'il y ait communication entre eux par un fil conducteur.

Ainsi la pile pourrait être placée à Paris et l'électro-aimant à Bordeaux ; et la pile de Paris pourrait aimanter la tige de fer placée à Bordeaux.

C'est sur ce fait qu'est basé le *télégraphe.*

10. — **L'expérience suivante donne une idée du fonctionnement du télégraphe.** — Au-dessus de l'électro-aimant, on dispose une réglette de bois, mobile autour d'un point O et munie en A d'une aiguille ou d'une plume d'acier. Toutes les fois qu'on établit la communication entre l'électro-aimant et la pile, la réglette est attirée vers l'électro-aimant, et son extrémité *b* se relève. (*Expérience 129.*)

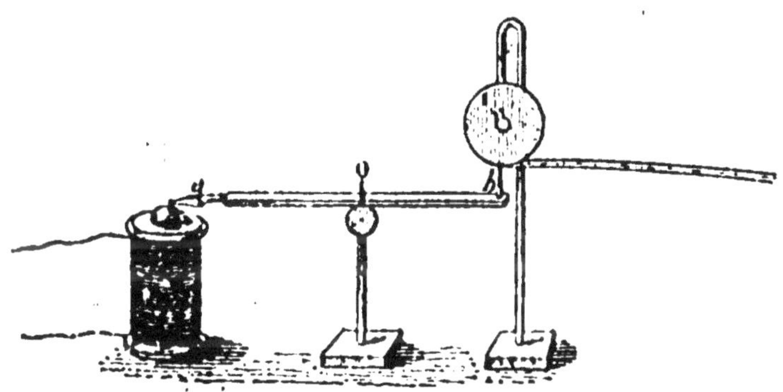

Expérience 129.

Si une bande de papier passe en *b*, et que *b* soit muni d'un crayon ou d'encre, la bande de papier recevra une trace au moment du passage du courant. Cette trace sera longue comme un *trait* ou se réduira à un simple *point* suivant que le courant aura passé pendant plus ou moins de temps

Il n'y a plus qu'à convenir que les traits et les points disposés de certaines façons représentent les lettres de l'alphabet pour pouvoir communiquer à distance.

a	b	c	d	
. —	. .	— . — .	— . . ,	etc.

11. — L'électro-aimant est encore la pièce essentielle dans les sonneries électriques, les avertisseurs électriques, et un grand nombre d'autres appareils qui fonctionnent, grâce aux propriétés du courant.

RÉSUMÉ.

1. L'aimant naturel se trouve dans la terre; il sert à fabriquer les aimants artificiels, qui ont, comme l'aimant naturel, la propriété d'attirer le fer et l'acier.

2. La force d'attraction d'un aimant se trouve surtout aux pôles; un aimant pouvant se déplacer prend la direction nord-sud : c'est le cas de la boussole, dont les navigateurs font usage.

3. Les pôles de même nom se repoussent et les pôles de nom différent s'attirent : un aimant ou une masse de fer peuvent influer sur la direction de la boussole.

4. Le courant électrique aimante le fer doux ou le fer pur, mais seulement tant que dure le courant; c'est la pile qui produit l'électricité transformant le fer en électro-aimant, quelle que soit la distance qui sépare la pile du fer doux.

5. Le télégraphe se compose d'une pile qui produit l'électricité, de fils qui la transmettent et d'un électro-aimant agissant sur un petit appareil qui montre des lettres ou qui écrit des signes.

QUESTIONS DE CERTIFICAT D'ÉTUDES.

Devoir 122. — 1. Qu'est-ce que l'aimant naturel? — Quelle en est la propriété? — Comment fabrique-t-on un aimant artificiel? — Quelle forme donne-t-on d'ordinaire aux aimants? — 2. Comment appelle-t-on les deux extrémités de l'aimant? — Quelle propriété ont-elles? — 3. Parlez de l'expérience 123. — Que peut-on en conclure? — 4. Qu'est-ce qu'une boussole? — De quel côté se dirige-t-elle?

Devoir 123. — 5. Enoncez les lois d'attraction et de répulsion des pôles d'un aimant? — Que conclut-on de ces lois? — 6. Quelle influence les objets en fer ont-elles sur la boussole? — 7. Qu'est-ce qu'une pile? Comment peut-on en fabriquer une? — Qu'est-ce que le courant électrique? — 8. Quelle est l'influence du courant sur le fer doux? — Comment s'appelle l'aimant obtenu par un courant? — Comment s'assure-t-on que c'est bien le courant électrique qui aimante le fer?

Devoir 124. — 9. A quelle distance faut-il placer la pile du fer doux pour qu'il y ait aimantation? — 10. Quelles sont les parties essentielles du télégraphe? — Que fait la pile? — A quoi servent les fils? — Quel rôle joue l'électro-aimant? — Quand est-ce que la réglette tracera un trait sur la bande de papier ? — Quand n'y laissera-t-elle qu'un point ? — Que signifient ces traits et ces points combinés ? — 11. L'électro-aimant est-il utilisé autre part que dans les télégraphes?

DEVOIR D'INTELLIGENCE.

(A préparer oralement avant de le mettre par écrit.)

Devoir 125. — 1. Comment s'y prendre pour connaître les pôles d'un aimant, quand ils ne sont pas indiqués ? — 2. Si je mets un aimant sur un morceau de liège qui flotte sur l'eau, de quel côté se tournera l'aimant? — 3. Comment se conduira cet aimant si je lui présente le pôle nord ou le pôle sud d'un autre aimant? — 4. Et si je refais ces deux dernières expériences après avoir enveloppé les deux aimants dans du papier? — 5. Un petit éclat de fer s'est logé sous la paupière ou dans le creux de l'oreille; comment pourrait-on l'enlever?

RÉDACTIONS.

84. Votre maître a fait l'expérience suivante : il a mis un oiseau en papier (une cocotte) sur un flotteur dans une assiette pleine d'eau ; on avait beau le déranger de sa position, il tournait toujours du même côté ; il n'y avait que le maître qui pût lui faire prendre une autre direction; quand il lui présentait du pain, l'oiseau approchait. Voici l'explication de ces faits : il y avait un petit aimant caché dans l'oiseau et un autre dans le pain qu'on lui présentait.

Contez cette histoire à l'un de vos amis, en lui expliquant la raison des divers mouvements de l'oiseau en papier.

85. Il y a des gens qui se figurent que les dépêches que l'on reçoit, papier et enveloppe, ont voyagé sur les fils télégraphiques.

Expliquez à quelqu'un qui ne le comprend pas, comment le télégraphe fonctionne.

LECTURE XXI.

I

Comment on peut d'Amérique allumer un cigare en Angleterre.

On lit dans les journaux du mois de septembre 1866 :

Les Anglais ont inventé un nouvel usage du câble transatlantique qui fait rage en ce moment à Londres. Un des membres influents de la Chambre des Lords s'est présenté à un des bureaux de la Compagnie du télégraphe trans-océanique.

— Monsieur, dit-il au directeur, je viens pour expédier une dépêche à Terre-Neuve

— Milord ignore que notre service n'est pas organisé. (C'était, comme on le voit, dès le début de l'opération.)

— Vous savez qui je suis? Je possède 10.000 actions de votre Compagnie. Voici 200 guinées; faites, je vous prie, ce que je réclame.

— Soit! Que Milord daigne dicter.

Et Milord dicta :

« Londres, 5 heures soir.

« Envoyez-moi la plus forte étincelle que vous pouvez produire avec vos appareils. Prévenez-moi à l'avance. »

A 7 h 45 le télégraphe répondit :

« Dans une minute, vous recevrez étincelle demandée. »

Lord P... tira alors de sa poche un étui à cigares dans lequel il prit un trabucco, approcha du fil électrisé un morceau d'amadou qui s'enflamma, alluma son cigare, et sortit tranquillement en fumant.

A peine connut-on dans la *gentry* cette nouvelle manière de demander du feu à un autre hémisphère que chacun voulut l'imiter.

Et depuis, dans tous les clubs, voire chez bon nombre de marchands de tabac, brûlent des lampes autour desquelles rayonne cette inscription : Feu de Terre-Neuve

C. Flammarion. *Contemplations scientifiques.*

II

L'invention de la boussole.

Pendant plus de 100 ans, la navigation dans la Méditerranée resta stationnaire. Vers le milieu du XIIe siècle un changement notable se produisit : les marins d'Amalfi, de Gênes, de Venise, de Majorque ont trouvé le moyen de s'orienter sans le secours des astres.

Connue des Chinois dès l'antiquité la plus haute, l'aiguille aimantée vient d'arriver jusqu'aux républiques italiennes par l'intermédiaire des Arabes. Qui n'a entendu parler aujourd'hui de la propriété merveilleuse qu'une pierre en apparence inerte peut communiquer au barreau d'acier sur lequel on la promène?

Ce fut d'abord une aiguille qu'on imprégna ainsi de l'affinité mystérieuse, du « véhément désir » de se tourner vers le nord. Placée dans un vase, cette aiguille flottait librement sur l'eau, soutenue par un fétu.

L'aiguille se transforma bientôt en une lame aplatie; on la fit alors reposer par son centre sur un pivot; on l'enferma dans une boîte recouverte d'une glace, on la chargea d'entraîner le cercle gradué, qui ne devait plus seulement indiquer la direction du pôle, mais le cap du navire, en d'autres termes, l'angle formé par la route suivie et le méridien magnétique.

AMIRAL JURIEN DE LA GRAVIÈRE.

DEVOIRS DE RÉCAPITULATION GÉNÉRALE
sur la physique.

Devoir 126. — 1. Quand est ce qu'un rayon lumineux se réfléchit ? — 2. Quand se réfracte-t-il ? — 3. Qu'est-ce que l'aimant naturel ? — 4. Quelle en est la propriété ? — 5. Quels phénomènes présentent les corps frottés ? — 6. Comment s'appelle la force qui attire les corps légers ? — 7. Qu'est-ce que la pesanteur ? — 8 Quels sont les corps qui nous envoient de la lumière ? — 9. Qu'est-ce que la pompe aspirante ? — 10 Comment prouve-t-on que les solides se dilatent et se contractent ?

Devoir 127. — 11. Comment fabrique-t-on un aimant artificiel ? — 12. Quelle forme donne-t-on d'ordinaire aux aimants ? — 13. Qu'appelez-vous corps électrisés ? — 14. Pourquoi un bâton plongé en partie dans l'eau paraît-il coudé ? — 15. Qu'est-ce qu'une lentille convexe et une lentille concave ? — 16. Quelles sont les propriétés de ces deux sortes de lentilles ? — 17. Qu'appelez vous puits artésiens ? — 18. Comment expliquez-vous que l'eau puisse jaillir à l'ouverture de ces puits ? — 19. Qu'arrive-t-il quand on comprime un gaz ? — 20. A quoi sert le thermomètre ?

Devoir 128. — 21. D'où vient le nom de lentilles que l'on donne au cristal taillé ? — 22. Qu'entend-on par le foyer d'une lentille ? — 23 Le frottement électrise-t-il tous les corps ? — 24. Qu'est-ce qu'un corps bon conducteur de l'électricité ? — 25. Qu'est-ce que chanter à l'unisson ? — 26. Expliquez ce qu'on entend par le timbre du son ? — 27. Quelle est la température moyenne de l'homme ? — 28. Dans quels cas cette température varie-t-elle ? — 29. Que trouve-t-on dans l'appareil du photographe ? — 30. Sur quoi est reçue l'image dans l'intérieur de l'appareil ?

Devoir 129. — 31. Qu'est-ce qu'une étincelle électrique ? — 32. Quel est le gaz reconnaissable à sa couleur ? — 33 Que deviennent les liquides chauffés ? — 34 Quand est-ce qu'une pompe aspirante est amorcée ? — 35. Comment appelle-t-on les deux extrémités de l'aimant ? — 36. Qu'arrive-t-il lorsqu'on rapproche l'une de l'autre deux feuilles électrisées de la même façon ? — 37. Comment appelle-t-on la lentille qui est dans notre œil ? — 38. Énoncez le principe d'Archimède. — 39. Comment gradue-t-on le thermomètre à mercure ? — 40. Quelle différence y a-t-il entre l'évaporation et l'ébullition d'un liquide ?

Devoir 130. — 41. L'évaporation d'un liquide produit-elle une élévation ou un abaissement de température? — 42. Quel est le moyen d'activer l'évaporation d'un liquide? — 43. Que signifie l'expression « geler à pierre fendre »? — 44. Que savez-vous de la poussée de l'eau salée? — 45. Qu'est-ce qu'une boussole? — 46 De quel côté se dirige-t-elle? — 47. Quand est-ce que l'étincelle électrique se produit? — 48. Comment s'appelle l'écran qui reçoit les rayons dans notre œil? — 49. Qu'est-ce qu'une loupe? — 50. Et un microscope?

Devoir 131. — 51. Expliquez pourquoi la fumée monte dans la cheminée. — 52. Que deviennent les liquides que l'on refroidit? — 53. Qu'appelle-t-on point de fusion des solides? — 54. Quand est-ce qu'un corps se contracte? — 55. Enoncez les lois d'attraction et de répulsion des pôles d'un aimant. — 56. Quelle influence les masses de fer ont-elles sur la boussole? — 57. Qu'entendez-vous par la danse des pantins? — 58. A quoi sert le microscope? — 59. Comment se dispose la surface d'un liquide versé dans un vase? — 60. Qu'est-ce que la pompe aspirante?

Devoir 132. — 61. Qu'est-ce que l'éclair? — 62. Qu'est-ce qu'une pile? — 63. Comment peut-on en fabriquer une? — 64. Qu'est-ce que le courant électrique? — 65. Quelles sont les propriétés des lentilles concaves? — 66. Combien de parties renferme la pompe aspirante? — 67. Comment les vibrations des corps se transmettent-elles à l'oreille? — 68. Comment se propage la lumière? — 69. Qu'est-ce qu'une balance juste? — 70. Qu'appelle-t-on hauteur du son?

Devoir 133. — 71. Qu'appelez-vous vases communicants? — 72. Qu'est-ce que la foudre? — 73. Et le tonnerre? — 74. Quelle est l'influence du courant électrique sur le fer doux? — 75. Comment s'appelle l'aimant obtenu par un courant? — 76. A quoi servent les lorgnettes et les jumelles de théâtre? — 77. Quand est-ce qu'une personne est myope? — 78. Pourquoi ne voit-elle que les objets rapprochés de son œil? — 79. A quelle distance faut-il placer la pile du fer doux pour qu'il y ait aimantation? — 80. Comment peut-on garantir les édifices de la foudre?

Devoir 134. — 81. Dites ce que vous savez de l'influence de l'électricité sur la végétation. — 82. Qu'appelle-t-on coup de piston? — 83. Les solides conduisent-ils le son? — 84. Comment peut on s'en assurer? — 85. Quelles sont les sources lumineuses? — 86. Quand on réduit un gaz de moitié, que devient la force élastique de ce gaz? — 87. Combien le son parcourt-il de mètres par seconde dans l'air? — 88. Qu'entendez-vous par la pression atmosphérique? — 89. Quelle colonne d'eau peut-elle supporter? — 90. Qu'appelez-vous images symétriques?

Devoir 135. — 91. Quelles lentilles ou verres faut-il mettre aux lunettes des myopes? — 92. Quelle est la cause de la presbytie? — Comment y remédie-t-on? — 93. Quelles sont les parties essentielles du télégraphe? — 94. Qu'est-ce qu'un siphon ? — 95. Qu'est-ce que le baromètre? — 96. Dans une harpe, quelles sont les cordes qui donnent des sons graves ? — 97. Qu'est-ce que chanter juste ? — 98. Comment se forme la rosée? — 99. Dans quelles lunettes emploie-t-on les deux sortes de lentilles ? — 100. Qu'entendez-vous par l'intensité du son?

HISTOIRE NATURELLE

VINGT-DEUXIÈME LEÇON.

LES ALIMENTS — LA DIGESTION.

1. — Il y a trois catégories d'aliments :

1° Les aliments féculents et sucres ; ce sont ceux qui, comme leur nom l'indique, renferment de la fécule, de l'amidon ou du sucre, par exemple, le froment, l'orge, le maïs, le riz, les pois, haricots, lentilles, fèves, les pommes de terre, les châtaignes, etc ..

2° Les aliments azotés, représentés par la chair des animaux, l'albumine ou le blanc d'œuf, la caséine du lait avec laquelle on fait le fromage. Le froment, les pois, les haricots, les lentilles contiennent aussi des principes azotés.

3° Les aliments gras, comme la graisse, les huiles, la crème, le beurre, le jaune d'œuf.

2. — Aliments complets et aliments incomplets

Une même substance peut renfermer, deux catégories d'aliments ; quand elle renferme les trois sortes, cette substance est un *aliment complet* qui peut suffire pour entretenir la vie : les œufs, le lait sont des aliments complets.

Le pain sec, la viande seule sont des aliments incomplets et par suite insuffisants.

Les feuilles de certains végétaux comestibles, laitues, choux, oseille,... ne suffiraient pas pour nourrir une personne ; elles sont utiles cependant parce qu'elles varient le genre d'alimentation et qu'elles donnent de la saveur à d'autres aliments ; il serait nuisible, en effet, de se nourrir exclusivement de viande.

Il faut donc tirer nos aliments du règne animal et du règne végétal ; au règne minéral nous empruntons le sel de cuisine et l'eau.

3. — Les boissons.

L'eau potable est indispensable pour étancher notre soif. On la remplace souvent par d'autres boissons : le vin, qui facilite la digestion et relève les forces quand on en prend modérément, les enfants ne doivent cependant pas boire du vin pur ; la bière, le cidre, qui agissent comme le vin, à un degré moindre cependant ; le café et le thé, qui sont des boissons stimulantes.

Quant aux boissons qui contiennent plus d'alcool que le vin, comme l'absinthe et d'autres liqueurs fortes, ce sont de véritables poisons qui ruinent l'estomac et compromettent la santé. Le *petit verre* d'eau-de-vie journalier fait plus de victimes à lui seul que toutes les maladies réunies.

4. — Les aliments se transforment dans l'appareil digestif.

Pour renouveler notre corps, réparer nos forces, entretenir notre vie, les aliments doiven subir des transformations; il faut qu'ils soient digérés au moyen d'organes dont l'ensemble constitue l'*appareil digestif*.

5. — La bouche.

Le premier de ces organes, c'est la bouche. Les aliments y sont mâchés par les dents, humectés par la salive, remués par les lèvres, les joues, la langue.

6. L'homme a trente-deux dents. — La gravure ci-contre représente le côté droit de la mâchoire inférieure d'un homme, vu en dedans et ouvert pour montrer complètement les dents. — *i*, les 2 incisives; — *c*, la canine ; — *pm*, les 2 petites ou fausses molaires ; — *gm*, les 3 grosses molaires ; — *nd*, nerf dentaire.

Les dents ont diverses formes ; celles qui sont situées en avant (*4 à chaque mâchoire*) servent à couper les aliments ; ce sont les *incisives* ; de chaque côté des incisives, il y a une *canine* semblable aux crocs du chien, qui sert à déchirer ; les autres (*au nombre de 20 chez l'homme adulte*) sont des *molaires* qui broient comme la meule du meunier.

Il ne faut pas avaler les aliments *sans bien les mâcher*, car ce que les dents ne font pas, c'est l'estomac qui devra le faire, et l'estomac n'est pas disposé pour digérer les matières dures.

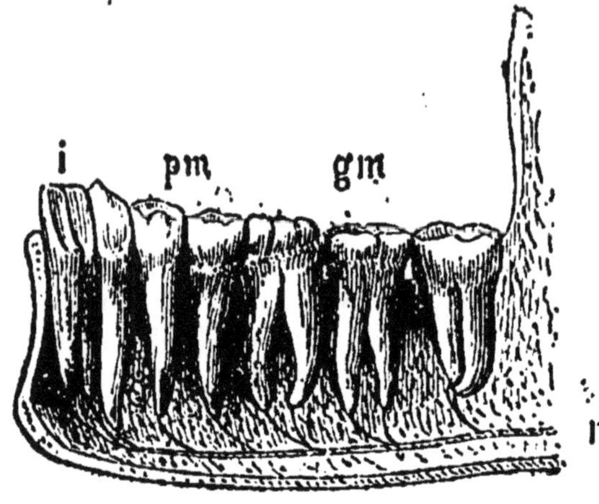

7. — La salive transforme les aliments féculents en sucre.

La salive provient des glandes salivaires placées de chaque côté de la bouche. Elle change les aliments féculents en substances sucrées se rapprochant du miel. Cette digestion des matières féculentes ne fait que commencer dans la bouche; elle se continue dans les autres parties du canal digestif. Pour se rendre compte de la production de matières sucrées, il suffit de laisser quelque temps dans la bouche un petit morceau de pain sec.

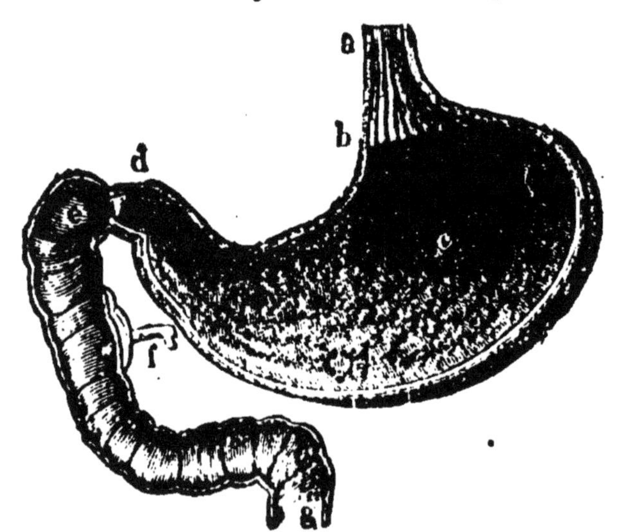

8. — **L'estomac.**

Après cette première station dans la bouche, les aliments arrivent dans l'estomac par le conduit appelé *œsophage*.

L'estomac a la forme d'une poche. Les aliments y sont remués et imprégnés d'un liquide qui sort des parois de l'estomac : ce liquide c'est le suc gastrique ; grâce à ce liquide, les matières azotées sont digérées. La gravure que nous donnons (page 174) représente l'estomac de l'homme avec la première partie des intestins, appelés le duodénum (ils ont été coupés par moitié de façon qu'on en voie l'intérieur) : — *a*, fin de l'œsophage, conduit qui porte les aliments de la bouche à l'estomac ; — *b*, le cardia, ouverture supérieure de l'estomac par où les aliments entrent pour être digérés ; — *c*, cavité de l'estomac, — *d*, le pylore, ouverture inférieure de l'estomac par où les aliments passent de l'estomac dans l'intestin ; — *cg*, le duodénum, première partie des intestins où sont versés par le canal *f* la bile venant du foie et le suc venant d'une autre glande, le pancréas.

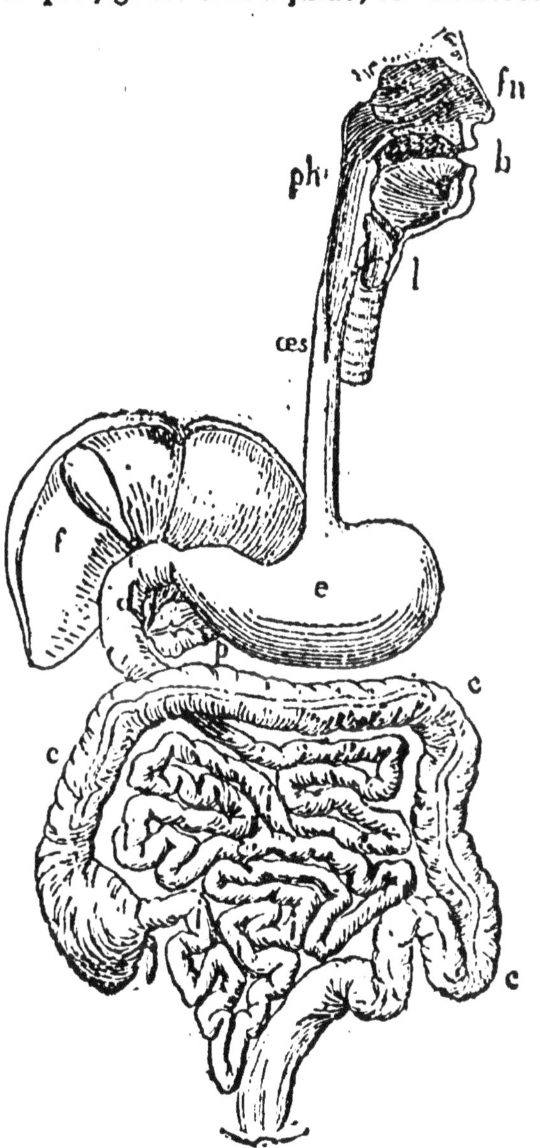

Canal digestif de l'homme. — *fn*, fosses nasales ; — *b*, bouche ; — *ph*, pharynx, — *l*, larynx et trachée-artère ; — *œs*, œsophage ; — *e*, estomac ; — *d*, duodénum ; — *f*, foie ; — *p*, pancréas ; — *ccc*, gros intestin côlon ; — *ii*, intestin grêle.

Pour que la digestion stomacale, qui dure de 2 à 4 heures, s'opère convenablement, il ne faut pas se livrer à des exercices violents, ni prendre de bain après le repas.

9. — Les intestins.

Les aliments passent ensuite dans l'intestin grêle, où la digestion s'achève. L'intestin grêle, qui a 7 ou 8 fois la longueur du corps, reçoit deux liquides : la *bile* et le *suc pancréatique*. La bile (ou l'amer) vient du foie ; elle agit sur les matières grasses. La légende mise au bas de la gravure (p. 175) permettra de se rendre compte de ce qu'est le canal digestif de l'homme.

Le suc pancréatique vient d'une glande appelée pancréas ; ce suc complète et termine l'action de la salive, du suc gastrique et de la bile.

Le liquide laiteux qui résulte de toutes ces transformations passe dans le sang au travers de l'intestin, et les matières qui n'ont pas été absorbées sont rejetées au dehors sous forme d'excréments.

10. — Alimentation des animaux domestiques.

Comme l'homme, les animaux domestiques ont besoin de manger pour vivre ; leur nourriture doit être bonne et variée, abondante sans gaspillage, tout en restant économique.

On prépare les aliments en les soumettant à la cuisson ou à la fermentation ; on en divise quelques-uns avec le hache-paille ou le coupe-racines ; on les additionne de sel, aussi indispensable pour les animaux que pour l'homme.

Puis on distribue la nourriture à intervalles réguliers.

Quand on est obligé de changer le mode d'alimentation, de passer, au printemps, par exemple, au régime du fourrage vert, il faut éviter les changements brusques.

Enfin il faut laisser les animaux manger et digérer tranquillement.

Quant à leur boisson, il ne faut leur laisser boire que de l'eau potable ; elle ne doit pas être trop froide ni leur être donnée quand ils sont en sueur.

Les praticiens conseillent de faire boire les animaux au moment des repas.

RÉSUMÉ

1. Il y a trois catégories d'aliments ; les aliments féculents et sucrés, les aliments azotés et les aliments gras ; quelques

substances renferment les trois sortes d'aliments; il faut varier le genre d'alimentation.

2. L'eau est la meilleure des boissons, on la remplace par le vin, la bière, le cidre; les liqueurs fortes sont de véritables poisons.

3. Les aliments se transforment dans le tube digestif avant de passer dans le sang; les dents les coupent, les broient et les divisent; la salive les humecte et transforme les aliments féculents en sucre; le suc gastrique de l'estomac digère les matières azotées; enfin la bile et le suc pancréatique achèvent la digestion dans l'intestin grêle.

4. Les animaux domestiques ont besoin d'être bien nourris pour réparer leurs forces et travailler pour nous.

QUESTIONS DE CERTIFICAT D'ÉTUDES.

Devoir 136. — 1. Combien y a-t-il de sortes d'aliments? — Que contiennent les aliments féculents et sucrés? — Et les aliments azotés? — Quels sont les aliments gras? — Nommez quelques aliments féculents. — Quelques aliments azotés.

2. Qu'est-ce qu'un aliment complet? — Nommez en deux — Dans un œuf, quel est l'aliment azoté? — et quel est l'aliment gras? — Quel est le rôle des feuilles de certains végétaux comestibles dans l'alimentation? — Quels sont les aliments que nous tirons du règne minéral?

Devoir 137. — 3. Nommez les boissons que vous connaissez? — Quelle est la meilleure des boissons? — Quelles sont les propriétés du vin? — Que pensez-vous des liqueurs fortes?

4. Qu'appelez-vous appareil digestif?

5. Que deviennent les aliments dans la bouche?

6. Quelles sont les trois sortes de dents de l'homme? — Combien l'homme a-t-il d'incisives, de canines, de molaires? — Dites à quoi sert chaque catégorie de dents. — Pourquoi ne faut-il pas avaler les aliments sans les bien mâcher?

Devoir 138. — 7. D'où vient la salive? — Quel est son rôle? — Comment peut-on se rendre compte de l'action de la salive sur les aliments?

8. Comment appelle-t-on le tube qui conduit les aliments de la bouche à l'estomac? — Quel nom donne-t-on au suc de l'estomac? — Quelle est l'action de ce suc? — Combien de temps dure la digestion stomacale?

9. Où passent ensuite les aliments? — Quelle est la longueur de l'intestin grêle? — Quels sont les deux liquides qu'il reçoit?

Devoir 139. — D'où vient la bile? — Quelle est la glande qui sécrète le suc pancréatique? Quelle est l'action du suc pancréatique? — Que devient le liquide laiteux qui est le résultat de toutes ces transformations? — 10. Comment doit être la nourriture des animaux? — Que signifie l'expression: abondante, sans gaspillage? — Que faut-il faire quand on est obligé de changer le mode de nourriture des animaux? — Dites ce que vous savez sur la boisson des animaux. A quel moment faut-il les faire boire?

RÉDACTIONS.

86. Racontez le voyage d'un noyau de cerise avalé par un enfant Faites dire au noyau ce qu'il a vu : organes, tubes, sucs, etc....

87. Dites ce que vous savez sur les différentes sortes d'aliments et les boissons.

88. Nécessité d'une complète mastication, le rôle de la salive, conséquences de la gloutonnerie pour l'estomac. (*Dordogne* C E.P.)

89. — Que devient une bouchée de pain quand elle est dans la bouche? (*Haute-Saône* C E P.)

90 A quels dangers conduit l'usage habituel des liqueurs alcooliques?

91. Décrivez succinctement l'appareil digestif de l'homme. (*Roanne*. C. E. P.)

92 La digestion. Absorption des aliments; digestion stomacale, digestion intestinale. (*Hérault* C E.P.)

LECTURE XXII

Les curiosités gastronomiques.

Un Anglais a entrepris de prouver que déjeuner avec des vers frits, dîner avec des mille-pattes rôtis, et souper avec des araignées confites est un excellent régime.

L'astronome Lalande était, comme on le sait, très friand d'araignées. Il en avait toujours une provision dans une charmante tabatière, et il les savourait avec délices en guise de pastilles.

Certaines races d'Afrique ne toucheraient pas à la chair du lièvre; en revanche, elles aiment les plats de fourmis Il est étonnant, après toutes les étrangetés dévorées à Paris pendant le siège de 1870-1871, que certaines chairs soient encore rejetées de l'alimentation.

Un pâté de souris vaut un pâté de grenouilles, et le rat fricassé est préférable au lapin.

Le chat n'a jamais cessé de faire, paré d'un faux nom les délices des gargotes.

Quelle différence encore entre une tranche de serpent et une tranche d'anguille? Aucune, sinon que le serpent est plus délicat.

Les insulaires de l'archipel d'Andaman (golfe de Bengale)

vivent de rats, de serpents et de lézards, qu'ils accommodent finement d'une sauce aux mollusques.

Au bord du Missouri et du Mississipi, le chien est une nourriture de choix, et à Emeraldi, le singe rôti paraît sur la table des plus riches.

Tout le monde connaît la vogue des nids d'hirondelles ; ceux de Java sont les plus estimés; mais ce que l'on sait moins, c'est que les Chinois confectionnent avec du chien, du rat, du serpent et des pattes d'ours, des mets à rendre jaloux nos plus illustres Vatels (1). Les habitants de nos côtes se laisseraient mourir de faim avant de songer à tirer profit des mouettes, et en Australie, une mouette grasse est un plat recherché.

Qui songe, même parmi les plus affamés, à la chair du corbeau ? — Et cependant, coupée menu et bouillie pendant quelques heures, elle forme le plus exquis des potages.

Nous écrasons nos chenilles, et, dans les Indes Occidentales, une belle chenille, cueillie sur un palmier, est un friand morceau. — Les Cochinchinois préfèrent les œufs pourris aux œufs frais. Cela nous fait lever le cœur ; mais leur cœur se soulève de la même façon à l'exécrable odeur des fromages de différentes formes que nous goûtons si fort au dessert.

Nous traitons de sauvages les parias de l'Indoustan parce qu'ils mangent les vautours et les milans avancés, et c'est faire preuve d'un goût raffiné que de se régaler d'un faisan où commencent à grouiller les vers.

Laissons aux gastronomes le soin d'apprécier ces considérations et d'en tirer profit, mais il n'est pas plus répugnant de manger une cigale qu'une sauterelle, et une sauterelle qu'une crevette. La sauterelle est, du reste, fort estimée en Orient ; l'Arabie, la Syrie, l'Egypte, en font un trafic considérable.

DALLET. — *Le monde vu par les savants du dix neuvième siècle.*

VINGT-TROISIÈME LEÇON.

RESPIRATION. — CIRCULATION.

1. — Respirer c'est vivre. — Pour vivre, nous avons besoin de respirer, non pas seulement à certains moments de la journée, mais constamment, et même pendant notre sommeil.

La privation complète d'air entraîne l'asphyxie immédiate : c'est ce qui arrive à ceux qui se noient ; on peut encore être

(1) Nos plus illustres Vatels, cela signifie, nos meilleurs cuisiniers. Vatel était maître d'hôtel du grand Condé ; il se tua parce que le poisson allait manquer à un dîner que le vainqueur de Rocroi offrait, dans son palais de Chantilly (Oise), à Louis XIV (1671).

asphyxié *rapidement* en respirant certains gaz, comme l'oxyde de carbone qui se dégage des poêles à tirage insuffisant, comme le chlore, le gaz des fosses d'aisances

En respirant de l'air impur, on s'asphyxie lentement, et on résiste moins facilement aux attaques des maladies.

2. — **Nous respirons au moyen des poumons**, situés dans la poitrine. Le mou qu'on fait manger au chat donne une idée de la couleur et de la consistance des poumons, car le mou n'est autre chose qu'un morceau de poumon.

Pour arriver dans les poumons, l'air entre par le *nez*, passe ensuite dans un conduit appelé *trachée artère ;* on sent bien ce conduit sous le cou, particulièrement à l'endroit nommé vulgairement *pomme d'Adam* : c'est la partie supérieure de la trachée. La trachée-artère se divise bientôt en deux conduits, les *bronches ;* celles-ci se divisent à leur tour, puis les nouveaux conduits se ramifient et finissent par donner des canaux très déliés qui *sont fermés* à leur extrémité.

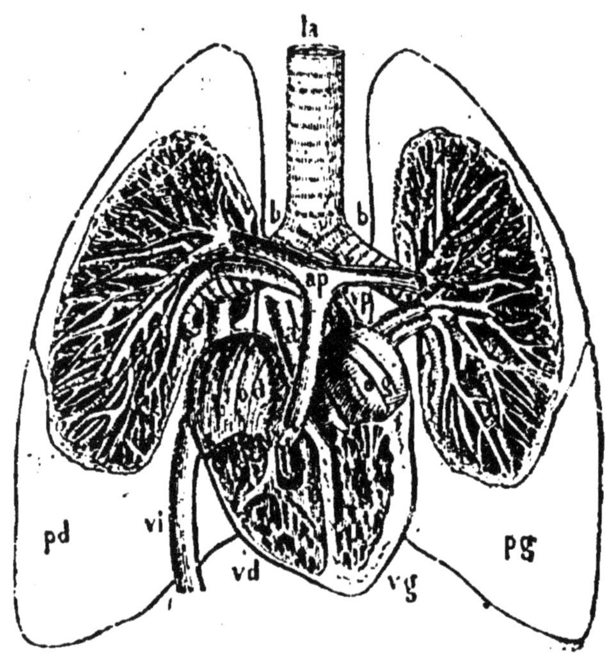

Le long des canaux contenant de l'air, viennent s'accoler des vaisseaux *contenant du sang ;* c'est cette masse de conduits qui constitue les poumons ; lorsqu'on fait chauffer du mou, on le voit se réduire considérablement, à cause de l'air qui s'échappe des canaux. La gravure ci-contre, donne une esquisse des poumons et montre la disposition des gros vaisseaux et l'intérieur du cœur.

og, oreillette gauche; — *vg*, ventricule gauche; — *od*, oreillette droite; — *vd*, ventricule droit; — *a*, artère aorte, ouverte; — *ap*, artère pulmonaire; — *vp*, veines pulmonaires gauches et droites; — *vi*, veine cave inférieure; *ta*, trachée artère; *bb*, bronches gauche et droite, se ramifiant chacune dans l'un des poumons; — *pg*, poumon gauche, *pd*, poumon droit.

3. — **Voici comment on respire** — Lorsque notre poitrine s'agrandit, nos poumons se *dilatent* et l'air extérieur entre dans notre corps, comme il entre dans un soufflet dont on écarte les lames; puis nos poumons se *contractent*, la poitrine se rétrécit, et l'air sort de notre corps, comme il sort d'un soufflet dont on rapproche les lames.

Le mouvement d'entrée, c'est *l'inspiration*; celui de sortie, *l'expiration*.

Ces deux mouvements doivent s'accomplir librement; il est très dangereux de gêner la respiration en comprimant la poitrine avec des ceintures, des corsets ou des vêtements trop étroits.

4. — **Voici pourquoi nous respirons**. — L'air expiré contient plus d'acide carbonique (1) et plus de vapeur d'eau (2) que l'air inspiré; mais il renferme moins d'oxygène.

Il y a donc eu échange dans nos poumons et cet échange n'a pu avoir lieu qu'entre *l'air respiré* et le sang.

C'est pour que cet échange ait lieu que nous respirons.

5. — **Le sang circule à travers tous nos organes**. — Ainsi le sang vient prendre l'*oxygène* de l'air dans les poumons, comme il prend les produits de la *digestion* dans les intestins, et il va porter partout la chaleur et la vie

D'autre part, c'est lui qui débarrasse le corps des substances inutiles, soit en les amenant aux poumons qui les rejettent au dehors, comme l'acide carbonique et la vapeur d'eau, soit en les conduisant dans d'autres organes, comme la sueur, l'urine.

Pour nourrir notre corps et pour le débarrasser des matières qui sont usées, le sang doit donc être en mouvement continuel, *circuler* constamment.

(1) Souffler dans un verre contenant de l'eau de chaux.
(2) Faire arriver l'haleine sur un corps froid.

6. — **C'est le cœur qui envoie le sang** dans les différentes parties du corps. Le cœur a la même constitution que la chair et se divise en deux parties : la partie *gauche* envoie le sang pur ou *sang artériel* dans le corps ; la partie *droite* envoie le sang qui a servi ou *sang veineux* aux poumons, pour qu'il y échange l'acide carbonique et l'eau contre de l'oxygène, et soit ainsi purifié.

Ce sang purifié revient au cœur gauche, de même que le sang veineux revient au cœur droit. La gravure ci contre permet de se rendre compte de la circulation du sang. Elle montre les deux poumons et entre eux le cœur.

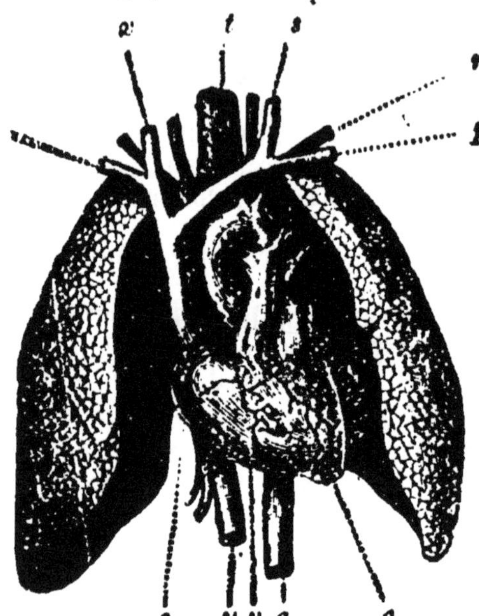

t, trachée artère, conduit par lequel l'air que l'on respire arrive dans les poumons ; — *c*, pointe du cœur ; — *v*, partie droite du cœur ; — *a*, artère-aorte, vaisseau qui distribue le sang venant du cœur, aux diverses parties ; — *y z x s p*, veines rapportant au cœur le sang des diverses parties ; — *r*, artère portant le sang vers le bras gauche.

7. — **Le sang circule dans les artères et les veines.** — Les vaisseaux qui reçoivent le sang à sa sortie du cœur sont des *artères* ; ceux qui ramènent le sang au cœur sont des *veines*.

Les artères, en se subdivisant et se ramifiant de plus en plus, deviennent si minces qu'elles finissent par être aussi fines qu'un cheveu : de là le nom de vaisseaux *capillaires*.

Ces vaisseaux capillaires sont l'origine des veines ; ils se réunissent pour former des vaisseaux de plus en plus larges qui aboutissent au cœur.

8. — **La circulation du sang.** — En résumé, si on suit le sang qui part du cœur gauche, on voit qu'il passe dans les artères de plus en plus petites, puis dans les vaisseaux

capillaires qui le distribuent à toutes les parties du corps ; il retourne ensuite par les veines au cœur droit, qui l'envoie aux poumons ; enfin il revient des poumons au cœur gauche pour recommencer le même trajet.

9. — **Ce que contient le sang.** — Le sang artériel est rouge vermeil ; le sang veineux est plus foncé.

Dans l'un comme dans l'autre, on remarque des petits corps nommés *globules* du sang, si petits qu'il en faudrait 125 pour faire la longueur de 1 millimètre ; ce sont eux qui donnent la couleur au sang, grâce au fer qu'ils renferment.

Le sang contient en second lieu la *fibrine*. Quand on saigne un animal, la fibrine se prend en filaments, retient les globules dans ses mailles, et forme avec eux le *caillot*.

Le reste du sang renferme beaucoup d'eau, une substance analogue au blanc d'œuf, du sel de cuisine et des gaz.

10. — **Soins à donner aux asphyxiés.** — Lorsqu'on se trouve en présence d'une personne asphyxiée, il faut lui donner de l'air, maintenir sa tête plus élevée que le corps et pratiquer la respiration artificielle.

Pour amener l'air aux poumons, on comprime le ventre de bas en haut ; on comprime et on dilate la poitrine en élevant et en abaissant les bras du malade, puis on insuffle de l'air dans les poumons au moyen d'un tube ou directement avec la bouche.

On rétablit la circulation du sang en frictionnant les extrémités inférieures, en même temps qu'on asperge avec de l'eau froide la figure et la poitrine ; on applique des flanelles maintenues chaudes par des bouteilles ou des briques autour du corps

Surtout, il ne faut pas perdre courage, car ce n'est quelquefois qu'au bout de 5 à 6 heures qu'on parvient à sauver un asphyxié.

11. — **Comment on soigne les hémorragies.** — On appelle *hémorragies* les pertes de sang.

Quand il s'agit d'arrêter un saignement de nez, on fait asseoir la personne qui en est atteinte, en lui faisant tenir la tête droite et les bras en l'air, et on lui applique des compresses d'eau froide à la base du nez, et sur le front ; on peut aussi faire respirer de l'eau vinaigrée et introduire dans le nez de l'ouate imprégnée de perchlorure de fer étendu de moitié d'eau.

L'hémorragie peut se produire à la suite d'une blessure ; on peut sauver la vie d'un homme, d'un soldat sur le champ de bataille, par exemple, quand on sait arrêter l'écoulement du sang.

Le sang sortant d'une artère est rouge et coule par saccades : il faut dans ce cas comprimer l'artère *au-dessus* de la blessure. Si c'est une veine qui s'ouvre, le sang est presque noir et coule en bavant ; on comprime alors *au-dessous* de la plaie. Dans l'un et l'autre cas, il est bon d'appliquer et de maintenir sur la blessure de la charpie ou de l'amadou.

L'important, en ces circonstances, c'est d'agir vite ; en 10 minutes, il peut sortir de l'artère fémorale 6 kg. de sang.

RÉSUMÉ.

1. Respirer, c'est vivre ; nous avons constamment besoin d'air et d'air pur.

2. Nous respirons au moyen des poumons qui se dilatent et se contractent : il ne faut pas gêner la respiration en comprimant la poitrine.

3. Nous respirons pour rendre au sang l'oxygène qu'il a perdu et pour le débarrasser de l'acide carbonique et de la vapeur d'eau dont il s'est chargé.

4. Le sang circule constamment dans notre corps ; c'est le cœur qui le lance dans les artères ; il passe ensuite dans les veines, par l'intermédiaire des vaisseaux capillaires.

5. Le sang contient des globules rouges, de la fibrine, de l'eau et des gaz.

6. On peut sauver un asphyxié en pratiquant la respiration artificielle ; une artère ouverte se comprime au-dessus de la plaie et une veine au dessous.

QUESTIONS DE CERTIFICAT D'ÉTUDES.

Devoir 140. — 1. A quelle condition vivons-nous? — Comment peut-on s'asphyxier? — Comment s'asphyxie-t-on lentement?

2. Au moyen de quels organes respirons-nous. — Qu'est-ce que le mou? — Par où entre l'air dans les poumons? — Quel est le tube qui le conduit? — Qu'est-ce que la pomme d'Adam? — Comment se divise la trachée-artère? — 3. Comment respire-t-on? — Comment s'appelle le mouvement d'entrée de l'air? — Et le mouvement de sortie? — Comment doivent s'accomplir ces deux mouvements?

Devoir 141. — 4. En quoi l'air expiré diffère-t-il de l'air inspiré? — Où passe l'oxygène en moins? — D'où viennent l'acide carbonique et la vapeur d'eau en plus? — 5. Que vient faire le sang dans les poumons? — Qu'y porte-t-il? — 6. Quel est l'organe qui lance le sang? — Combien de parties dans le cœur? — Quelle espèce de sang envoie le cœur gauche? — Où l'envoie-t-il? — Quel sang trouve-t-on dans le cœur droit? — D'où vient-il. — Où va-t-il? · Où va le sang purifié dans les poumons par l'oxygène de l'air?

Devoir 142. — 7. Qu'appelle-t-on artères? — Veines? — Vaisseaux capillaires? — 8. Résumez la circulation du sang. — 9. Quelle différence y a-t-il entre le sang veineux et le sang artériel? — Qu'appelle-t-on globules du sang? — Combien en faut-il pour faire 1 millimètre? — Que contient la partie solide du sang ou caillot? — Et la partie liquide?

Devoir 143. — 10. Que faut-il faire pour soigner un asphyxié? — Comment amène-t-on l'air dans les poumons? — Comment rétablit-on la circulation du sang? — Faut-il continuer ces soins pendant longtemps? — 11. Qu'appelez-vous hémorragie? — Comment arrête-t-on un saignement de nez? — Comment arrête-t-on le sang qui s'échappe d'une blessure? — Comment reconnaît-on si c'est une veine ou une artère qui est ouverte?

DEVOIR D'INTELLIGENCE.

(*A préparer oralement avant de le mettre par écrit.*)

Devoir 144. — 1. Qu'est ce qui cause la mort d'un homme qui se noie? — 2. Et de celui qui respire de l'acide carbonique? — 3. Quel conduit touche-t-on quand on porte la main au milieu du cou, sous le menton? — 4. Qu'est-ce qui passe dans ce conduit? — 5. Pourquoi, en écrivant, ne faut-il pas appuyer la poitrine contre la table? — 6. A quoi servent les incisives? — Les canines? — Les molaires? — 7. Que signifie l'expression: avaler par le mauvais trou? — 8. Pourquoi un enfant ou un animal peut-il vivre et grandir en se nourrissant uniquement de lait? — 9. Pourquoi faut-il comprimer une artère ouverte *au-dessus* de la blessure et non pas au-dessous? — 10. Qu'est-ce qui donne au sang sa couleur rouge?

RÉDACTIONS.

93. Ecrivez à un de vos amis pour lui faire le récit d'un accident arrivé pendant une partie de pêche : une des personnes qui y assistaient est tombée à l'eau; on l'en a sortie sans connaissance.

Parlez des soins qu'on lui a donnés pour la rappeler à la vie.

94. Quels sont les premiers soins à donner à un enfant :

1° Qui se coupe le doigt avec un couteau;
2° Qui saigne du nez?

95. Ce que devient l'air introduit dans les poumons. (*Gironde* C. E. P.)

96. Dans une famille, deux enfants ont été asphyxiés pendant l'hiver dernier par suite de l'emploi d'un poêle économique dans leur chambre à coucher. Racontez très brièvement l'accident. Vous expliquerez pourquoi il s'est produit. Enfin vous ferez connaître les diverses précautions que l'on doit prendre pour l'éviter (*Oise*. C. E. P.)

97. Un de vos camarades s'est couché dans une chambre où brûlait du charbon, sans l'éteindre. De quel accident aurait-il été victime si personne ne s'en était aperçu, et quels soins lui a-t-on donnés? (*Vienne*. C. E. P.)

98. Pendant la récréation, un de vos camarades s'est coupé assez grièvement. Après avoir pansé la blessure, votre instituteur a profité de la circonstance pour vous exposer ce qu'il faut faire en pareil cas, et comment on reconnaît s'il est indispensable d'appeler un médecin. Votre maître a été ainsi amené à vous parler de la circulation du sang, du cœur, des vaisseaux sanguins.

Racontez cet accident et dites ce que vous avez retenu des conseils de votre maître. (*Seine-Inférieure*. C. E. P.)

99. Quels sont chez l'homme les organes de la digestion, de la respiration, de la circulation? Dites quelques mots sur chacun de ces organes et sur la manière dont s'accomplissent les différentes fonctions de la vie. (*Saône-et-Loire*. C. E. P.)

100. Dites ce que vous savez sur la respiration et sur la circulation du sang chez l'homme. (*Oise*. C. E. P.)

LECTURE XXIII.

Composition du sang.

Un baron allemand, de très haute lignée, était pourvu d'un orgueil démesuré, qui le portait à se considérer comme d'un sang bien plus pur que celui des autres hommes. Ce noble seigneur aimait pourtant les sciences, car il suivait les cours de chimie de Klaproth, qui, à la fin du siècle dernier, enseignait à Berlin avec beaucoup d'éclat. Un jour, comme le baron se rendait au cours de Klaproth, sa voiture versa. Le maître et le cocher furent meurtris par la chute, et l'on crut devoir saigner, aussitôt après l'accident, le maître et le cocher. Le baron trouva l'occasion bonne pour s'édifier sur la différence qui pouvait exister entre le sang d'un gentilhomme et celui d'un homme du peuple. Il pria donc le professeur Klaproth de conserver le produit des deux saignées et d'en faire l'analyse comparative.

Klaproth ne trouva aucune différence dans la composition des deux sangs. Celui du cocher ne renfermait que 2 pour 100 d'eau de moins que celui du baron: sans doute parce que le cocher ne mettait pas d'eau dans son vin, suivant la coutume des cochers de tous les pays. Mais, à cette différence près, qui était insignifiante, le sang du gentilhomme et celui du valet étaient d'une composition parfaitement semblable

Cette leçon donnée par la science corrigea l'orgueil du hobereau. Et comme son fils, marchant sur ses traces, avait une trop grande inclination à se croire d'une nature supérieure à celle des autres hommes, le baron copia de sa main l'analyse faite par Klaproth, et la remit au jeune homme, pour le ramener au sentiment de la vérité, toutes les fois qu'il se sentirait disposé à se croire d'un sang plus pur que celui du peuple.

L. Figuier — *Connais-toi toi-même* (Hachette).

VINGT-QUATRIEME LEÇON.

LES OS — LES MUSCLES.

1. — **L'ensemble des os constitue le squelette.** — Nos organes sont protégés et soutenus par des parties dures, les os, dont l'ensemble constitue le *squelette.*

Les os servent encore à l'exécution des *mouvements.*

2. — **Os de la tête.** — Ce sont des os plats ; ils forment, en se soudant, une sorte de boîte, le crâne, qui abrite le cerveau.

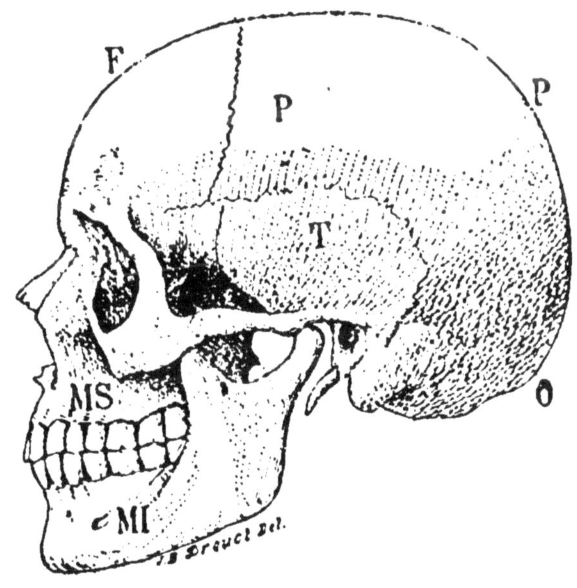

Voici leurs noms : *le frontal,* (F) en avant ; les *temporaux* (T), de chaque côté et en avant ; les *pariétaux* (P), de chaque côté et en arrière ; l'*occipital* (O), en arrière ; deux autres os, criblés de trous, forment le plancher de la boîte *crânienne.*

Les traits de la face sont dessinés par les *os des orbites,*

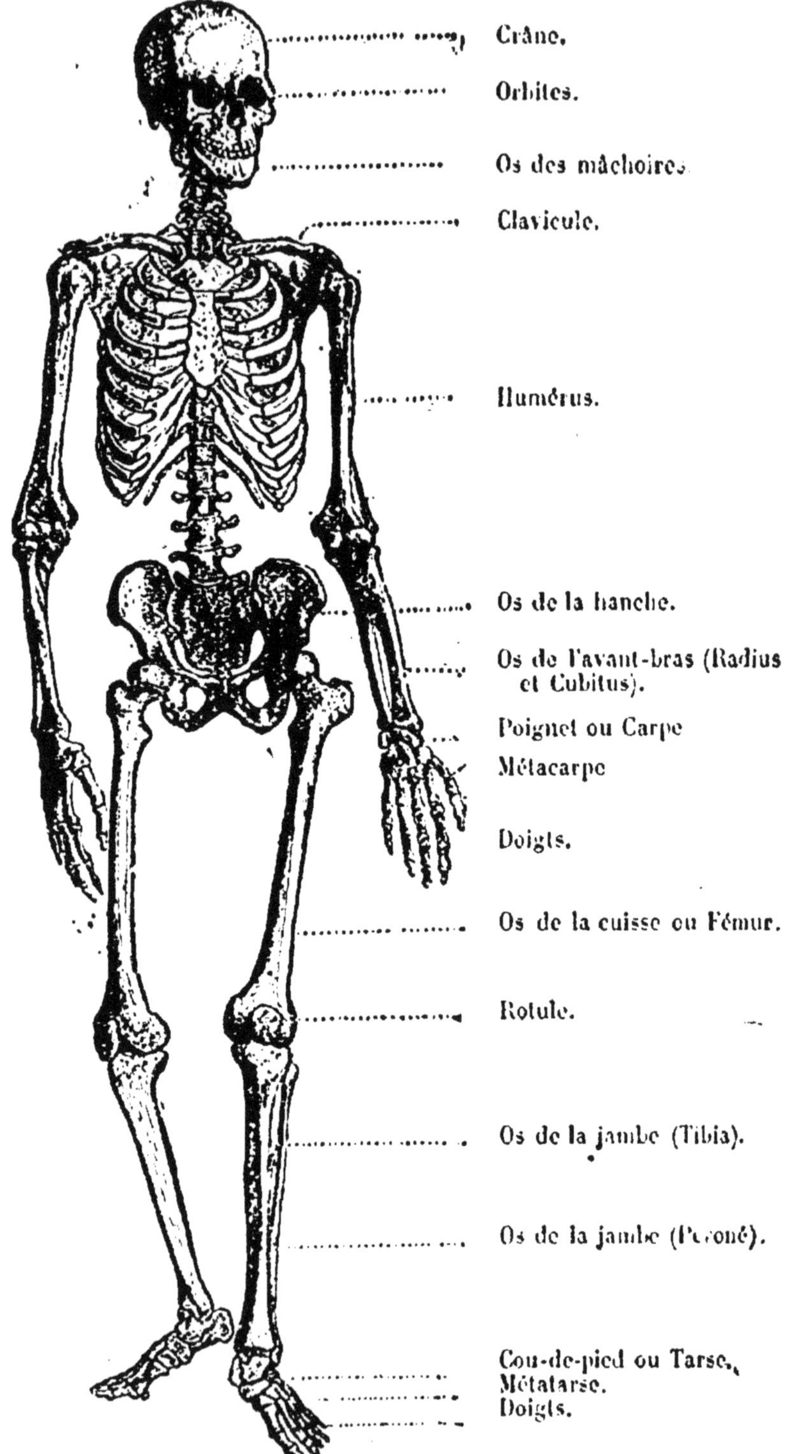

Un squelette humain.

ceux des *pommettes*, les *os du nez*, les deux os *maxillaires supérieurs* (M.S) et le *maxillaire inférieur* (MI), le seul os de la tête qui soit mobile Les os qui forment le plafond de la bouche s'appellent *os du palais*.

3. — **Os du tronc.** — Ils comprennent :

1° La colonne vertébrale ;
2° Le sternum ;
3° Les côtes.

La colonne vertébrale est formée de petits os, appelés *vertèbres*, empilés les uns sur les autres ; chaque vertèbre portant un trou, il en résulte qu'à l'intérieur de la colonne vertébrale, il existe un conduit communiquant avec le crâne. A chaque vertèbre, il y a aussi des prolongements ; ceux qui sont situés en arrière constituent l'*épine dorsale*.

Les vertèbres du cou sont assez mobiles, les autres le sont moins ; celles qui sont tout à fait au bas du tronc sont même soudées les unes aux autres.

Les premières vertèbres du cou étant seulement posées l'une sur l'autre pour nous permettre de tourner la tête, peuvent se séparer facilement Rappelez-vous qu'il est très dangereux de soulever quelqu'un par la tête ou les oreilles, car on risque de le tuer en disloquant les vertèbres du cou

Rappelez-vous aussi que lorsqu'on se tient mal en écrivant, la colonne vertébrale peut se déformer et prendre une courbure exagérée.

Le *sternum* est situé en avant de la poitrine ; il a la forme d'une lame de sabre

Les *côtes*, au nombre de douze paires, partent de la colonne vertébrale et se dirigent vers le sternum ;

7, de chaque côté, s'y rattachent directement ;
5, de chaque côté, s'attachent aux précédentes.

4. — **Os des membres** — Ils servent plus particulièrement aux mouvements.

Dans l'épaule, 2 os : l'un en avant, la *clavicule ;* l'autre en arrière, l'*omoplate ;*

Dans le bras, un os long : l'*humérus*,

Dans l'avant-bras, 2 os, placés côte à côte : le *cubitus* et le *radius ;*

Dans le poignet, 8 petits os, sur deux rangées ;

Dans la paume de la main, 5 os longs ;

Dans chacun des doigts, 3 os placés l'un au bout de l'autre (2 seulement dans le pouce).

Le squelette de la hanche est constitué par deux os larges

et creux qui forment comme une cuvette ou un bassin ; on les appelle, pour cette raison, les *os du bassin*.

La cuisse comprend le plus grand os du corps, le *fémur*.

La jambe, 2 os, placés côte à côte : un gros, le *tibia ;* un plus mince, le *péroné*.

Entre la cuisse et la jambe, un os rond, la *rotule*, qui s'oppose à la flexion des jambes en avant.

Le cou-de-pied comprend 7 os courts.

La plante du pied comprend 5 os longs :

Les orteils, chacun 3 os, sauf le gros orteil qui n'en a que deux.

5. — Quelques notions sur les os. — Les os sont généralement creux et contiennent de la *moelle ;* ils sont entourés à l'extérieur d'une membrane très importante qui sert *à refaire* l'os au fur et à mesure qu'il s'use.

Les os sont composés d'une partie *molle*, cartilagineuse, et d'une partie *dure*. Si on met un os dans de l'acide chlorhydrique, la partie dure disparaît et la partie *molle* seule reste. Si on met l'os dans le feu, la partie molle seule brûle et la partie dure reste sous forme de corps très blanc et spongieux, composé de phosphate de chaux et de carbonate de chaux ou *calcaire*.

Les os ne sont complètement durs que vers l'âge de vingt ans ; jusque-là ils sont d'autant moins durs qu'on est plus jeune. Aussi, la soudure d'un os cassé ou fracturé se fait-elle mieux chez les enfants que chez les grandes personnes.

6. — Les muscles. — Les os sont réunis par les *muscles*.

Les muscles ne sont autre chose que de la chair, semblable à celle des animaux. Ils peuvent se raccourcir ou s'allonger, de telle sorte que si un muscle est attaché à 2 os, ces os se rapprocheront quand le muscle se raccourcira et s'éloigneront quand le muscle se détendra. Voyez la gravure ci-contre. Elle vous montre une jambe humaine dépouillée de sa peau et les muscles qui en forment la chair. — 1, tendon du muscle droit antérieur de la cuisse; 2, muscle vaste interne ; 3, ligament annulaire ; — 4, tendon du muscle jambier antérieur.

7. — **Les muscles qui travaillent grossissent.** — Plus un muscle se contracte, ou bien, comme on dit souvent, plus il travaille, plus il grossit. Voyez les bras des forgerons, des charpentiers, des boulangers, les mollets des montagnards..... Ainsi donc les muscles se développent par le travail. — La gymnastique, la marche, la course, les jeux en général, développent aussi les muscles, activent toutes nos fonctions, circulation, respiration et nutrition. On a raison de dire qu'on digère plus avec les jambes qu'avec l'estomac.

8. — **Précautions à prendre en cas de fracture.** — Il arrive, par suite d'accidents, que les os de nos membres se déplacent ainsi que les muscles qui les retiennent ; quelquefois même les muscles se déchirent. Dans le premier cas, il y a *entorse*, dans le second *luxation*.

Voici les précautions à prendre en cas de fracture, de luxation ou d'entorse. On maintient le mieux possible les parties atteintes dans leur position naturelle, et on combat l'inflammation par des compresses d'eau fraîche.

Il faut se défier des rebouteurs qui sont souvent des charlatans et qui, par des soins mal compris, peuvent retarder et quelquefois compromettre la guérison.

RÉSUMÉ.

1. Les os, dont l'ensemble constitue le squelette, soutiennent et protégent nos organes.
2. On distingue les os plats de la tête, les os du tronc et les os des membres.
3. Les os sont composés d'une partie molle et d'une partie dure; ils renferment de la moelle intérieurement.
4. Les muscles retiennent les os et les font mouvoir; ils ont la propriété de se raccourcir ou de s allonger ; de plus, ils se développent par l'exercice.
5. En cas de fracture, de luxation ou d'entorse, il faut maintenir autant que possible dans leur position naturelle les parties blessées.

QUESTIONS DE CERTIFICAT D'ÉTUDES.

Devoir 145. — 1. A quoi servent les os? — 2. Qu'est-ce que le crâne? — Quels noms portent les os du crâne? — Quels sont les os de la face? — Quel est l'os mobile de la face? — 3 Quels sont les trois os principaux du tronc? — Comment s'appelle chaque os de la colonne vertébrale? — Par quoi est formée l'épine dorsale? — Quelles sont les vertèbres mobiles? — Quelles vertèbres sont soudées les unes aux autres? — Pourquoi ne faut-il pas soulever quelqu'un par la tête?

Devoir 146. — Pourquoi ne faut-il pas se tenir mal en écrivant? — Qu'est-ce que le sternum? — Combien avons-nous de côtes? — 4. Nommez les os de l'épaule. — Du bras. — De l'avant bras. — Combien d'os y a-t-il dans le poignet? — Dans la main? — Dans les doigts? — Que savez-vous des os de la hanche? — Nommez les os des membres inférieurs.

Devoir 147. — 5. Que contiennent les os? — De quoi sont-ils entourés? — De quoi sont-ils composés? — Que reste-t-il d'un os qu'on a laissé dans l'acide chlorhydrique? — Et d'un os qui a passé par le feu? — A quel âge les os sont-ils complètement durs? — 6. Qu'est-ce que les muscles? Quelle est leur propriété? — 7. Que deviennent les muscles qui travaillent? — 8. Qu'appelez-vous fracture? — Entorse? — Luxation? — Quelle précaution faut-il prendre dans ces divers cas? — Que faut-il penser des rebouteurs?

RÉDACTIONS.

101. Définissez les mots suivants : fémur, bassin, humérus, rotule, sternum, occipital, colonne vertébrale, maxillaires, péroné, cubitus, tibia.

Dites ensuite de quoi sont composés les os et quel est leur rôle.

102. Faites la description de la cage thoracique ; dites ensuite ce que c'est qu'une fracture et comment on la guérit. Enfin terminez en disant ce qu'on fait des os des animaux dans l'industrie.

LECTURE XXIV.

Greffe osseuse, greffe épidermique.

On sait que lorsqu'on prend un rameau sur une plante et qu'on le fixe sur une autre plante, convenablement choisie, le rameau pousse comme il l'aurait fait sur son premier support.

Cette opération s'appelle *greffe*.

Pendant longtemps la greffe n'a été appliquée qu'aux végétaux. Aujourd'hui on transporte couramment des lambeaux de peau, de chair, des fragments d'os d'une personne sur une autre, ou même d'un animal sur une personne.

Voici un cas curieux de greffe osseuse pratiquée par un chirurgien de Lyon. Il avait été obligé d'enlever le tibia droit d'un enfant de 13 ans, à l'exception de la partie supérieure qu'il laissa en place. Pour le remplacer il prit des fragments d'os sur un jeune chevreau.

Trois mois après l'opération, le jeune garçon marchait très bien, à tel point qu'il put faire 18 kilomètres sans fatigue.

Un autre chirurgien a enlevé sur le crâne de deux lapins des rondelles d'os qu'il a ensuite transplantées de l'un sur l'autre. Ces transplantations ont parfaitement réussi, et la cicatrisation s'est faite en laissant à peine de traces.

Ainsi aujourd'hui on répare la charpente osseuse comme on répare la charpente d'une maison. Une pièce est-elle détériorée: on la remplace.

Voici un exemple de greffe épidermique.

« Les époux Rabaud, de Saintes, ont fait pour leur enfant malade un sacrifice qu'ils n'auraient pas accompli si naturellement pour l'enfant d'une autre famille. Cela n'enlève rien à la beauté de leur acte, mais cela aide à le comprendre. Qu'une fausse délicatesse ne vous empêche pas d'entendre des détails qui ont ému l'Académie. Il y a là d'ailleurs une application nouvelle du dévouement paternel et maternel à un cas médical; c'est, je crois, le premier cas de ce genre qui se rencontre dans nos Annales du Bien.

« Un des enfants des époux Rabaud fut horriblement brûlé depuis la poitrine jusqu'aux genoux; la plaie du ventre seule pouvait entraîner la mort. Il fallut essayer la greffe épidermique : le père et la mère s'offrirent du même élan pour que le médecin prît immédiatement sur eux les greffes (1) nécessaires; cinq grandes furent prises sur le père, vingt deux plus petites sur sa femme. Ni l'un ni l'autre n'avaient hésité un instant; l'opération réussit. L'enfant fut malade pendant 14 mois; il guérit plus tard que ses parents, mais enfin il guérit.

« Le père et la mère ne s'étaient pas séparés dans leur sanglante offrande ; nous n'avons pas voulu les séparer dans la proclamation d'un dévouement égal. Mais c'est le jour où leur enfant fut guéri, qu'ils avaient déjà reçu leur récompense ; ce que nous y ajoutons aujourd'hui est bien peu de chose. Le jeune garçon, s'il se souvient comment il a été sauvé, pourra s'appliquer à lui-même les beaux vers de Victor Hugo et se rappeler, lui aussi :

. . . . . . Que de soins, que d'amour,
Prodigués pour sa vie, en naissant condamnée,
L'ont fait deux fois l'enfant de sa mère obstinée. »

Rapport sur les prix de vertu, par M. Caro.

(1) Il s'agit de greffes de peau humaine.

VINGT-CINQUIÈME LEÇON.

SYSTÈME NERVEUX ET SENS.

1. — **Le système nerveux comprend le cerveau, la moelle épinière, les nerfs.** — Le système nerveux est l'ensemble des organes qui *règlent* nos fonctions, *commandent* nos mouvements et nous mettent *en relation* avec le monde extérieur.

Il comprend :

1° Le *cerveau*, le *cervelet* et la *moelle épinière*.

2° Les *nerfs*, minces filets blancs qui partent des organes précédents et aboutissent à toutes les parties du corps.

Tous ces organes sont composés d'une substance *molle*, bien connue d'ailleurs, car tout le monde a vu de la cervelle de veau ou de bœuf.

2. — **Le cerveau et le cervelet sont situés dans la boite crânienne.** — La forme générale du *cerveau* (c.v) est celle d'un œuf que l'on aurait coupé en deux suivant sa plus grande dimension ; à l'extérieur il est d'un gris rosé ; à l'intérieur, il est blanc. Un sillon profond divise le cerveau en *deux hémisphères* ; la surface du cerveau est creusée d'autres sillons contournés qui constituent les *circonvolutions cérébrales*.

Le *cervelet* (cl), placé au-dessous du cerveau, est également comme ce dernier gris à l'extérieur, blanc à l'intérieur, et creusé à sa surface de sillons rectilignes et parallèles.

Ces deux organes sont enveloppés de 3 membranes (méninges) et d'un liquide qui les mettent à l'abri des chocs.

C'est par le cerveau que nous traduisons à l'extérieur notre volonté, notre intelligence, notre sensibilité ; c'est lui qui nous permet de percevoir les impressions du dehors. Aussi est-ce au cerveau que tous les nerfs aboutissent, soit directement, soit indirectement.

3. — **La moelle épinière** est blanche à l'extérieur, grise à l'intérieur ; elle règle, en grande partie les mouvements qui échappent à notre volonté.

4. — **Les nerfs transmettent les ordres du cerveau.** — Les nerfs sont comme des fils télégraphiques ; ils conduisent les ordres du cerveau dans tous nos organes pour les faire

fonctionner, ou transmettent au cerveau les impressions qui partent de ces organes.

Dans la paralysie, ils ne peuvent plus remplir leur rôle ; un bras paralysé ne peut pas se mouvoir et est insensible.

Les nerfs sont nombreux ; ceux qui nous intéressent plus particulièrement, ce sont les nerfs des *organes des sens.*

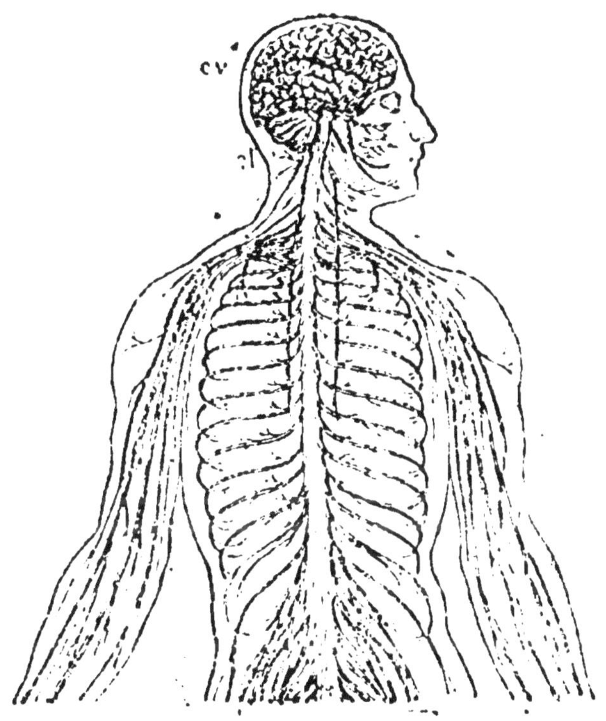

Les centres nerveux du Système cérébro-spinal esquissés avec les origines des principaux nerfs. — *cv*, cerveau ; — *cl*, cervelet.

5. — **Le toucher.** — Le toucher a pour siège la peau. La peau est formée de 2 couches : l'*épiderme* en dehors, et le *derme* en dedans.

Une grande quantité de nerfs aboutissent sous le derme ; ce sont ceux qui conduisent au cerveau les sensations de *chaleur*, de *froid*, de *consistance*... des corps qui nous entourent.

On remarque encore dans la peau des *poils*, des tubes très fins qui *laissent passer la sueur*, des vaisseaux *sanguins* et des *filaments enchevêtrés* qui assurent la solidité de la peau et du cuir chez les animaux.

6. — **Hygiène de la peau.** — La peau doit être tenue constamment propre. Tous les jours il faut se laver la figure et les mains plus exposées aux souillures que le reste du corps; toutes les semaines, prendre un bain de pieds, et tous les quinze jours, un grand bain chaud ou des douches d'eau chaude.

Les bains ou douches d'eau fraîche activent la respiration et la circulation.

Chevelure. — La chevelure exige aussi des soins de propreté qui sont rendus plus faciles lorsque les cheveux sont coupés ras. Tous les jours il faut se peigner, se brosser la tête et de temps en temps la laver à l'eau tiède.

Restez tête nue autant que vous le pourrez; la meilleure coiffure est celle qui laisse l'air circuler librement.

N'oubliez pas qu'il est dangereux de prendre les coiffures de vos camarades, de se servir de leurs peignes ou de leurs brosses à cheveux; s'ils ont la *teigne*, vous en serez atteint, or la teigne est une maladie contagieuse bien difficile à guérir.

Vêtements. — La peau ne suffirait pas à nous garantir du froid; on la recouvre de vêtements, qui nous protègent non seulement contre les variations de température, mais encore contre les coups, les chocs...

Les meilleurs vêtements sont ceux qui laissent circuler l'air et la sueur; les étoffes de laine sont préférables aux autres; il ne faut pas faire usage de vêtements imperméables.

7. — **Le goût** réside dans la langue. Elle comprend, à l'intérieur, une partie charnue, musculaire, qui est la cause de ses mouvements, et elle est recouverte d'une double membrane analogue à la peau; au-dessous de cette membrane, se trouve le *nerf lingual* qui conduit au cerveau les sensations des saveurs.

C'est le goût qui nous indique si ce que nous mangeons est bon ou mauvais pour notre santé; mais pour le conserver intact, il faut éviter les boissons alcooliques et les aliments trop assaisonnés.

8. — **L'odorat.** — Le nez se compose des deux narines situées sur le passage de l'air que nous respirons. A l'intérieur il est tapissé par une membrane sous laquelle s'épanouit le *nerf olfactif*, qui conduit les odeurs au cerveau.

Quand on use d'odeurs fortes, quand on a l'habitude de priser, l'odorat s'émousse et ne nous sert presque plus. Le rhume du cerveau, qui n'est autre chose que l'inflammation de la membrane du nez, affaiblit et même fait disparaître l'odorat.

9. — **L'ouïe.** — L'oreille se compose d'abord de deux lames plus ou moins contournées, situées de chaque côté de la tête (1) ; puis d'un conduit percé dans l'os temporal (2) et qui se termine par une membrane (le tympan) (3) enduite d'une matière jaunâtre. Sur cette membrane s'appuient de petits osselets (5) qui conduisent les vibrations sonores jusqu'au *nerf acoustique* (6).

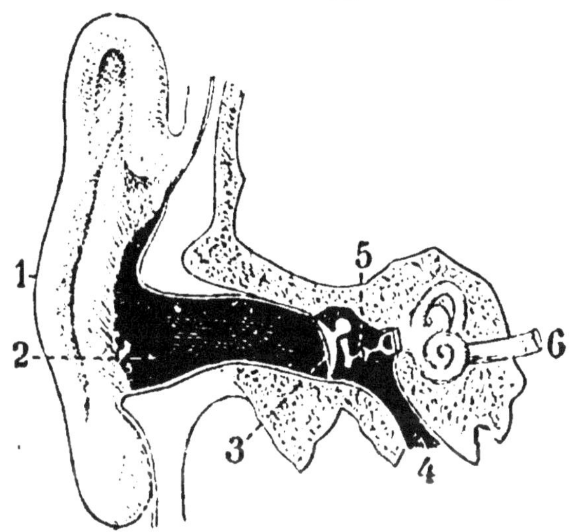

La cavité de l'oreille où se trouvent les osselets communique par un canal avec l'arrière-bouche (4) ; c'est ce qui explique pourquoi les coups de vent froid dans l'oreille amènent des maux de gorge.

Pour conserver la finesse de l'ouïe, on doit se nettoyer les oreilles afin d'empêcher l'accumulation de la matière jaune et des poussières qu'elle retient.

Les sons intenses fatiguent l'oreille et peuvent amener à la longue une demi-surdité : c'est ce qui arrive aux sonneurs, chaudronniers, artilleurs, etc... Les cris, les coups de sifflet aigus... causent une impression douloureuse ; dans le langage ordinaire, on dit de ces bruits qu'ils *déchirent* le tympan.

10. — **L'œil.** — Nous avons vu qu'il ressemble à la chambre noire du photographe ; mais il est plus parfait. L'aspect en est aussi plus agréable ; il fait vraiment plaisir à voir chez une personne loyale, qui vous regarde franchement en face.

Derrière la partie transparente et bombée, on aperçoit un disque (l'iris), nuancé de différentes couleurs suivant les individus ; au milieu se trouve une ouverture (la pupille) qui laisse passer les rayons de lumière en plus ou moins grande quantité, selon qu'ils arrivent avec moins ou plus d'intensité ; l'endroit de cette ouverture est noir, puisque l'œil est une chambre noire.

Placez-vous en pleine lumière et regardez votre œil dans un miroir ; vous verrez la pupille rétrécie ; faites ombre sur votre œil, immédiatement la pupille s'agrandit.

Les images se forment sur le *nerf optique* qui s'étale au fond de l'œil. Examinez la coupe de l'orbite et de l'œil de l'homme que représente la gravure ci-contre.

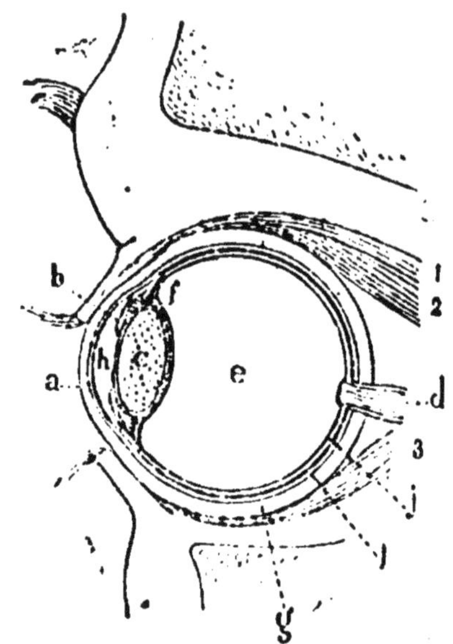

g. sclérotique ; — *i*, choroïde ; — *j*, rétine ; — *d*, nerf optique ; — *a*, cornée, transparente, — *b*, iris, au centre duquel est percée la pupille ; — *f*, procès ciliaires, enchâssant le cristallin ; — *h*, humeur aqueuse ; — *c*. cristallin ; — *e* humeur vitrée ; — 1, muscle élévateur de la paupière supérieure ; — 2, muscle droit supérieur, qui sert à lever l'œil ; — 3, muscle droit inférieur, qui sert à baisser l'œil.

L'œil est protégé par les *paupières* munies de cils ; sa surface est constamment humectée par les *larmes* venant des glandes *lacrymales* placées à la partie supérieure et extérieure, et il est mis en mouvement par des muscles logés, ainsi que le globe de l'œil, dans la cavité de l'orbite.

11. — Hygiène de l'œil. — L'œil est un organe très délicat dont il faut avoir un grand soin ; si lorsqu'on est jeune on s'habitue à lire de trop près (moins de 25cm) on devient rapidement *myope*.

Le froid sur les yeux enflamme les paupières ; il en est de même de l'air trop sec ou d'une lumière trop vive ou trop blanche.

Enfin, quand on se frotte les yeux, il est prudent de ne se servir que du petit doigt, qui, étant moins employé que les autres, n'introduira pas dans l'œil des germes ou des poussières pouvant le blesser.

RÉSUMÉ.

1. Le système nerveux est l'ensemble des organes qui règlent nos fonctions, commandent nos mouvements et nous mettent en relation avec le monde extérieur; il comprend le cerveau, la moelle épinière et les nerfs.

2. Le cerveau et le cervelet sont situés dans la boîte crânienne; le cerveau est partagé en deux hémisphères; le cervelet est placé au-dessous du cerveau.

3. La moelle épinière est logée dans la colonne vertébrale.

4. Les nerfs transmettent les ordres du cerveau ou lui portent nos impressions.

5. Le toucher a pour siège la peau, qui est formée de l'épiderme et du derme; il nous donne les sensations de chaleur et de froid; il faut se tenir propre et soigner sa chevelure; les vêtements doivent laisser circuler l'air.

6. Le goût réside dans la langue et nous donne la notion des saveurs; l'odorat peut se perdre par l'abus des odeurs fortes.

7. L'ouïe réside dans l'oreille interne; l'oreille communique avec l'arrière-bouche.

8. L'œil ressemble à l'appareil du photographe: les images se forment sur le nerf optique qui tapisse le fond de l'œil; c'est un organe très délicat dont il faut avoir grand soin.

QUESTIONS DE CERTIFICAT D'ÉTUDES.

Devoir 148. — 1. Qu'est-ce que le système nerveux? — Quels organes comprend-il? — De quelle substance sont composés ces organes? — 2. Quelle est la forme du cerveau? — Quelle est sa couleur? — Que remarque-t-on à sa surface? — Où est placé le cervelet? — Comment sont les sillons du cervelet? — Par quoi sont enveloppés le cerveau et le cervelet? — Quelle est la fonction du cerveau? — 3. Quelle est la couleur de la moelle épinière? — Quels sont les mouvements qu'elle règle?

Devoir 149. — 4. Quel est le rôle des nerfs? — Quand ne peuvent-ils plus remplir leur rôle? — Quels sont les nerfs les plus importants? — 5. De quoi se compose la peau? — Quelles notions nous donne le toucher? — Que trouve-t-on dans la peau? — 6. Comment doit être tenue la peau? — Quelle est l'action des bains froids? — Quels soins faut-il donner à la chevelure? — Quelle est la meilleure coiffure? — Pourquoi ne faut-il pas se servir des coiffures des camarades? — Quels sont les meilleurs vêtements? — De quels vêtements ne faut-il pas se servir?

Devoir 150. — 7. Quel est le siège du goût? — De quoi se compose la langue? — Que faut-il faire pour garder intact le sens du goût? — 8. Que trouve-t-on dans le nez? — Quand est-ce que l'odorat s'émousse? — 9. De quoi se compose l'oreille? —

Dans quel os est percé le conduit auditif ou de l'oreille ? — Comment s'appelle la membrane tendue au fond du canal auditif ? — Que trouve-t-on de l'autre côté de la membrane du tympan ? — Avec quoi communique la cavité de l'oreille ? — Quels soins faut-il prendre de l'oreille ?

Devoir 151. — 10. A quoi ressemble l'œil ? — Qu'est-ce que l'iris ? — Quelle couleur a-t-il ? — Comment s'appelle l'ouverture de l'iris ? — Pourquoi cette ouverture paraît-elle noire ? — Quand est-ce que la pupille se rétrécit ? — Quand se dilate-t-elle ? — Où se forment les images ? — Par quoi l'œil est-il protégé ? — Comment appelle-t-on les glandes qui sécrètent les larmes ? - 11. Comment peut on devenir myope ? — Qu'est-ce qui peut causer l'inflammation des yeux ?

RÉDACTIONS.

103. Dites ce que vous savez sur le cerveau, le cervelet, la moelle épinière et les nerfs.

104. Définissez les expressions suivantes : iris, pupille, nerf olfactif, nerf lingual, derme, épiderme, nerf optique, teigne, nerf acoustique, tympan, glandes lacrymales.

105. Que savez-vous sur l'hygiène de la peau, de la chevelure et des vêtements ?

106. Votre maître vous a fait une leçon sur les soins de propreté et d'hygiène. Rappelez les conseils qu'il vous a donnés.

(*Nord*, C. E. P.)

LECTURE XXV.

Illusions d'optique.

Nous avons l'habitude de dire que les sens nous trompent souvent ; il serait plus juste de reconnaître que nous n'inter-

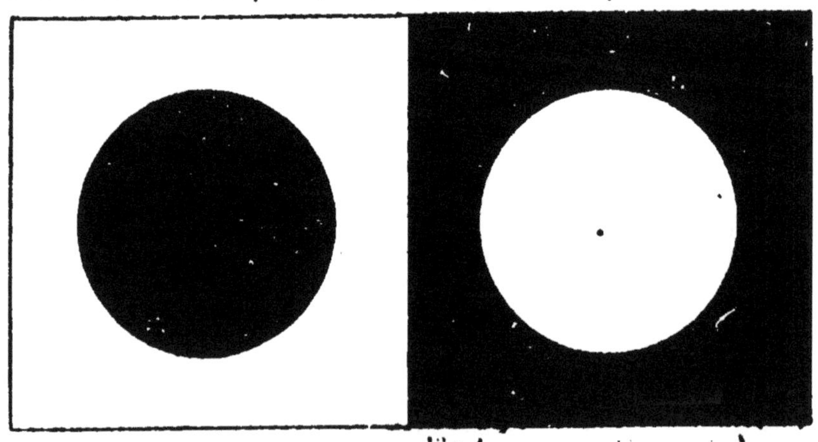

Fig. 1.

prétons pas toujours avec rigueur les données qu'ils nous fournissent.

Les prétendues erreurs de la vue s'appellent des *illusions d'optique.*

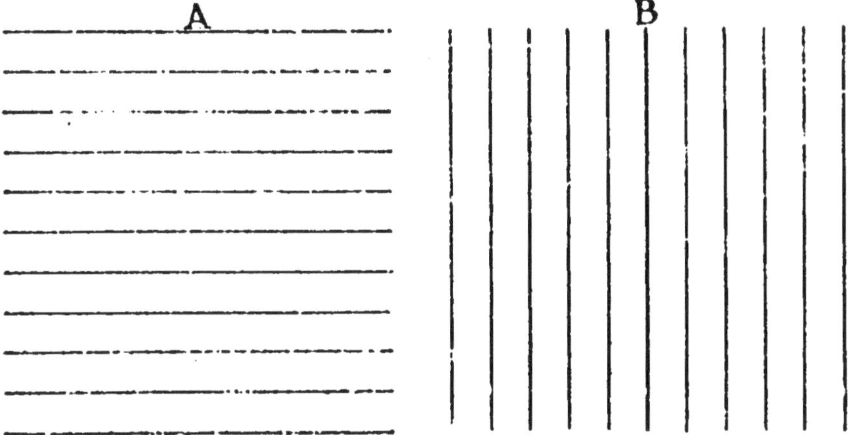

Fig. 2.

Regardez la figure 1 : le cercle blanc paraît plus grand que le cercle noir, et cependant ils sont égaux.

Dans la figure 2, les lignes horizontales semblent plus longues

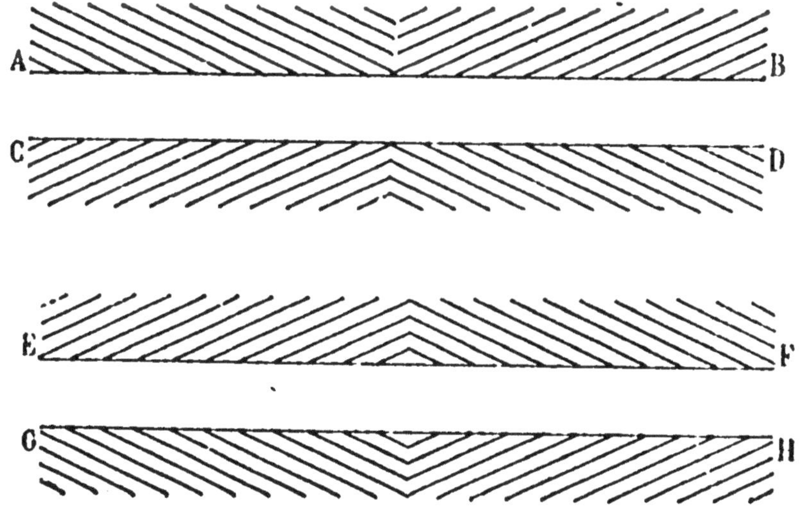

Fig. 3.

que les lignes verticales, et le carré A vous paraît plus haut, le carré B plus large : illusion d'optique simplement.

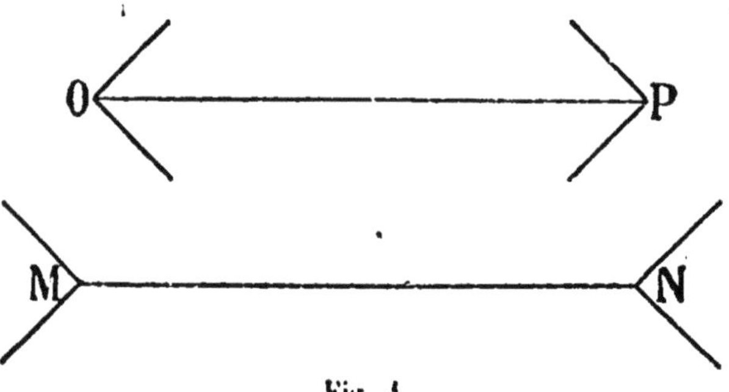

Fig. 4.

Les droites AB, CD et EF, GH de la figure 3 sont parallèles entre elles; on dirait cependant que les unes s'écartent vers le milieu et les autres vers les extrémités.

Ne dirait-on pas que la ligne MN (fig. 4) est plus longue que la ligne OP? Mesurez-les, vous les trouverez égales.

Lorsqu'une image se forme dans notre œil, elle persiste un peu de temps après que nous en avons ressenti l'impression.

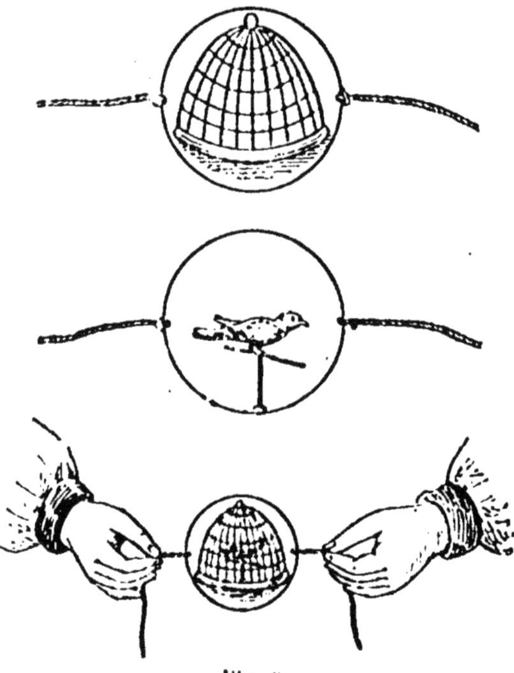
Fig. 5.

C'est pour cela que si l'on fait tourner rapidement un charbon ardent, on s'imagine voir un cercle de feu. La traînée des étoiles filantes s'explique de cette manière.

Sur un morceau de carton, dessinez d'un côté une cage et de l'autre un oiseau, et faites tourner rapidement au moyen de deux fils : vous verrez l'oiseau dans la cage.

Fixez une fenêtre bien éclairée ; fermez les yeux, vous la verrez encore ; mais les parties éclairées sont obscures, et les boiseries et les barreaux de la fenêtre sont blancs.

Ces petites expériences doivent nous mettre en garde contre nous-mêmes qui sommes victimes de ces *illusions d'optique*.

DEVOIRS DE RÉCAPITULATION

Sur les quatre premières leçons d'histoire naturelle.

Devoir 152. — 1. Combien y a-t-il de sortes d'aliments? — 2. A quoi servent les os? — 3. Comment peut-on s'asphyxier? — 4. Qu'est-ce que le système nerveux? — 5. Quels organes comprend-il? — 6. Nommez les os du crâne. — 7. Par quel conduit l'air entre-t-il dans les poumons? — 8. Nommez quelques aliments azotés? — 9. Qu'est-ce qu'un aliment complet? — 10. Pourquoi ne faut-il pas soulever un enfant par la tête?

Devoir 153. — 11. Qu'est-ce que le sternum? — 12. Où est placé le cervelet? — 13. Quelle est la fonction du cerveau? — 14. Comment s'appelle le mouvement d'entrée de l'air? et le mouvement de sortie? — 15. Que pensez-vous des liqueurs fortes? — 16. Pourquoi ne faut-il pas se tenir mal en écrivant? — 17. Nommez les os des membres supérieurs; — des membres inférieurs. — 18. Quel est le rôle des nerfs? — 19. Quels sont les nerfs les plus importants? — 20. Quelle transformation subissent les aliments dans la bouche?

Devoir 154. — 21. Quelle est l'action du suc gastrique? — Et du suc pancréatique? — 22. Que vient faire le sang dans les poumons? — Combien de cavités trouve-t-on dans le cœur? — 23. Quelle est la composition des os? — 24. Quels sont les meilleurs vêtements? — 25. Qu'appelle-t-on tympan? — 26. Qu'entendez-vous par globules du sang? — 27. Que savez-vous sur les hémorragies? — 28. Que pensez-vous des rebouteurs? — 29. Nommez les diverses parties de l'œil. — 30. Comment appelle-t-on les glandes qui sécrètent les larmes?

VINGT-SIXIÈME LEÇON.

CLASSIFICATION. — MAMMIFÈRES.

1. — **On range les animaux en groupes.** — Les animaux sont très nombreux. Pour en faciliter l'étude, on les répartit en groupes, en rapprochant dans le même groupe ceux qui se ressemblent le plus.

On en fait d'abord quatre grandes divisions ou quatre *embranchements :*

1° Ceux qui, comme l'homme, le chien, la carpe... ont les parties dures ou le squelette à *l'intérieur* du corps : **les vertébrés ;**

2° Ceux qui, comme le hanneton, l'écrevisse, le ver de terre ont les parties dures *à l'extérieur* et sont composés d'anneaux : **les annelés** ;

3° Ceux qui ont le corps complètement mou, protégé souvent par une coquille, par exemple, l'huître, l'escargot : **les mollusques** ;

4° Enfin les animaux qui se rapprochent des plantes : **les zoophytes.**

2. — **Les Vertébrés se rangent en classes.** — Les vertébrés comprennent des animaux qui diffèrent encore beaucoup entre eux.

On ne peut étudier en même temps le chat et le hareng, le moineau et la grenouille... Aussi partage-t-on les vertébrés en cinq groupes ou classes de la façon suivante.

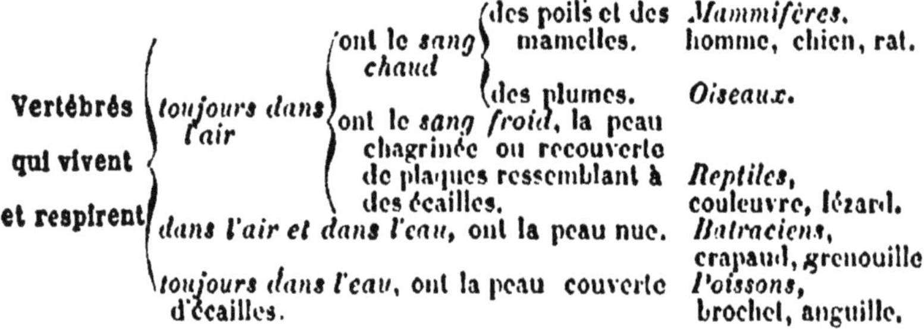

Vertébrés qui vivent et respirent	*toujours dans l'air*	ont le *sang chaud*	des poils et des mamelles.	*Mammifères*, homme, chien, rat.
			des plumes.	*Oiseaux*.
		ont le *sang froid*, la peau chagrinée ou recouverte de plaques ressemblant à des écailles.		*Reptiles*, couleuvre, lézard.
	dans l'air et dans l'eau, ont la peau nue.			*Batraciens*, crapaud, grenouille
	toujours dans l'eau, ont la peau couverte d'écailles.			*Poissons*, brochet, anguille.

3. — **Les mammifères.** — Le genre de vie et de nourriture des mammifères est très variable.

Les uns se nourrissent exclusivement de matières animales, proies vivantes ou charognes ; les autres se nourrissent exclusivement de matières végétales, feuilles, fruits, graines; d'autres associent les deux genres de nourriture; ils mangent de tout ou sont omnivores.

L'organisation et les mœurs des mammifères sont en rapport avec leur nourriture, et c'est bien à eux qu'on peut appliquer l'adage : « Dis-moi ce que tu manges, je te dirai qui tu es. »

4. — **Mammifères se nourrissant de matières animales.** — Ils ont tous des canines aiguës et des molaires recouvertes d'aspérités pour déchirer la chair.

Les carnivores. — Nous trouvons dans ce groupe deux animaux domestiques : le chat et le chien. Le *chat* a des pattes courtes et trapues, lui permettant de bondir sur sa proie qu'il guette à l'affût, et des griffes acérées qu'il enfonce dans la chair de sa victime ; pour ne pas les user dans sa marche, il les relève, comme quand il fait patte de velours ; aussi s'approche-t-il de sa proie sans bruit. Quant à lui, il ne se laisse pas facilement approcher, car il a la vue perçante et l'ouïe très fine.

Le *chien* a les pattes plus longues, ce qui en fait un bon coureur ; il appuie sur ses griffes en marchant. Pour se défendre ou pour attaquer, il mord, car il a une mâchoire très forte et des crocs ou canines solides.

Le Chien domestique, variété de Chien courant (de France) ; hauteur, 0m 50.

La finesse de sa vue et de son ouïe en fait un excellent gardien, et son odorat subtil, un auxiliaire précieux pour la chasse.

Le chien est l'ami de l'homme ; il le suit partout et prend même les habitudes de son maître : tel homme, tel chien.

Le *chat* et le *chien* sont des *carnivores*. On range dans cette famille le *loup*, le *renard*, le *blaireau*, la *fouine* et la *belette*, la *martre*, animaux nuisibles qui s'attaquent aux troupeaux et aux basses-cours, et la *loutre* qui vit de poissons. C'est encore à cette famille qu'appartiennent le *lion*, le *tigre*, le *jaguar* ou tigre d'Amérique, le *léopard* d'Afrique, l'*hyène*, l'*ours*, le *chacal* qu'on peut voir dans les ménageries, ainsi que le *phoque* et le *morse*.

Les insectivores. — Les animaux qui se nourrissent d'insectes sont appelés *insectivores*. Ce sont des animaux *utiles* puisqu'ils nous débarrassent des insectes, nos ennemis pour la plupart.

La Taupe d'Europe ; longueur, 0m 22.

Les principaux insectivores sont : le *hérisson*, remarquable par ses poils transformés en piquants, et qui se roule en boule quand un danger le menace ; la *taupe*, aux yeux à peine visibles, au pelage velouté, aux pattes courtes et robustes dont elle se sert pour creuser ses galeries de chasse dans la terre ; la *musaraigne*, qui ressemble de loin à la souris, mais qui a la queue beaucoup moins longue ; la *chauve-souris*, qui vole, grâce à une membrane soutenue par les pattes et les doigts ; elle chasse les insectes toute la nuit.

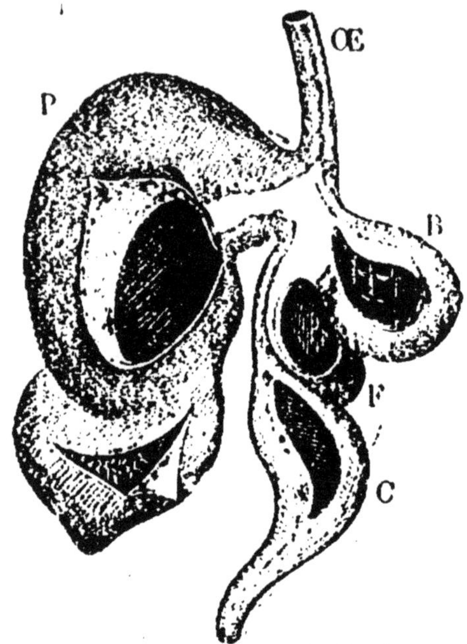

Estomac des ruminants. Œ Œsophage ; P Panse ; B Bonnet ; F Feuillet ; C Caillette.

Pendant l'hiver, alors que la nourriture lui fait défaut, elle s'engourdit et dort : « Qui dort dîne, » dit le proverbe. D'autres animaux s'engourdissent comme la chauve-souris; ce sont des animaux *hibernants*.

5. — **Mammifères se nourrissant de matières végétales.** — Ils ont rarement des canines ; la plupart des animaux domestiques rentrent dans cette catégorie.

Les ruminants. — Et d'abord le *bœuf*, le *mouton, la chèvre*. Ils ont des pattes terminées par deux sabots, des cornes pour se défendre ; leur appareil digestif est disposé de telle sorte qu'ils peuvent ramener à leur bouche, pour les mâcher de nouveau, les aliments grossièrement mâchés et déjà avalés. On dit alors qu'ils *ruminent* et on leur donne le nom commun de *ruminants*.

Le Bœuf domestique (d'Europe), hauteur, 1m 50.

Les animaux de race bovine sont utilisés comme producteurs de force, de lait ou de viande; les moutons nous donnent leur laine et leur chair ; les chèvres, qui sont les vaches du pauvre, car elles se contentent d'une maigre nourriture, nous donnent leur lait, leur chair, leur peau et leurs poils.

Le *chameau*, domestiqué en Algérie, le *renne*, qui est à la fois le cheval et la vache des Lapons, le *cerf* et le *chevreuil* qui vivent à l'état sauvage dans nos forêts, sont aussi des ruminants, ainsi que le *buffle* de l'Inde, le *bison* et le *lama* d'Amérique, le *chamois* des Alpes et des Pyrénées, les *antilopes* d'Afrique, la *girafe* au cou allongé.

Les jumentés. — Le *cheval*, l'*âne* et le *mulet* ont des membres robustes avec lesquels ils se défendent en ruant.

Le Cheval ; hauteur, 1m 56.

Chaque membre est terminé par un seul sabot. Ces animaux ne ruminent pas ; bien plus, le cheval ne peut même pas vomir, de sorte qu'une indigestion peut amener la mort de l'animal ; il ne lui est pas possible non plus de respirer par la bouche : voilà pourquoi on arrive à le maîtriser en lui serrant les naseaux. Le *zèbre* d'Afrique, au pelage rayé, le *rhinocéros* qui a le nez surmonté d'une corne sont des jumentés.

Il y a des boucheries de cheval et d'âne, mais ce n'est pas leur viande qui fait la valeur de ces animaux. On les utilise comme bêtes de selle, ou de bât ou de trait. Pour rappeler leur origine, on désigne le cheval, l'âne et le mulet sous le nom de *jumentés*. On range dans une famille voisine des jumentés, l'*éléphant* des Indes et d'Afrique, aux fortes défenses et à la trompe mobile.

Les rongeurs. — Le *lapin domestique* qui vit dans les

clapiers est un *rongeur*. Pour lui, ronger est un besoin, car ses incisives poussent constamment et elles deviendraient gênantes si elles ne s'usaient pas. Le *cobaye* ou *cochon d'Inde* est également domestique.

Le Rat noir (d'Europe); longueur de tête et du tronc, 0m 20.

Le *lièvre*, le *lapin sauvage* ou *lapin de garenne*, l'*écureuil*, les *rats*, les *souris*, les *mulots*, la *marmotte des Alpes*, le *loir*, le *castor* sont tous des rongeurs et sont tous nuisibles.

6. — **Mammifères omnivores.** — Nous trouvons dans ce groupe encore un animal domestique, le *porc*. Sa gourmandise lui fait trouver tout bon, et nous mettons cette gourmandise à profit pour transformer le porc en une véritable fabrique à lard ; mais il faut avoir soin de ne pas le laisser remuer les ordures si l'on ne veut pas qu'il devienne ladre.

Le Sanglier ordinaire (d'Europe); hauteur, 0m 65.

On ne doit pas non plus le laisser se vautrer dans la fange, car le porc ne donne de bons produits que s'il est tenu dans la propreté. Les meilleurs jambons viennent d'un pays où le paysan a l'habitude de laver souvent les porcs et de les baigner pendant l'été dans la rivière.

Le *sanglier* est un animal nuisible qui bouleverse les récoltes et détruit le gibier ; il attaque ou se défend à coups de boutoir ; ses canines sont très fortes et sortent de sa gueule. Ce n'est pas un porc à l'état sauvage, comme on dit quelquefois ; mais il se rapproche beaucoup du porc et c'est pourquoi on les qualifie tous deux de *porcins*.

L'*hippopotame* qui vit dans les rivières d'Afrique est rangé dans la classe des porcins; il ne se nourrit cependant que de matières végétales.

7. — **Enfin il y a encore d'autres mammifères** qui vivent à l'état sauvage, comme les *kanguroos* d'Australie et les *sarigues* de l'Amérique du Sud, qui ont une poche sous le ventre; il y a aussi des mammifères qui vivent dans la mer ou les grands fleuves; la *baleine*, qui se nourrit de très petits animaux marins, et qui peut atteindre 40 mètres de longueur; le *cachalot*, le *dauphin* et le *marsouin*.

Citons enfin les *singes*, qui ressemblent beaucoup à l'homme, et qu'on appelle *quadrumanes* parce qu'ils ont des mains aux extrémités des quatre membres.

RÉSUMÉ.

1. On range d'abord les animaux en quatre embranchements : les vertébrés, les annelés, les mollusques et les zoophytes.
2. On partage les vertébrés en cinq groupes : les mammifères, les oiseaux, les reptiles, les batraciens et les poissons.
3. Les mammifères peuvent se ranger en trois groupes : ceux qui se nourrrissent exclusivement de matières animales ; ceux qui se nourrissent exclusivement de matières végétales, et ceux qui associent les deux genres de nourriture.
4. Au 1er groupe appartiennent les *carnivores*, comme le chien, le chat, le loup, le lion; et les *insectivores*, comme le hérisson et la taupe.
5. On trouve dans le 2e groupe les *ruminants*, bœuf, mouton, chèvre, chameau ; les *jumentés*, cheval, âne, mulet, et les *rongeurs*, lapin, écureuil, rat.
6. Enfin on distingue dans le 3e groupe les *porcins*, le porc et le sanglier.
7. Le kanguroo, la sarigue, la baleine, le cachalot, le marsouin se rangent à part, ainsi que les singes

---

QUESTIONS DE CERTIFICAT D'ÉTUDES.

Devoir 153. — 1. Pourquoi range-t-on les animaux en groupes ? — Quels sont les quatre embranchements ? — 2. Comment partage-t-on les vertébrés ? — Nommez les cinq classes des vertébrés. — Quelles sont les classes d'animaux à sang chaud? — Quels sont les caractères des batraciens ? — Quels sont les caractères des poissons ? — 3. Quelle division peut on faire des mammifères ? — Comment sont les dents des mammifères se nourrissant de matières animales? — Quels sont les deux animaux domestiques carnivores ?

Devoir 156. — 4. Que savez-vous du chat? — Et du chien? — Nommez d'autres carnivores. — Qu'appelle-t-on insectivores? — Quels sont les principaux insectivores? — Quels services nous rend la chauve-souris? — 5. Quels sont les caractères des mammifères se nourrissant de matières végétales? — Quels sont les principaux ruminants? — Que signifie ruminer? — Quels services nous rendent les ruminants? — Nommez d'autres ruminants.

Devoir 157. — Quels sont les jumentés? — Combien de doigts ont-ils? — Les jumentés ruminent-ils? — Quelles particularités présente le cheval? — Comment peut-on le maîtriser? — Quels services nous rendent les jumentés? — Quels autres jumentés connaissez-vous? — Quels sont les animaux voisins de cette famille?

Devoir 158. — Qu'appelez-vous rongeurs? — Quelles sont les dents des rongeurs qui poussent constamment? Nommez les rongeurs que vous connaissez. — 6. Que savez-vous du porc? Pourquoi ne faut-il pas le laisser fureter dans les ordures? — Pourquoi faut-il le tenir propre? — D'où viennent les meilleurs jambons? — Dites ce que vous savez du sanglier. — 7. Quels sont les autres mammifères que vous connaissez?

RÉDACTIONS.

107. Parlez des services que nous rendent les animaux domestiques mammifères. N'oubliez pas d'indiquer à quel groupe ou ordre chacun d'eux appartient.

108. Supposez un instant qu'il n'y ait sur la terre ni bœuf, ni vache, ni cheval, ni mulet, ni âne, et cherchez par quels animaux l'homme pourrait les remplacer.

109. Dites quels services nous rendent le hérisson et la chauve-souris. Si vous le pouvez, expliquez pourquoi on tue ces deux animaux si utiles cependant à l'agriculture.

110. Animaux ruminants, leurs caractères. Ruminants utiles. (*Paris*. C. E. P.)

111. Soins à donner aux animaux domestiques: propreté, bonne nourriture, bons traitements. Avantages qui résultent de ces soins; inconvénients qu'entraînent pour les animaux et pour le cultivateur les défauts de soins ou les mauvais traitements. (*Vosges*. C. E. P.)

112. La vache. Son portrait physique. Utilité. Soins. Nourriture. (*Pas-de-Calais*. C. E. P.)

113. Comparez le chien et le chat. (*Puy-de-Dôme*. C. E. P.)

114. Quel est l'animal domestique que vous préférez? Donnez les raisons de cette préférence. (*Seine*. C. E. P.)

115. Indiquez les services que le bœuf, le cheval et l'âne rendent à l'homme. Pourquoi doit-on traiter ces animaux avec douceur? (*Dordogne*. C. E. P.)

116. Qu'appelle-t-on animaux ruminants? Quels caractères les distinguent des autres mammifères? Dites un mot sur chacun des ruminants domestiques. (*Seine-Inférieure*. C. E. P.)

117. Comparez le bœuf et le cheval, la forme de leur estomac, les produits qu'ils donnent pendant leur vie et après leur mort, les services qu'ils rendent. Comment doivent-ils être nourris. (*Charente-Inférieure*. C. E. P.)

118. L'homme a dressé pour son usage certains animaux doux et paisibles qui lui donnent toutes leurs forces, toute leur sueur, jusqu'à leur vie. Développez plus particulièrement les services rendus par l'une de ces espèces d'animaux et indiquez comment, en échange, l'homme doit traiter ses auxiliaires. (*Gironde*. C. E. P.)

119. Parmi les animaux domestiques citez-en trois que vous préférez et dites pourquoi. (*Haute-Savoie*. C. E. P.)

LECTURE XXVI.

Le chien.

Le chien, indépendamment de la beauté de sa forme, de la vivacité, de la force, de la légèreté, a par excellence toutes les qualités intérieures qui peuvent lui attirer les regards de l'homme. Un naturel ardent, colère, même féroce et sanguinaire, rend le chien sauvage redoutable à tous les animaux, et cède dans le chien domestique aux sentiments les plus doux, au plaisir de s'attacher et au désir de plaire; il vient en rampant mettre aux pieds de son maître son courage, sa force, ses talents; il attend ses ordres pour en faire usage; il le consulte, il l'interroge, il le supplie; un coup d'œil suffit, il entend le signe de sa volonté.

Sans avoir, comme l'homme, la lumière de la pensée, il a toute la chaleur du sentiment; il a, de plus que lui, la fidélité, la constance dans ses affections; nulle ambition, nul intérêt, nul désir de vengeance, nulle crainte que celle de déplaire; il est tout zèle, toute ardeur et toute obéissance. Plus sensible au souvenir des bienfaits qu'à celui des outrages, il ne se rebute pas par les mauvais traitements; il les subit, les oublie, ou ne s'en souvient que pour s'attacher davantage; loin de s'irriter ou de fuir, il s'expose de lui-même à de nouvelles épreuves; il lèche cette main, instrument de douleur, qui vient de le frapper; il ne lui oppose que la plainte, et la désarme enfin par la patience et la soumission.

Plus docile que l'homme, plus souple qu'aucun des animaux, non seulement le chien s'instruit en peu de temps, mais même il se conforme aux mouvements, aux manières, à toutes les habitudes de ceux qui lui commandent; il prend le ton de la maison qu'il habite; il est dédaigneux chez les grands, et rustre à la campagne. Toujours empressé pour son maître et prévenant pour ses seuls amis, il ne fait aucune attention aux gens indifférents, et se déclare contre ceux qui par état ne sont faits que pour importuner ; il les connaît aux vêtements, à la voix, à leurs gestes, et les empêche d'approcher. Lorsqu'on lui a confié pendant la nuit la garde de la maison, il devient plus fier et quelquefois féroce ; il veille, il fait la ronde, il sent de loin les étrangers, et pour peu qu'ils s'arrêtent ou tentent de franchir les barrières, il s'élance, s'oppose, et, par des aboiements réitérés, des efforts et des cris de colère, il donne l'alarme, avertit et combat ; aussi furieux contre les hommes de proie que contre les animaux carnassiers, il se précipite sur eux, les blesse, les déchire, leur ôte ce qu'ils s'efforçaient d'enlever ; mais, content d'avoir vaincu, il se repose sur les dépouilles, n'y touche pas, même pour satisfaire son appétit, et donne en même temps des exemples de courage, de tempérance et de fidélité.

BUFFON (1).

VINGT-SEPTIÈME LEÇON.

LES OISEAUX.

1. — **Les plumes caractérisent l'oiseau** — Les plus fines recouvrent son corps et le protègent contre le froid et l'humidité ; les plus longues, les *pennes*, forment la queue ou sont placées sur les ailes.

Les ailes sont les bras de l'oiseau ; il vole grâce à leurs mouvements rapides, et non pas parce qu'il est plus léger que l'air. Cependant, pour qu'il ait moins de force à déployer dans son vol, il a les os creux et est muni de sacs à air communiquant avec les poumons et l'intérieur des os.

Une aile d'Oiseau à demi déployée. — B le bras. — A l'avant-bras. — M la main.

2. — **Les pattes et le bec.** — Les pattes sont terminées par quatre doigts, ordinairement trois en avant

(1) Buffon (comte de), né à Montbard (Côte-d'Or) en 1707, mort en 1788, à l'âge de 81 ans, a été un savant considérable et un très grand écrivain.

et un en arrière, doigts munis d'ongles et quelquefois reliés par une membrane (canards).

L'oiseau n'a ni dents ni lèvres; son bec remplace ces deux organes, bec gros et court (poule), aigu et recourbé (hibou), aplati en pelle (canard), largement ouvert (hirondelle), mais toujours en rapport avec le régime de l'animal.

Tête d'Aigle montrant le bec avec la cirre à sa base.

Comme il ne s'en sert que pour prendre ses aliments et non pour les mâcher, c'est l'estomac ou *gésier* qui doit les triturer; aussi est-il très résistant. Entre le bec et le gésier, on remarque une ou deux poches dont l'une, le *jabot*, est bien visible chez le pigeon qui vient de manger.

3. — **Les œufs.** — L'oiseau pond des œufs dont la forme est invariable, mais dont la grosseur et la couleur varient avec les espèces.

On trouve toujours dans un œuf :

1° La coquille (A.B.C), 2° une membrane qui, appliquée d'abord sur la coquille, se retire peu à peu au gros bout, pour former un espace, la chambre à air (E); 3° l'albumine ou blanc (H.F.D) (ainsi nommé à cause de sa couleur après la cuisson); 4° le jaune (G I), entouré d'une fine membrane et portant en un de ses points le germe de l'oiseau.

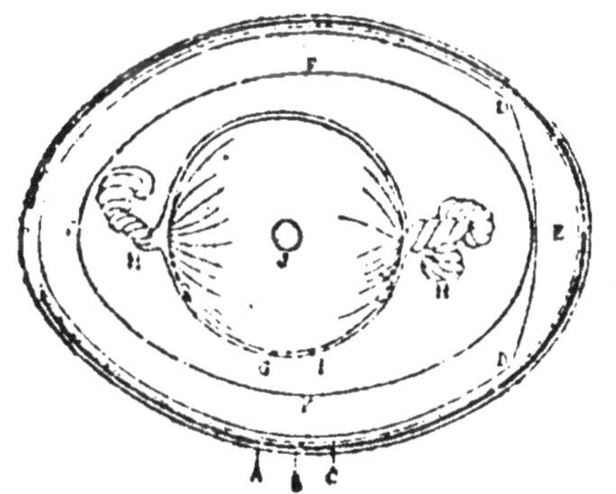

Conformation intérieure d'un œuf de poule.

4. — **Les nids et le chant.** — Pour déposer leurs œufs, les couver à leur aise, et abriter leurs petits, les oiseaux construisent des *nids*, qui sont de petits chefs-d'œuvre de patience et d'ingéniosité.

Le chant est encore un caractère qui nous frappe dans les oiseaux; bien que leur tâche soit rude, ils chantent toujours, et égayent l'ouvrier de la campagne dans ses pénibles travaux. Les oiseaux nous donnent l'exemple de la bonne humeur.

5. — **Les oiseaux domestiques.** — Dans les basses-cours, on rencontre la *poule*, le *dindon*, la *pintade*, le *paon*, qui marchent plus qu'ils ne volent ; le *pigeon*, bon voilier, l'*oie* et le *canard* aux pattes disposées pour nager.

La *poule* est doublement utile par ses œufs et sa chair. Les races de Houdan, de Crèvecœur, de la Bresse sont propres à la production des œufs et à l'engraissement ; la

Le Coq domestique (d'Europe) ; hauteur, 0m34

La Poule domestique ; hauteur, 0m34.

race de la Campine donne beaucoup d'œufs (jusqu'à 225 par an), les races de la Flèche et du Mans sont destinées à l'engraissement.

Les poules ne donnent des produits rémunérateurs que si on leur offre un logement et une nourriture convenables.

Le poulailler doit avoir un sol imperméable, nettoyé une ou deux fois par semaine, et des murs badigeonnés au lait de chaux.

Quant à la nourriture, il ne faut pas tenir compte de celle que les poules trouvent elles-mêmes. Leur ration, plus ou moins forte suivant qu'elles doivent pondre ou non, se compose d'orge, d'avoine, sarrasin, maïs (en grains ou en pâtée) et d'un peu de verdure, si elles n'en ont pas à leur disposition.

Le *dindon*, reconnaissable à sa caroncule et ses barbillons rouges, est un oiseau assez vagabond ; la dinde aime à pondre dans les buissons et les haies. Les jeunes dindonneaux ont une période critique à passer, au moment de la pousse de la caroncule ; ils deviennent ensuite très rustiques et on peut les conduire aux champs où ils trouvent leur nourriture.

La *pintade*, oiseau criard et querelleur, est d'élevage assez pénible.

Parmi les *pigeons*, il en est qui vivent à l'état demi-sauvage, vont chercher leur nourriture dans les champs et ne rentrent au colombier que pour pondre et se gîter : d'autres, les pigeons de volière, sont très casaniers et demandent à être nourris ; en revanche, ils sont très gros et donnent jusqu'à dix couvées par an.

Les *oies* sont herbivores et n'ont besoin que d'un hangar pour abri. Après la moisson, on les mène aux champs et on achève de les engraisser en leur donnant de la pâtée ou en les gavant matin et soir avec du maïs trempé dans l'eau.

Les *canards* sont omnivores et très gloutons ; ils aiment particulièrement les vers, limaces, larves... et ne demandent qu'un peu d'eau pour barboter. On peut les laisser en plein air jour et nuit.

6. — **Les oiseaux que l'on chasse comme gibier.** — Les oiseaux de basse-cour ne sont pas les seuls qui servent à notre nourriture ; il en est d'autres qui vivent à l'état sauvage et que l'on chasse comme gibier à plumes.

Citons : le *faisan* que l'on élève et que l'on tient en captivité dans de grands parcs ; la *perdrix* et la *caille* au plumage terreux qui leur permet de se dissimuler dans les sillons ; l'*alouette* aux plumes plus ou moins dressées en huppe sur la tête; la *grive* qui se gorge de raisins à l'automne ; la *bécasse* au bec en pieu et aux jambes basses, qui se tient dans les prairies marécageuses.

La Perdrix rouge (d'Europe) ; longueur, 0m32

7. — **Les oiseaux nos auxiliaires.** — Enfin, il existe une multitude d'oiseaux à l'état sauvage : Les uns sont franchement *insectivores* et nous rendent des services en toutes saisons :

l'*étourneau*, le *loriot*, le *merle*, les *mésanges*, les *fauvettes*, le *rossignol*, le *traquet* ou *oiseau des ronces*, le *rouge-gorge*, le *roitelet*, le *motteux* ou cul-blanc, le *troglodyte*, la *bergeronnette* ou *lavandière*, l'*hirondelle*, l'*engoulevent*, le *martinet*, le *pic*.

Le Rossignol (d'Europe en été ; d'Egypte et de Syrie en hiver), longueur, 0m167

D'autres sont granivores ou frugivores à certaines époques de l'année ; mais ils sont aussi insectivores surtout au moment des couvées : *chardonneret*, *pinson*, *loriot*, *moineau verdier*, *bouvreuil*, *alouette*.

Souvent on oublie les services incessants qu'ils rendent pour ne voir que les dégâts qu'ils commettent, et on les détruit stupidement au moyen de pièges.

Une seule nichée de mésanges dévore quarante-cinq mille insectes, chenilles, vers... en une saison.

En règle générale, tous les oiseaux mangent des insectes ; donc tous les oiseaux sont utiles à l'agriculture.

L'Alouette des champs (d'Europe et d'Asie) ; longueur,

La Hulotte, espèce de Chat-Huant (d'Europe) ; longueur, 0m40

Il n'y a d'exception que pour quelques oiseaux comme l'*aigle*, aux « yeux étincelants » ; l'*épervier* ou *émouchet*, qui dévore les petits oiseaux, les *pigeons*, les *lapins*... ; la *buse*, oiseau stupide et paresseux, dit Buffon, qui se nourrit de jeunes lapins, perdrix et cailles; ces oiseaux nuisibles s'appellent des *rapaces*, ou oiseaux de proie.

Il ne faudrait cependant pas croire que tous les rapaces sont nuisibles : ainsi, par exemple, le *chat-huant* ou *hulotte*, l'*effraie* ou *chouette des clochers*, le *hibou* commun ou moyen duc, mangent des mulots, souris, insectes. . et sont par là même essentiellement utiles.

On doit donc réprouver la coutume barbare qui consiste à les détruire et à les clouer vivants sur la porte des granges.

RÉSUMÉ.

1. Les plumes caractérisent l'oiseau ; il vole avec ses bras transformés en ailes, et se trouve allégé par des sacs à air communiquant avec les poumons.

2. Les pattes sont terminées par quatre doigts ; le bec remplace les dents et les lèvres ; le gésier, très résistant triture les aliments.

3. L'œuf contient la coquille, l'albumine et le jaune ; les oiseaux font des nids charmants et chantent toujours.

4. Les oiseaux domestiques peuplent nos basses-cours ; on y voit la poule, le dindon, la pintade, le paon, le pigeon l'oie et le canard. Il faut bien soigner ces animaux et tenir propres le poulailler et le pigeonnier.

5. On chasse comme gibier le faisan, la perdrix, la caille, l'alouette, la grive et la bécasse.

6. Les oiseaux sont nos auxiliaires; ils détruisent les insectes qui dévoreraient nos récoltes.

QUESTIONS DE CERTIFICAT D'ÉTUDES.

Devoir 159. — 1. Qu'est-ce qui caractérise l'oiseau ? — A quoi servent les plumes ? — Comment s'appellent les plus longues plumes ? — Qu'est-ce que les ailes ? — Comment l'oiseau peut-il voler ? — Qu'est-ce que les sacs à air des oiseaux ? — 2. Combien ont-ils de doigts aux pattes ? — Quels oiseaux ont les doigts reliés par une membrane ? — Quels organes le bec remplace-t-il ? — Quelle forme a-t-il ? — Comment s'appelle l'estomac des oiseaux ? — 3. Quelles sont les différentes parties d'un œuf ?

Devoir 160. — 4. A quoi servent les nids ? — Pourquoi ne faut-il pas les détruire ? — Quel exemple nous donnent les oiseaux ? — 5. Quels sont les oiseaux domestiques ? — Quelles sont les races de poules propres à la production des œufs et à l'engraissement? — Quelle est la race qui donne beaucoup d'œufs? — Quels soins faut-il donner au poulailler? — Comment faut-il nourrir les poules? — Comment appelle-t on les appendices rouges du dindon? — Que savez-vous sur les jeunes dindonneaux? — Et sur les pigeons? — Comment engraisse-t-on les oies? — Que mangent les canards?

Devoir 161. — 6. Quels sont les oiseaux que l'on chasse comme gibier? — 7. Nommez les oiseaux franchement insectivores. — Quels sont ceux qui le sont moins? — Combien d'insectes détruit une seule nichée de mésanges? — Quels sont les rares oiseaux nuisibles? — Quels sont les rapaces qui nous rendent des services? — Que pensez-vous de ceux qui clouent la chouette sur une porte?

RÉDACTIONS.

120. Faites connaître les divers caractères des oiseaux et les services qu'ils nous rendent.

121. Parlez des rapaces que vous connaissez et distinguez entre ceux qui sont utiles et ceux qui sont nuisibles.

Dites un mot des rapaces suivants si vous les connaissez : aigle, faucon, vautour.

122. Vous avez vu une chouette clouée sur la porte d'une grange. Que pensez-vous de celui qui a cloué l'oiseau? Pourquoi a t-il agi ainsi?

123. Vous expliquerez à un de vos camarades l'utilité des oiseaux en général, vous lui donnerez des détails et des exemples prouvant la vérité de vos assertions. Conclusions à tirer. (*Calvados*. C. E. P.)

124. Vous rapportez les conseils qui vous ont été donnés par vos maîtres à propos des oiseaux et des nids. Pourquoi faut-il se garder de détruire les oiseaux? Quelle conduite avez-vous résolu de suivre à leur égard? (*Oise*. C. E. P.)

125. Dites ce que vous savez sur l'oiseau que vous connaissez le mieux. (*Côtes-du-Nord*. C. E. P.)

126. Qu'est-ce que la basse-cour? Parlez des principaux oiseaux qu'on y élève. Importance de la basse-cour et soins qu'elle réclame. (*Seine-Inférieure*. C. E. P.)

127. Les palmipèdes. Vous écrirez à un de vos camarades pour lui dire à quoi on reconnaît les palmipèdes; vous lui parlerez des palmipèdes domestiques, des services qu'ils rendent. (*Isère*. C. E. P.)

128. En rappelant vos leçons de morale et d'agriculture, vous direz pourquoi il ne faut pas maltraiter ou détruire les oiseaux. (*Haute-Garonne*. C. E. P.)

129. Vous indiquerez les animaux domestiques qui vivent ordinairement dans nos maisons ou autour de nous, dans l'éta-

ble, la basse-cour, et vous rappellerez les services qu'ils vous rendent. (*Aisne.* C. E. P.)

130. Dites quels services rendent les animaux domestiques que l'on trouve dans une ferme. (*Pas-de-Calais.* C. E. P.)

LECTURE XXVII.

La Grive.

La grive à l'aile grise se grise dans les vignes du grain lisse des raisins.

A cette pauvrette on fait une réputation de petite ivrogne : c'est aller un peu loin. Pour quelques grains que picore la grive, elle fait une guerre incessante aux ennemis de la vigne. Après avoir absorbé je ne sais combien d'insectes ravageurs, n'est-il pas tout naturel qu'elle se désaltère un tantinet, à moins qu'elle n'étouffe ?

La grive, amie du genièvre et si délicate à la broche, est l'oiseau des vignes comme l'alouette est l'oiseau des champs. Celle-ci délivre les blés des chenilles et des sauterelles ; celle-là débarrasse les vignobles des limaces et des escargots La grive veille sur la grappe, comme l'alouette sur l'épi.

Connaissez-vous la légende de la grive que racontent les vignerons bordelais ? « Après avoir bu à toutes les grappes du coteau, une jeune grive se trouvant légèrement ébriolée, tomba scandaleusement sur son dos, les deux pattes en l'air et se mit à rire. Puis, voyant les nuages passer bien haut sur sa tête alourdie, elle raidit ses petites jambes et s'écria dans un accès d'orgueil alcoolique : « Maintenant le ciel peut tomber, je le soutiendrai avec mes pattes ! »

Au même instant, une feuille d'amandier, détachée par le vent, tombe sur la grive, convaincue dans son erreur bachique, que la voûte céleste vient de s'aplatir sur son ventre. Elle se croit morte et... s'endort. A son réveil, la petite buveuse de raisin constate qu'il ne lui manque pas une plume et qu'en outre elle a son plumet.

Ce n'est pas de la dégringolade des astres qu'elle a été victime, mais de la chute d'une feuille Honteuse de sa mésaventure, la grive jura d'être plus sobre à l'avenir. Serment d'ivrogne ! Dès le lendemain, la voici picorant les grappes vermeilles et s'enivrant du jus des vignes : « Qui a bu boira. » Tous les ivrognes sont incorrigibles.

En Bourgogne, on prétend que la grive, au moment de fuir, l'hiver, vers des climats plus doux, ne peut vaincre son état d'ébriété et manque le train... des airs ! Elle aura pour châtiment un grain de plomb dans la tête et le fond d'une terrine pour tombeau.

La grive est un oiseau mélancolique, ami de la solitude et

jaloux de sa liberté : « Le jus de la treille » ne parvient même pas à lui arracher une joyeuse chanson. La grive a le vin triste. Elle en boit d'ailleurs si peu, et il ferait beau voir l'homme, toujours prêt à attribuer ses vices aux animaux, lui jeter la première grappe !

A cause de ses services viticoles et de ses rôtis succulents, on ne saurait trop pardonner les écarts légers de la petite grive à l'aile grise qui se grise dans les vignes du grain lisse du raisin.

FULBERT-DUMONTEIL. *Cages et Volières.*

VINGT-HUITIEME LEÇON.

VERTÉBRÉS A SANG FROID.

1. — Animaux à sang chaud et animaux à sang froid. — Les mammifères et les oiseaux ont une température presque invariable, qu'il fasse froid ou qu'il fasse chaud ; d'ordinaire, dans nos pays, leur température est plus élevée que celle de l'air : on les appelle animaux à *sang chaud*.

Les *reptiles, batraciens, poissons* ont une température variable, plus élevée quand il fait chaud, plus basse quand il fait froid.

Comme notre main est plus chaude que leur corps, nous ressentons une impression de *froid* quand nous les touchons, d'où leur nom d'animaux à *sang froid*.

2. — Les reptiles. — Examinons une couleuvre pour avoir une idée de l'organisation des reptiles.

Son corps, dépourvu de membres, est disposé pour *ramper*, se cacher, mais non pour sauter.

La peau est recouverte de petites plaques ternes qui n'ont pas le brillant des écailles de poisson ; ses yeux sont dépourvus de paupière ; sa gueule peut s'agrandir démesurément, ce qui lui permet d'avaler des proies plus grosses qu'elle ; sa langue est fourchue.

Un animal à sang froid est comme un foyer qui donne peu de chaleur; il ne consomme pas beaucoup d'air. La couleuvre respire moins vite que nous ; ses poumons sont moins parfaits, et encore n'en a-t-elle qu'un seul qui soit complet.

De plus, le cœur n'ayant qu'un seul ventricule, le sang artériel (*pur*) se mélange au sang veineux (*qui a déjà servi*), ce qui contribue encore à abaisser la température du corps. C'est comme si on faisait arriver sur un foyer de l'air pur mélangé avec les produits qui s'échappent de la cheminée.

3. — **Principaux reptiles** — La *couleuvre* mange des mulots et autres petits rongeurs nuisibles, mais aussi des lézards et des grenouilles (*utiles*) ; c'est donc un animal qu'il importe peu de protéger ou de détruire.

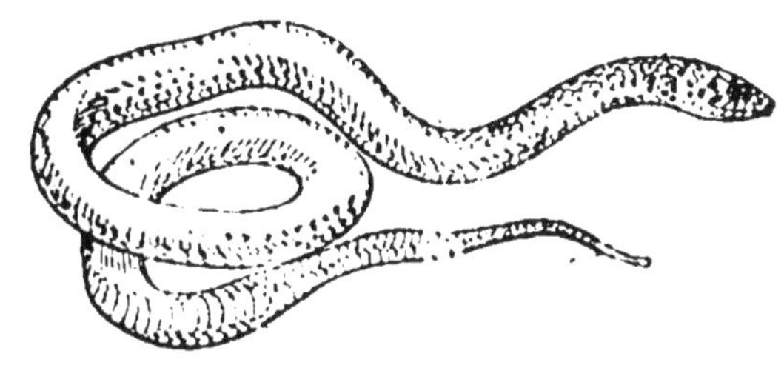

La Couleuvre à collier (de France) ; longueur, 1m

Il n'en est pas de même de la *vipère* qui est un serpent venimeux, à tête triangulaire Deux de ses dents ou crochets de la mâchoire supérieure sont creusés d'un canal qui communique avec un organe produisant du venin Quand la vipère mord, elle introduit ce venin dans la plaie

Pour soigner la morsure d'une vipère, on lave et on presse la plaie et on place une ligature au-dessus du point mordu, en attendant la cautérisation au fer rouge.

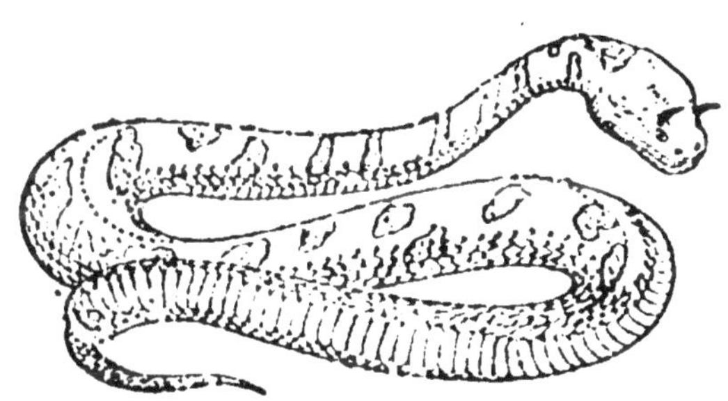

Le Céraste ou Vipère cornue (de Syrie, et du nord de l'Afrique) ; longueur, 0m 45.

L'*orvet* (anveau ou lanveau) ressemble extérieurement à la couleuvre ; mais il en diffère en ce qu'il a des moignons de membres qui restent cachés sous la peau. Sa queue se brise très facilement, ce qui lui a valu le nom de serpent de verre.

C'est un animal utile qui se nourrit d'insectes, limaces, vers de terre.

Les *lézards* aussi sont utiles, le lézard gris, très commun, vient se réchauffer, l'été, sur les vieux murs, les talus, les arbres

Mentionnons enfin, parmi les reptiles, les *tortues* enveloppées dans une carapace solide, où elles rentrent la tête et les pattes à l'approche du danger ; le *crocodile*, qui peut atteindre 5 mètres de longueur; le *boa* et le *serpent à sonnettes*.

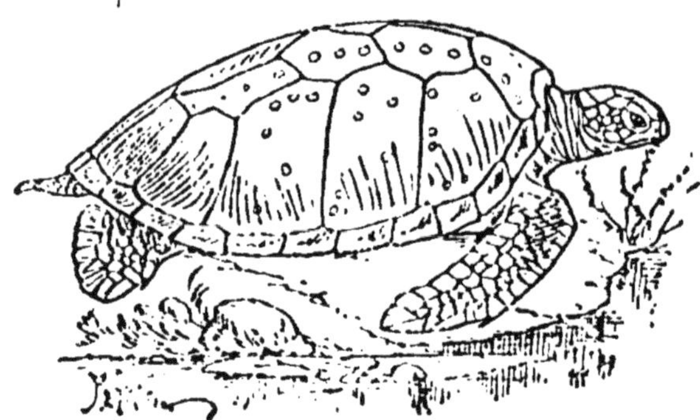

La Tortue franche (espèce marine de l'Océan Atlantique) ; longueur, 2 mètres.

4. — Les batraciens. — La *grenouille*, que nous prendrons comme exemple, vit dans l'air et dans l'eau ; mais elle ne peut respirer que dans l'air, car elle n'a que des poumons ; à cause de sa peau nue, elle a besoin d'être dans l'eau ou dans les endroits humides.

La Grenouille rousse (de France); longueur de la tête et du corps, 0m 085.

Elle a 4 pattes, avec des doigts sans ongles et est dépourvue de queue.

Des œufs de la grenouille sortent des êtres, les *têtards*, qui ne paraissent être composés que d'une grosse tête (en réalité, c'est leur tête et leur corps) et d'une queue ; ils n'ont pas de pattes. Ces têtards *ne peuvent vivre que dans l'eau ;* on pourrait les prendre pour des poissons. Bientôt leurs pattes poussent, leur queue tombe, *leurs poumons* se développent et ils deviennent des grenouilles.

Ces changements profonds subis par le têtard sont des *métamorphoses*.

Un Têtard de Grenouille sans pattes (moitié moindre que nature).

Un Têtard ayant déjà deux pattes (moitié moindre que nature).

Le *crapaud* se rapproche des grenouilles ; sous sa peau, on trouve des glandes à venin : mais ce venin n'est nullement dangereux pour l'homme, puisque l'animal n'a aucun moyen de l'inoculer.

La grenouille et le crapaud sont des animaux *utiles* ; ils se nourrissent d'insectes, larves, limaces ; de plus, la grenouille peut nous servir de nourriture. On ne saurait donc trop blâmer ceux qui font souffrir ces animaux ; on ne peut guère reprocher au crapaud que d'aimer un peu trop les abeilles : il faut l'écarter des ruches

Un Têtard ayant ses quatre pattes (moitié moindre que nature).

La *salamandre*, batracien à queue, a le corps gris ou noir avec des taches jaunes ; sa forme générale est celle du lézard ; c'est un animal utile.

5. — **Les poissons.** — Les poissons ont presque tous de vraies écailles ; ils se meuvent dans l'eau, grâce aux mouvements de leur corps et de leur queue ; ils sont aidés en cela par leurs nageoires et souvent par une vessie natatoire. Si on soulève l'opercule qui recouvre leurs *ouïes*, on voit des lamelles molles en forme de peignes, sous lesquelles rampent des vaisseaux sanguins : ce sont les *branchies*, l'organe de la respiration. L'eau contient de l'air en dissolution ; en passant sur les branchies, cet air échange son oxygène avec l'acide carbonique du sang, tout comme l'air qui arrive dans nos poumons. Le sang revivifié s'en va dans tout leur corps pour revenir au cœur, retourner aux branchies, et ainsi de

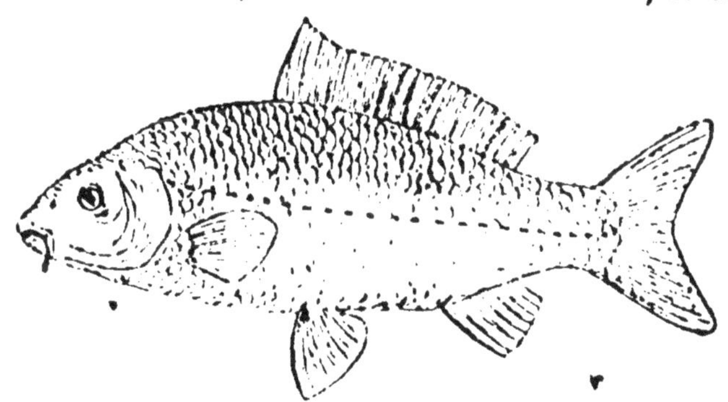

La Carpe vulgaire (des eaux douces d'Europe), longueur, 0m 45.

suite, le cœur des poissons n'est que la moitié du nôtre, et il se trouve sur le trajet du sang qui a déjà servi (sang veineux).

Les poissons sont des animaux très voraces ; presque tous se nourrissent d'autres poissons, ou d'animaux qu'ils peuvent avaler.

La chair de beaucoup d'entre eux fait partie de notre nourriture ; la pêche de certaines espèces, *hareng*, *sardine*, *maquereau*, *morue*, occupe des milliers d'hommes.

6. — **Poissons d'eau douce.** — Les principaux poissons d'eau douce sont : la *carpe* et la *tanche*, qui vivent surtout de matières végétales ; le *brochet*, le pirate des eaux douces, dont le palais est hérissé de dents ; le *goujon*, délicieux en friture ; l'*anguille*, agile et vigoureuse qui va déposer ses œufs dans

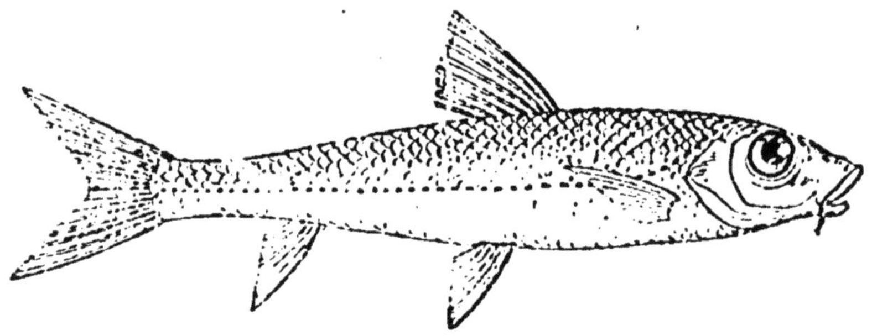

Le Goujon commun (des eaux douces de France) ; longueur, 0m20

la mer, et qui vous glisse dans la main quand on veut la saisir, en raison de la mucosité qui recouvre sa peau ; la *truite*, très vorace, qui se jette avec avidité sur tout ce qui remue, ce qui a donné l'idée de la pêcher avec une mouche artificielle vivement agitée, et même avec un certain poisson en fer qui tourne vivement au bout de la ligne, l'*épinoche*, remarquable par les piquants de sa nageoire dorsale et par le nid qu'elle construit au fond de l'eau au moment de la ponte, le *poisson rouge* ou dorade de la Chine, que l'on tient dans des bocaux, les bassins des jardins et les aquariums.

7. — **Principaux poissons de mer.** — Les principaux poissons de mer sont : le *hareng* que les pêcheurs rencontrent en bandes serrées connues sous le nom de bancs de harengs, la *sardine*, dont les conserves sont répandues dans le monde entier ; le *maquereau* et le *thon*, à chair abondante et savoureuse, la *morue* qui se vend salée et desséchée et dont le foie produit l'huile de foie de morue ; la *sole*, poisson plat, à chair tendre et délicate, qui lui a valu le nom de perdrix de mer ; le *congre* ou anguille de mer ; la *raie*, au corps aplati

et aux os mous, le *requin*, très friand de chair humaine et dont le nom vient de *requiem* (repos éternel).

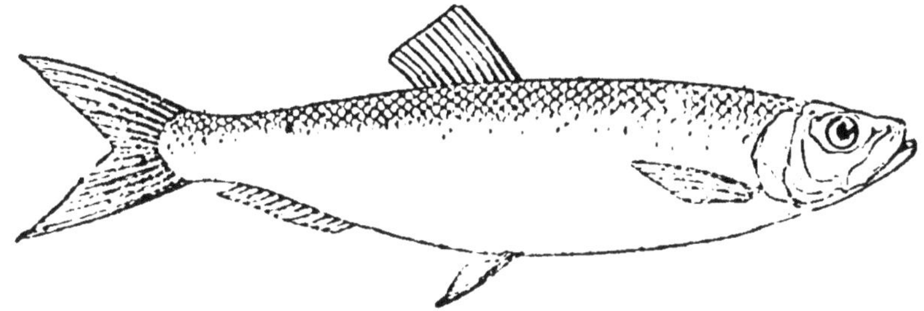

Le Hareng commun (des mers du nord de l'Europe, de l'Asie et de l'Amérique) ; longueur, 0m30.

Citons enfin le *saumon* et *l'alose*, qui remontent les fleuves, à l'époque du frai, pour déposer leurs œufs dans l'eau douce.

RÉSUMÉ

1. Les reptiles, les batraciens et les poissons sont des animaux à sang froid.
2. Les reptiles sont des vertébrés rampants ; ils n'ont pas de membres ni de vraies écailles comme les poissons ; le sang artériel se mélange dans le cœur au sang veineux ; ils respirent toujours dans l'air.
3. Les principaux reptiles sont : la couleuvre, la vipère, le boa, l'orvet, les lézards, les tortues et le crocodile.
4. Les batraciens ont la peau lisse et subissent des métamorphoses ; les principaux batraciens sont la grenouille, le crapaud et la salamandre.
5. Les poissons ont de vraies écailles des nageoires et respirent l'air dissous dans l'eau, au moyen de branchies
6. Les principaux poissons d'eau douce sont : la carpe, la tanche, le brochet, le goujon, l'anguille et la truite ; parmi les poissons de mer, on distingue le hareng, la sardine, la morue, le maquereau, le thon, la sole, la raie, le requin, le saumon et l'alose

---

QUESTIONS DE CERTIFICAT D'ÉTUDES.

Devoir 162. — 1 Qu'appelle-t-on animaux à sang chaud ? — Quels sont les animaux à sang chaud ? — Quels sont les animaux à sang froid ? — 2 Que savez-vous des membres de la couleuvre ? — De quoi sa peau est-elle recouverte ? — Quelle particularité présente sa gueule ? — Comment respire t-elle ? — Comment se fait la respiration chez les reptiles ? — 3. Que mange la couleuvre ? — Que savez-vous de la vipère ? — Comment soigne-t-on la morsure d'une vipère ? — En quoi l'orvet diffère-t-il de la couleuvre ? — De quoi se nourrit l'orvet ? — Quels sont les autres reptiles que vous connaissez ? — Lesquels sont utiles ?

Devoir 163. — 4. En quoi les batraciens ressemblent-ils aux reptiles ? — En quoi en diffèrent-ils ? — La grenouille peut-elle respirer dans l'eau ? — Combien de pattes a-t-elle ? — Que sort-il des œufs de la grenouille. — Avec quoi respirent les têtards ? — Que deviennent ensuite leur queue et leurs branchies ? — Comment appelle-t-on ces changements ? — Que savez-vous du venin du crapaud ? — De quoi se nourrissent la grenouille et le crapaud ? — Pourquoi ne faut-il pas tuer ces animaux ? — Quel est l'autre batracien utile dont on vous a parlé ?

Devoir 164. — 5. De quoi les poissons sont-ils recouverts ? — Par quoi sont-ils aidés dans leurs mouvements ? Comment respirent-ils ? — Que respirent-ils ? — Où se trouve leur cœur ? — De quoi se nourrissent les poissons ? — Quelles sont les espèces que l'on pêche plus particulièrement ? — 6. Nommez les principaux poissons d'eau douce, en disant un mot sur chacun d'eux. — 7. Faites-en autant pour les poissons de mer. — Quels sont les deux poissons de mer qui remontent les rivières pour y déposer leurs œufs ?

RÉDACTIONS

131. Après avoir dit ce que c'est qu'un reptile et comment il respire, parlez des principaux reptiles que vous connaissez.

132. Faites la différence entre un batracien et un poisson. Dites ensuite quelques mots sur les principaux batraciens et les principaux poissons.

133. La grenouille. Ses métamorphoses Son utilité pour l'agriculture. (*Yonne*. C E. P)

134. Vous écrirez à un camarade, vous lui parlerez des reptiles. A quels caractères les distingue-t-on ? Vous citerez quelques reptiles parmi les plus gros, mais vous insisterez surtout sur ceux du pays. Sont-ils utiles ou nuisibles ? Comment ? (*Isère*. C E. P.)

LECTURE XXVIII.

Les Vipères.

Nous possédons en France deux espèces : la vipère aspic et la vipère péliade. ..

La vipère aspic est la plus dangereuse. Sa longueur varie entre

35 et 72 centimètres. Le corps est trapu, couvert d'écailles ondulées ; sur le dos on voit distinctement des taches foncées formant deux lignes en zigzag ; la tête est nettement triangulaire et montre en arrière deux traits bruns caractéristiques en forme de V, une véritable signature. La queue est courte, conique et termine brusquement le corps. La coloration générale est variable, tantôt grise, tantôt roussâtre, noire ou brune. Cette espèce est très disposée à mordre.

La vipère péliade est moins à redouter, elle ne mord que lorsqu'elle est menacée directement, ses crochets sont plus petits, ses mâchoires moins puissantes, sa queue est plus mince, couleurs fauve, noire, grise ou rousse.

On peut distinguer avec un peu d'habitude les couleuvres tout à fait inoffensives des vipères. La couleuvre a la robe nuancée d'un certain éclat, la tête est aplatie, le corps est marqué d'une double ligne de petites taches brunes ; la couleuvre à collier porte autour du cou deux taches jaune pâle. La couleuvre se meut sur le sol très rapidement et peut atteindre plus d'un mètre de longueur. La couleuvre verte et jaune se rencontre aux environs de Paris ; ses belles couleurs ne permettent pas de la confondre avec la vipère. Son corps est semé de petites taches jaunes disposées souvent en losange.

La couleuvre qui, d'ailleurs, se laisse apprivoiser, fuit, en général, prestement au moindre bruit. La vipère ne se dérange pas si facilement et ne se sauve que lorsqu'elle est menacée d'être écrasée. Contrairement à une opinion répandue, elle ne se dresse pas sur sa queue pour mordre, elle élève simplement sa tête à dix ou vingt centimètres du sol et fait entendre un sifflement ménaçant. Pour se mettre, pendant les marches, à l'abri de ses atteintes, il suffit donc de se munir les pieds de guêtres un peu hautes ou de jambières.

La vipère possède un ennemi naturel, le hérisson. Partout où le hérisson se multiplie en abondance, la vipère s'en va, à de rares exceptions près. Ce n'est pas que le hérisson soit réfractaire au venin, mais il sait fort bien se mettre à l'abri des premières attaques venimeuses des crochets, et quand les glandes sont vides, il ne se gêne pas pour mordre à belles dents dans le corps du reptile et le dévorer à son aise. Il suffit de mettre dans la même cage un hérisson et une vipère pour assister à la lutte. La vipère siffle et tend à piquer le hérisson. Mais celui-ci rabat son casque épineux, se jette sur le serpent, lui casse la colonne vertébrale et lui coupe la tête. Aussi la vipère fuit toujours le hérisson. Donc, si les vipères sont communes dans vos bois ou dans les environs de la maison, n'oubliez pas d'apporter plusieurs couples de hérissons. — Adieu les vipères.

H. DE PARVILLE.

VINGT-NEUVIÈME LEÇON.

LES INSECTES

1. — **Le corps d'un insecte se compose de trois parties** — Lorsqu'on examine un insecte, le hanneton, par exemple, on voit que son corps est composé de trois parties distinctes : la tête, le thorax et l'abdomen.

1° **La tête** — Elle porte les antennes, organes du toucher et de l'odorat, les yeux à facettes, comme certains bouchons de carafe ; la bouche, formée de lèvres, mandibules et mâchoires, disposées pour broyer

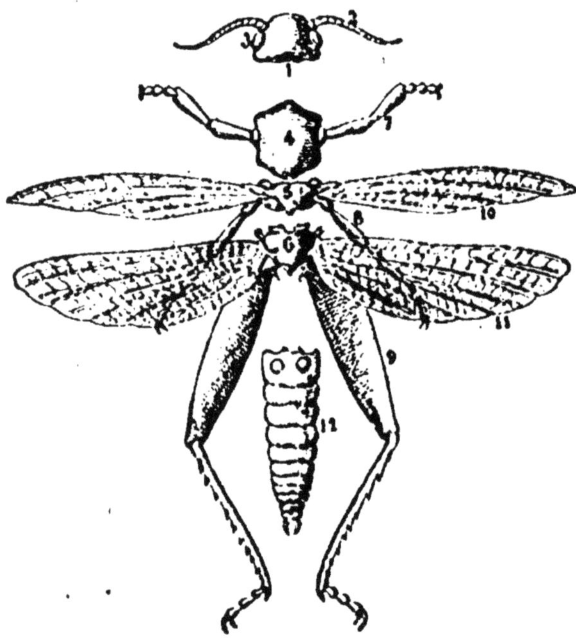

Chez quelques insectes, la bouche est transformée pour la succion.

2° **Le thorax.** — On y voit trois paires de pattes et deux paires d'ailes : les supérieures (élytres) sont opaques et cornées, les inférieures, repliées, sont molles et transparentes.

Chez l'abeille, les quatre ailes sont transparentes ; les quatre ailes du papillon sont recouvertes d'écailles colorées ; la mouche n'a que deux ailes transparentes

3° **L'abdomen.** — Il est recouvert par les ailes. En dessous on aperçoit très bien la division du corps en anneaux De chaque côté, il existe des ouvertures communiquant avec des tubes intérieurs (trachées) qui sont les organes de la respiration

Quand le hanneton *compte ses écus*, sur le point de prendre son vol, c'est pour faire entrer l'air dans ces tubes L'air va ainsi chercher le sang dans le corps de l'insecte pour le revivifier au fur et à mesure qu'il a servi.

2 — Les métamorphoses des insectes. — Les insectes, comme les grenouilles, subissent des métamorphoses.

Le Hanneton commun (d'Europe), longueur 0m035

Ainsi, au sortir de l'œuf, qui est pondu au printemps, le hanneton est une *larve* ; il a la forme d'un ver (ver blanc, turc ou man) qui dévore les racines jusqu'à l'âge de deux ans et demi. A ce moment, il s'enfonce davantage dans la terre et se façonne une coque ; ses pattes et ses ailes se développent : il est à l'état de *nymphe* ; au printemps suivant il sort de terre et se nourrit de feuilles.

Les autres insectes se comportent comme le hanneton, mais ils mettent généralement moins de temps pour arriver à l'état parfait.

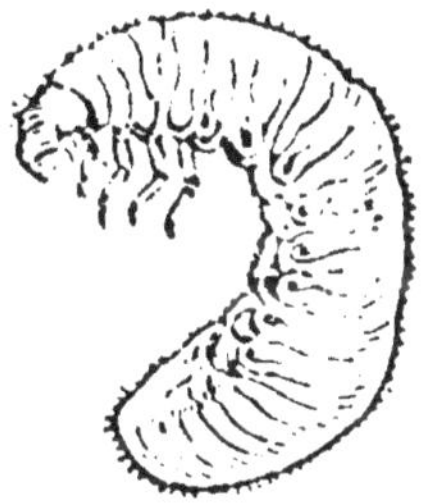

Larve de Hanneton dite ver blanc

Nymphe de Hanneton

Chez les papillons, la larve prend plutôt le nom de *chenille*, et la nymphe celui de *chrysalide*.

3 — Les insectes nuisibles — Nos plus redoutables ennemis se trouvent parmi les insectes. Ils suppléent à leur petite taille et à leur faiblesse par leur nombre et les mille moyens qu'ils ont de nous échapper.

La multiplication de certaines espèces est une véritable calamité. « Si les fils et les petits-fils d'un seul puceron, dit Quatrefages, arrivaient tous à bien, ils couvriraient, placés à côté les uns des autres, un terrain d'environ *quatre hectares*. »

Aussi des lois règlent-elles la destruction des insectes, la loi sur l'échenillage, par exemple, qui ordonne de détruire, avant le 20 février, les chenilles et les toiles qu'elles tissent sur les arbres.

Les départements et les communes accordent parfois des primes à ceux qui tuent un grand nombre de hannetons ; il est des années où ils causent pour plus de 100 millions de dégâts.

En général, chaque espèce d'insectes s'attaque plus particulièrement à telle ou telle plante ou famille. Ainsi, les céréales sur pied sont en proie aux *taupins*, *cécydomies*, *noc-*

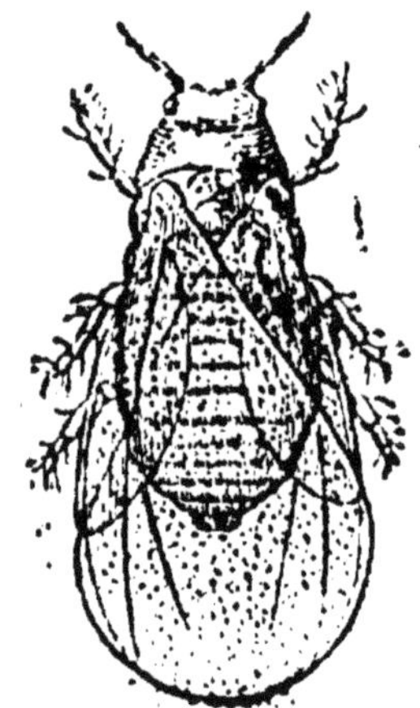

Le Phylloxéra, individu ailé (grossi environ 25 fois).

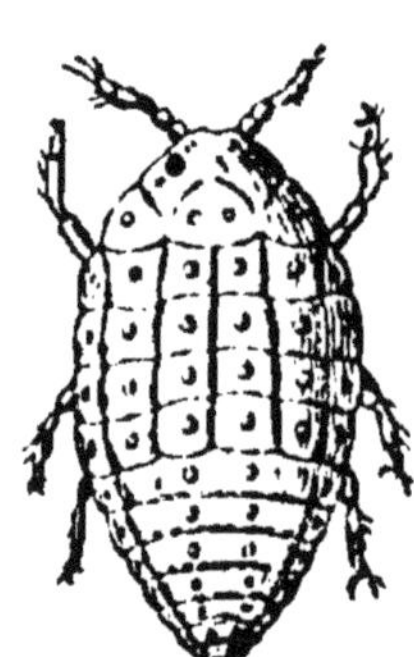

Le Phylloxéra, individu sans ailes, vu en dessus.

tuelles. En déchaumant aussitôt après la moisson, on arrête la multiplication de ces ravageurs par la destruction de leurs nids.

Le *charançon*, la *teigne des grains*, l'*alucite* dévorent les grains dans les greniers. On les éloigne par des pelletages répétés, ou au moyen du sulfure de carbone.

Les *bruches*, *apions*, plusieurs espèces de *bombyx*, vivent aux dépens des légumineuses ; les *altises*, quelques espèces de *charançons*, les *piérides*, aux dépens des crucifères.

La betterave est ravagée par le *silphe obscur*, la *noctuelle* et les *altises* ; les arbres des forêts par les *bostriches*, les *lucanes* ou *cerfs-volants*, les *capricornes*, les *scolytes*, les *cossus*, les *chrysomèles*.

Les *pucerons*, parmi lesquels on compte le *phylloxera* de la vigne, s'attaquent à un grand nombre de plantes, particulièrement aux arbres fruitiers ; les *anthonomes* sont des ennemis redoutables pour les pommiers et poiriers.

Les *fourmis*, les *forficules* ou *perce-oreilles* s'attaquent aux fruits ; les *guêpes* affectionnent les matières sucrées et pillent quelquefois les ruches.

Le même vu en dessous ; on distingue son long bec.

L'œuf d'hiver du Phylloxéra (très grossi).

La *courtillière* ou *taupe-grillon* coupe les racines en se creusant des galeries dans le sol ; les *teignes* se nourrissent aussi bien aux dépens de nos vêtements que de nos provisions ; les *sauterelles* dévastent quelquefois des régions entières.

Les *chenilles* de toutes sortes dévorent les plantes ; il ne faut pas les épargner, même quand elles donnent naissance à des papillons aux brillantes couleurs.

Enfin, n'oublions pas les mouches et les moustiques si désagréables pendant l'été, et les *poux*, *puces* et *punaises* qui infestent les gens ou les maisons malpropres.

4. — Les insectes utiles — Mais tous les insectes ne sont pas nuisibles. Sans parler de l'*abeille* qui produit du miel et de la cire, et du *ver-à-soie*, il en est un grand nombre d'autres qui nous aident, plus efficacement encore que les oiseaux, dans la lutte contre les insectes nuisibles, car ils habitent au milieu d'eux et savent déjouer leurs ruses.

L'Abeille domestique, neutre ou ouvrière ; grandeur naturelle.

Malheureusement, on ne fait pas toujours de distinction entre les uns et les autres ; on écrase d'instinct tous ceux qu'on rencontre, amis et ennemis. Il est donc indispensable de savoir reconnaître les suivants pour les épargner et en favoriser au besoin la multiplication.

Les *carabes*, *calosomes*, *cicindèles*, *sylphes* ou *boucliers*, *vers-luisants*. font la chasse aux insectes nuisibles et à leurs larves, ou dévorent les limaces, colimaçons.

Les *coccinelles* sont de grands destructeurs de pucerons; les *staphylins*, bien reconnaissables à leur abdomen qui se relève quand on les inquiète ; les *escarbots*, les *bousiers*, vivent dans les excréments, les fumiers, les détritus, les charognes, ils se nourrissent d'insectes et contribuent à purifier l'atmosphère.

Les *nécrophores* enterrent les cadavres des petits animaux (taupes, mulots, oiseaux) et y déposent leurs œufs ; les larves, à leur naissance, les dévorent.

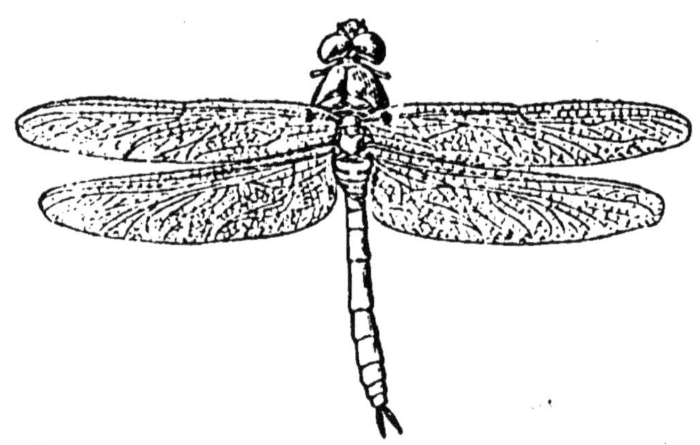

L'Æschne tachetée (libellule de France), longueur, 0m06.

Citons enfin les *libellules* ou demoiselles, que les Anglais appellent plus justement mouches-dragons à cause de leurs mœurs carnassières, et les *fourmilions* dont les larves guettent leur proie au fond d'un entonnoir creusé dans le sable.

RÉSUMÉ.

1. Le corps d'un insecte se compose de trois parties : la tête, le thorax et l'abdomen ; la tête porte les antennes, les yeux à facettes, les mandibules et mâchoires ; au thorax sont attachées les pattes et les ailes ; les trachées se trouvent dans l'abdomen.

2. Les insectes sont des animaux à métamorphoses ; de l'œuf sort le ver (larve ou chenille), grand mangeur et grand

destructeur, qui se transforme en nymphe ou chrysalide, et celle-ci en insecte parfait qui pond des œufs.

3. Nos plus redoutables ennemis se trouvent parmi les insectes ; citons ceux d'entre eux qui causent le plus de dommages : le charançon, les bruches, le hanneton, le phylloxera les sauterelles.

4. Les insectes utiles qu'il faut savoir reconnaître sont : les carabes, calosomes, cicindèles, vers luisants, coccinelles, staphylins, bousiers, nécrophores, libellules et fourmilions.

QUESTIONS DE CERTIFICAT D'ÉTUDES.

Devoir 165. — 1. De combien de parties se compose le corps d'un hanneton? — Que trouve-t-on dans la tête ? — Que voit-on dans le thorax? — Comment s'appellent les ailes supérieures ? — Quelles différences y a-t-il entre les ailes supérieures et les inférieures ? — Comment sont les ailes des abeilles ? — Que trouve-t-on sur celles du papillon? — Combien les mouches ont-elles d'ailes? — Que voit-on dans l'abdomen ? — A quoi servent les trachées? — 2. Parlez des métamorphoses du hanneton? — Comment s'appelle la larve du papillon? — Et la nymphe?

Devoir 166. — 3. Comment se fait-il que les insectes, si petits, puissent faire tant de ravages ? — Rappelez le mot de Quatrefages. — Que savez-vous sur l'échenillage ? — A combien s'élèvent parfois les dégâts causés par les hannetons ? — Quels sont les insectes qui attaquent les céréales sur pied ? — Comment peut-on arrêter la multiplication de ces ravageurs? — Quels sont ceux qui dévorent les grains dans les greniers ? — Comment peut-on s'en débarrasser ? — Lesquels attaquent les légumineuses? — Lesquels vivent aux dépens des crucifères? — Lesquels attaquent la betterave ? — Quels sont ceux qui attaquent les arbres de nos forêts? — Et les arbres fruitiers ? — Quel est le puceron qui détruit les vignobles?

Devoir 167. — Quels sont les insectes qui s'attaquent aux fruits? — Que savez-vous de la guêpe ? — de la courtilière? — des teignes? — et des sauterelles? — Comment faut-il traiter les chenilles ? — 4. Tous les insectes sont-ils nuisibles? — Pourquoi écrase-t-on indistinctement ceux qu'on rencontre? — Nommez ceux qui font la chasse aux insectes nuisibles. — Que font les coccinelles? — Quels sont les insectes qui nous débarrassent des détritus? — Que savez-vous sur les nécrophores? — Citez encore deux insectes carnassiers.

RÉDACTIONS.

135. Un hanneton raconte ses métamorphoses et sa vie à un papillon, qui, à son tour, fait l'histoire de son passé.

136. Les insectes nuisibles et leurs ravages.

137. Les insectes utiles et les services qu'ils nous rendent.

138. Dites ce que vous savez sur les insectes. Citez des insectes utiles et des insectes nuisibles, et dites pourquoi ils sont utiles ou nuisibles. (*Meuse.* C. E. P.)

139. Les hannetons. — Leur place dans la classification animale; par quoi ils sont caractérisés; leurs métamorphoses; à quelle époque ils apparaissent; dommages qu'ils causent, soit à l'état de larves, soit à l'état d'insectes parfaits. Leur destruction. (*Seine-et-Marne.* C. E. P.)

140. Choisissez deux insectes utiles, deux insectes nuisibles, et dites ce que vous savez de chacun d'eux. (*Marne,* C. E. P.)

141. Qu'est-ce qu'un insecte? Métamorphose des insectes. Parlez de quelques insectes utiles. (*Haute-Garonne.* C. E. P.)

142. Le hanneton. Définition, description et histoire de cet insecte. Ravages qu'il commet sous ses différentes formes. Comment peut-on le détruire? Vous raconterez à ce propos, s'il y a lieu, comment on s'y est pris cette année dans votre école pour le chasser. (*Ille-et-Vilaine* C. E. P.)

143. Animaux nuisibles. Citez les principaux et dites la manière de les détruire. (*Calvados.* C. E. P.)

LECTURE XXIX.

Locomotion chez les Insectes.

J'ai constaté par expérience qu'une mouche peut parcourir *à pied* une longueur de 450 mètres en une heure.

Comme l'écart des jambes n'est pas d'un millimètre, on peut dire que l'agile diptère fait plus de 500,000 pas pendant un temps si rapidement écoulé. Un piéton qui en ferait autant ferait son tour du monde en quatre jours.

Le nombre de coups d'ailes que les insectes peuvent donner n'est pas moins effrayant. Ecoutez le bourdon, qui produit ainsi un son musical dont il est facile de prendre la hauteur. Il est certain que cette aile véloce ne frappe pas l'air moins de 600 fois par seconde. Elle donne plus de 2,000,000 de coups par heure. Aussi le diabolique insecte suivrait un cheval à la course; le taureau a beau courir à toutes jambes, il ne peut se débarrasser de l'œstre qui le rend fou de douleur.

La puce s'élève à une distance du sol que l'on peut évaluer à 200 fois sa taille. A ce compte, un homme se ferait un jeu de sauter par-dessus les tours de Notre-Dame ou par-dessus les buttes Montmartre. Il faudrait construire autour des prisons des murs d'un demi-kilomètre de hauteur pour garder dans un préau des prisonniers aussi alertes.

WILFRID DE FONVIELLE. *Merveilles du Monde invisible.*

TRENTIÈME LEÇON.

ANNELÉS. — MOLLUSQUES. — ZOOPHYTES.

1. — **Les insectes ne forment qu'une classe des annelés.** — Les annelés ne comprennent pas seulement les insectes que nous venons d'étudier ; les *mille-pattes*, les *araignées*, les *écrevisses*, crevettes, crabes, et les *vers de terre*, sont encore des annelés.

2. — **Les mille pattes** ont une tête et des anneaux portant une ou deux paires de pattes ; ce sont des animaux *utiles*, car ils font la chasse aux insectes, aux limaces et se nourrissent de détritus.

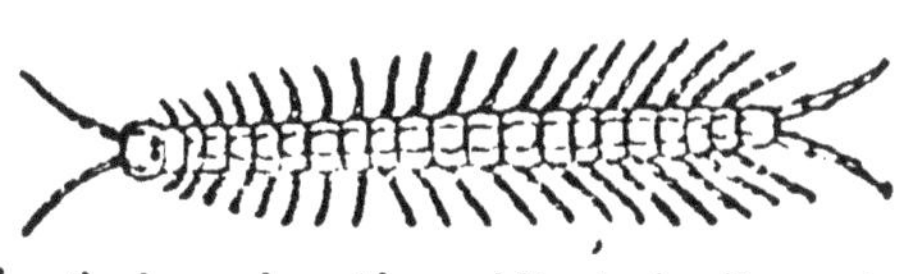

La Scolopendre (du midi de la France) ; longueur, 0m10

3 — **Les araignées.** — Dans les jardins, dans les bois, on voit souvent des toiles d'araignées ; quelquefois, au milieu de la toile, se tient en embuscade l'araignée, l'*épeire* ou araignée des jardins.

Si nous l'examinons, nous verrons qu'elle est formée de deux parties. La *première* comprend la tête et le thorax soudés intimement (céphalo-thorax) ; on y trouve une bouche disposée pour sucer, des crochets venimeux pour tuer la proie, des yeux tout autour pour voir en tous sens et quatre paires de pattes La *seconde* partie, l'abdomen, porte de petits mamelons qui fournissent la soie destinée à la confection de la toile. Qu'un insecte vienne s'embarrasser dans cette toile, vite l'épeire se précipite dessus, l'emmaillote avec ses fils et le suce.

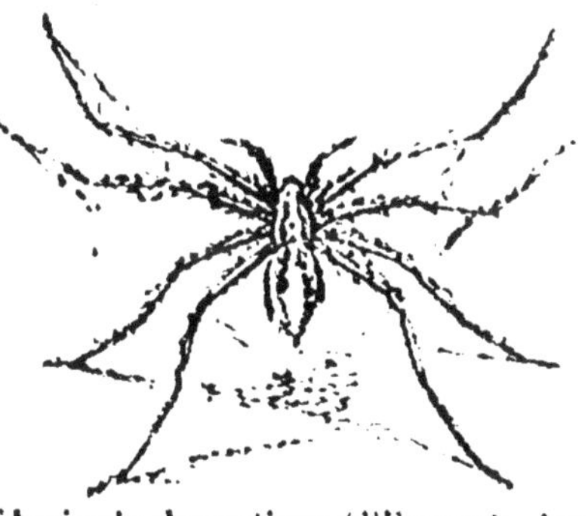

L'Araignée domestique (d'Europe), longueur du corps, 0m02.

Les araignées de nos pays ne sont pas venimeuses pour l'homme ; il ne faut pas cependant se servir de la toile pour arrêter le sang d'une plaie, à cause des poussières que cette toile pourrait introduire dans le sang.

L'araignée des jardins est un animal *utile*.

Celle qui vit dans nos habitations et qu'on appelle *araignée domestique* tisse également une toile et nous délivre d'un grand nombre d'insectes nuisibles ; mais les ménagères font la guerre à la toile et à l'araignée, au nom de la propreté.

On voit dans les champs une araignée qui ne file pas et qui n'a pas de venin : c'est le *faucheur ;* il a de longues pattes très fines qui lui permettent de courir très vite ; c'est un animal *utile*, qui se nourrit d'insectes morts et de détritus divers.

Enfin, on range dans une famille voisine des araignées, l'*acarus de la gale*, à huit pattes terminées par des ventouses.

4. — **Les crustacés** — *L'écrevisse*, le *homard* la *langouste*, les *crevettes*, le *crabe* vivent dans l'eau ; leur corps est recouvert d'une *croûte* dure qui leur a fait donner le nom de *crustacés*.

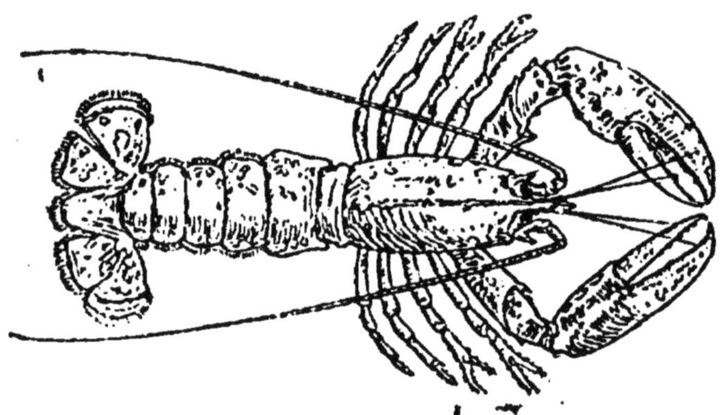

Le Homard (des mers d'Europe), longueur du corps, 0m 40

Sous cette carapace, sont abritées les branchies, organes de la respiration. La partie antérieure de l'écrevisse, par exemple, porte des antennes, des yeux, qui sont sur des pédoncules, et dix pattes qui peuvent repousser, les deux premières, très robustes, nommées pinces, lui servent à prendre sa nourriture et à attaquer ; la partie postérieure du corps, formée d'anneaux et terminée par une queue en éventail, sert à l'écrevisse pour *nager à reculons*.

L'écrevisse vit dans les eaux douces ; c'est un animal

comestible. Dans la mer vivent d'autres crustacés également comestibles : le homard, la langouste, les crevettes (rouge et grise), les crabes.

Les *cloportes*, qui se cachent dans les endroits humides, sont aussi des crustacés.

5. — **Les vers.** — S'il est un animal qui mérite la qualification d'*annelé*, c'est bien le ver de terre : pas d'yeux, pas de pattes, rien que des anneaux qui se ressemblent et qui ont les mêmes fonctions.

Aussi peut-on lui en enlever quelques-uns sans que l'animal paraisse en souffrir. Bien plus, si on coupe un ver en deux, il pousse une tête à l'une des moitiés, une queue à l'autre et on a deux vers complets.

Quand le ver s'enfonce dans le sol, la terre dont il prend la place entre dans son corps ; les détritus qu'elle contient lui servent de nourriture ; le reste est rejeté sous la forme de ces petits tire-bouchons que tout le monde a vus dans les allées de jardins.

Le ver, ramenant ainsi à la surface les parties profondes de la terre, agit donc comme le laboureur ; en cela, il es *utile* ; malheureusement, il ne respecte pas les radicelles des plantes et devient ainsi *nuisible*. De plus, on l'accuse de ramener à la surface de la terre les germes de maladies contagieuses (charbon) lorsque dans son parcours il a rencontré les cadavres des animaux qui sont morts de ces maladies.

La Sangsue officinale (d'Europe); longueur, 0m066

La *sangsue* se distingue du ver de terre, surtout en ce que, au fond de sa bouche conformée pour sucer, il y a des pièces dures et munies de dents, au moyen desquelles elle coupe la peau et fait une entaille pour arriver au sang qu'elle suce ; on l'emploie en médecine.

Enfin, signalons les vers parasites, comme la *trichine* et le *ver solitaire* qui a besoin de passer dans deux animaux différents pour se développer complètement.

Ainsi le ver solitaire, qui s'accroche solidement dans nos intestins, donne des œufs ; ceux-ci, répandus sur le sol dans les excréments, peuvent arriver dans l'estomac du porc ; les larves qui en proviennent pénètrent dans sa chair et le porc est alors atteint de *ladrerie*. La viande de porc *ladre* insuffisamment cuite donne le *ver solitaire*.

C'est encore la viande de porc crue ou mal cuite qui peut nous donner la trichinose, maladie occasionnée par un ver, la *trichine*, qui se loge dans nos muscles.

6 — **Les mollusques.** — Le mot le dit, les mollusques sont *mous ;* la coquille de quelques-uns ne fait que protéger le corps qui est toujours *mou ;* ils n'ont pas de squelette interne comme les *vertébrés*, ni d'anneaux comme les *annelés*.

L'Escargot des vignes (de France) : longueur, 0m,075.

7. — **L'escargot.** — Lorsque l'escargot est à la recherche de sa nourriture, il rampe sur une partie de son corps qu'on appelle le *pied* A l'une des extrémités on voit *deux tentacules* qui s'allongent ou rentrent sous la peau ; les yeux sont au bout de ces tentacules ; au-dessous, la bouche, qui renferme une langue en râpe.

Le ventre ou l'abdomen de l'escargot est logé dans sa coquille.

Les *limaces* n'ont pas de coquille ; leur abdomen s'est logé dans le pied.

Escargots et limaces sont des animaux nuisibles.

Les coquillages plus ou moins contournés, aux couleurs variées, appartiennent à des mollusques vivant dans la mer.

La Limace grise (de France) ; longueur 0m10

8. — **Les huîtres, les moules**, au lieu de se renfermer dans une coquille formée d'une seule pièce, ont leur corps placé entre deux coquilles ou deux valves ; elles peuvent rapprocher ces deux valves à volonté.

Pendant longtemps on a appelé ces animaux *acéphales*, parce qu'on les croyait sans tête ; on sait aujourd'hui qu'ils ont une bouche et un cerveau

On élève les *huîtres* comestibles sur les bords de l'Océan, dans des bassins ou parcs à huîtres, et notamment à Marennes et à Arcachon.

C'est une sorte d'huître qui produit la nacre et certaines perles employées dans la joaillerie.

Quant aux *moules*, on les recueille sur des claies attachées à des pieux fichés dans la mer ; elles causent quelquefois des coliques et même des empoisonnements.

La Moule comestible (des rivages maritimes de France) ; longueur, 0m055.

9. — Les zoophytes. — Ce mot veut dire « animal-plante ». Les zoophytes, en effet, ressemblent si peu à des animaux, qu'on les avait pris tout d'abord pour des plantes.

Le nombre des zoophytes est très grand ; nous en étudierons seulement quelques-uns.

10. — L'étoile de mer a le corps composé de cinq parties disposées en étoile ; chaque partie peut se suffire à elle-même, car elle comprend un estomac, des organes de respiration, mais la bouche est commune aux cinq rayons.

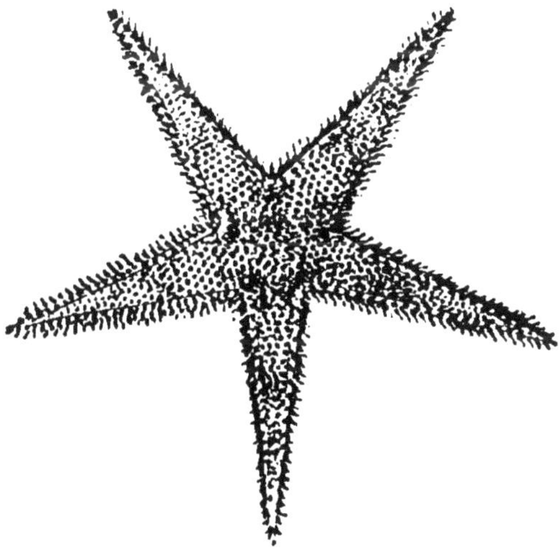

Cet animal vit sur le bord de la mer, et comme il mange des espèces comestibles, on peut le considérer comme plus nuisible qu'utile.

L'Astérie ou Etoile de mer orangée (des côtes de France) ; largeur, 0m30

11. — Les coraux et les madrépores ressemblent à des fleurs épanouies ; quand ils meurent, le calcaire qu'ils ont pris dans la mer constitue un squelette qui sert de support à leurs descendants ; ceux-ci, à leur tour, ajoutent leur dépouille au support commun qui finit par prendre de grandes proportions. Dans les mers de l'Océanie, où ces animaux pullulent, des îles entières sont formées de leurs débris (îles Annulaires ou Attolls). On peut voir sur la côte occidentale de la Nouvelle-Calédonie, une suite de récifs coraliens de plus de 600 kilom. de longueur.

Certaines espèces de coraux sont très fines et servent dans la joaillerie.

Le Corail rouge (de la Méditerranée) ; hauteur, 0m35.

12. — **Les éponges** ont le corps gélatineux, soutenu par la matière que l'on vend dans le commerce sous le nom d'éponge, laquelle n'est autre chose que le squelette de ces animaux. Comme dans les coraux et les madrépores, ce squelette est le résultat du travail d'un grand nombre de générations.

13. — **Les infiniment petits** — Enfin, il y a encore dans la nature des êtres très petits, qu'on ne peut voir qu'au microscope et qui pullulent dans les eaux. En mettant un peu de foin dans l'eau et en l'y laissant macérer, c'est-à-dire en faisant une *infusion* de foin, on peuple l'eau de ces infiniment petits ; on les appelle *infusoires*, ils proviennent de germes déposés sur le foin ; il y en a de toutes les formes Les uns ont le corps nu et mou comme de la gelée, d'autres, entouré d'une croûte minérale, comme les mollusques. Lorsque ces derniers meurent, leurs coquilles tombent au fond de l'eau et s'agglutinent : c'est ainsi que la craie s'est formée. En délayant dans l'eau un peu de craie, on aperçoit, au microscope, des coquilles semblables à celles des infusoires actuellement vivants.

Ainsi la poussière que nous foulons aux pieds fut jadis vivante et les carrières sont l'œuvre de ces infiniment petits.

RÉSUMÉ.

1. Les annelés comprennent principalement les *insectes*, les *mille-pattes*, les *araignées*, les *crustacés* (écrevisses, crabes), et les *vers de terre*.

2. Les *mille-pattes* sont des animaux utiles ; les *araignées* aussi sont utiles, celle des jardins (l'épeire), comme celle des

maisons, comme celle des champs (le faucheur); les araignées de nos pays ne sont pas dangereuses pour l'homme.

3. Le corps des *crustacés* est recouvert d'une croûte dure ; les espèces comestibles sont les *écrevisses*, *homards*, *langoustes*, *crevettes* et *crabes*.

4. Les *vers de terre* se nourrissent des détritus qu'ils trouvent dans la terre et qu'ils font passer dans leur corps ; la *sangsue* est employée en médecine ; le *ver solitaire* et la *trichine* sont donnés par la viande de porc mal cuite.

5. Les *mollusques* sont des animaux au corps mou, comme l'*escargot*, la *limace*, l'*huître* et la *moule*.

6. Les *zoophytes*, ou animaux-plantes, ont le corps composé de parties disposées en étoile ; on trouve dans ce groupe l'*étoile de mer*, les *coraux* et *madrépores* et les *éponges*.

7. Enfin il y a encore dans la nature des êtres très petits qui pullulent dans les eaux et qu'on appelle *infusoires*.

QUESTIONS DE CERTIFICAT D'ÉTUDES.

Devoir 168. — 1. Quels sont les principaux groupes des annelés ? — 2. Que savez-vous des mille-pattes ? — 3. Comment s'appelle l'araignée des jardins ? — Quelles sont les deux parties dont se compose une araignée ? — Comment sont disposés les yeux de l'araignée ? — Combien a-t-elle de paires de pattes ? — D'où sort la soie avec laquelle l'araignée fait sa toile ? — Faut-il craindre les araignées de nos pays ? — Pourquoi ne faut-il pas se servir de la toile d'araignée pour arrêter le sang qui sort d'une plaie ? — Pourquoi les araignées sont-elles utiles ? — Comment s'appelle l'araignée des champs ? — Qu'a-t elle de particulier ? — Comment s'appelle l'animal qui est la cause de la gale ?

Devoir 169. — 4. Qu'appelle-t-on crustacés ? — Où sont les branchies des crustacés ? — Parlez des pattes de l'écrevisse. — Nommez d'autres crustacés. — 5. Faites le portrait du ver de terre. — Qu'arrive-t il lorsqu'on coupe un ver de terre en deux ? — Comment se nourrit-il ? — Est-il utile ou nuisible ? — De quoi l'accuse-t-on ? — Comment est disposée la bouche de la sangsue ? — Quels sont les deux vers parasites que vous connaissez ? Comment le ver solitaire arrive-t-il dans le corps de l'homme ? — Qu'est ce que la trichine ?

Devoir 170. — 6. Qu'est-ce qui a fait donner le nom de mollusques à toute une catégorie d'animaux ? — Nommez-en quelques-uns. — 7 Comment appelle-t-on la partie de l'escargot sur laquelle il rampe ? — Où sont les yeux de cet animal ? — 8. Où est placé le corps de l'huître ou de la moule ? — Pourquoi a-t-on appelé longtemps ces animaux acéphales ? — Où trouve-t-on les huîtres ? — Qu'est-ce que la nacre et d'où provient-elle ? — Comment pêche-t-on les moules ?

Devoir 171. — 9. Que savez-vous sur le mot zoophyte? — Pourquoi appelle-t-on certains animaux zoophytes? — 10. Que savez-vous de l'étoile de mer? — Où trouve-t-on cet animal? — 11. A quoi ressemblent les coraux? — Que savez-vous de leur squelette? — Quelle forme ont les îles madréporiques? — Quelle longueur ont les récifs coraliens voisins de la Nouvelle-Calédonie? — 12. Qu'est-ce que les éponges que l'on vend dans le commerce? — En quoi diffèrent-elles des éponges vivantes? — Comment s'appellent les animaux microscopiques? — D'où viennent-ils? — Comment s'est formée la craie?

RÉDACTIONS.

144. Araignée du matin, chagrin.
Araignée du soir, espoir.

Le vieux Claude ajoute foi au proverbe; il écrase les araignées qu'il rencontre avant midi, il sourit à celles qu'il voit après midi; il a été fort embarrassé, par exemple, le jour où une d'elles s'est présentée à sa vue pendant que midi sonnait.

Vous direz ce que vous pensez de ce proverbe et du pauvre Claude, et vous ajouterez quelques mots sur les mœurs des diverses espèces d'araignées.

145. Le ver de terre; comment il se nourrit; services qu'il rend à l'agriculture. — Le ver solitaire; comment il se reproduit et passe dans le corps de l'homme.

146. Quelles sont les ressources que nous empruntons au règne animal : indiquez les produits que nous en tirons tous les jours. (*Finistère.* C. E. P.)

LECTURE XXX.

Préjugés sur certains animaux utiles.

Nous nous sommes élevés bien des fois contre cette sotte manie qui porte les habitants de la campagne à tuer tout ce qui grouille, sans savoir si les animaux qu'ils tuent, loin d'être nuisibles, ne sont pas pour eux des auxiliaires utiles.

Par exemple, si un cultivateur rencontre, sur son chemin ou dans l'exercice de ses travaux un crapaud, il n'a rien de plus pressé que de lui administrer un coup de pioche, quelquefois même, par raffinement de barbarie, après avoir percé la patte de ce malheureux animal avec un morceau de bois pointu, il enfonce l'autre bout en terre, de telle sorte que la victime expire en l'air après quelques jours de supplice. C'est alors que son corps en putréfaction attire des mouches, qui se répandent ensuite dans les campagnes, saturées d'un virus infect qui communique le charbon aux bêtes comme aux gens.

Quel tort cependant font les crapauds aux cultivateurs? Rongent-ils les récoltes? Point du tout. Ravagent-ils les cultures? Pas davantage. Le crapaud se nourrit d'insectes qui mettent la nuit à profit pour commettre dans nos champs ou dans nos jardins leurs funestes déprédations. Quand la chasse de nuit est faite, et c'est la plus productive pour lui, le crapaud absorbe une multitude de papillons qui vont se jeter dans sa gueule, et avale ainsi, avec les grands-parents, des générations entières de chenilles malfaisantes.

Les Anglais, qui sont des observateurs réfléchis, se gardent bien de tuer les crapauds. Ils les traitent, au contraire, avec une grande sollicitude, et les font venir de l'étranger à grands frais pour en peupler leurs jardins. Il n'est pas rare de voir les paquebots anglais, qui fréquentent nos ports, compter au nombre des colis qui forment leurs cargaisons, des sortes de cages remplies de crapauds qui quittent ainsi leur ingrate patrie pour des bords hospitaliers où leurs services sont appréciés et leurs jours sauvegardés.

Autre habitude criminelle et inepte. On voit peu de portes-cochères dans nos campagnes qui ne possèdent, comme un ornement obligé, ou un chat-huant, ou une chouette, cloués par les ailes. Or, il n'y a pas d'oiseaux qui rendent à nos cultivateurs des services plus signalés. Ces oiseaux, en effet, se nourrissent exclusivement de mulots, de musaraignes et de souris. Pendant que les souris dévorent dans les greniers les récoltes de blé, les mulots et les musaraignes détruisent dans les champs des semences entières. Souvent l'agriculteur est surpris, après avoir semé dru des graines de toutes sortes, de ne voir poindre que quelques germes isolés. Il attribue cette mésaventure, tantôt à la mauvaise qualité de la semence, tantôt à la température, à un funeste coup de soleil, à un brouillard malsain. Hélas! la cause en est tout simplement aux rongeurs dont son champ est infesté.

DEVOIRS DE RÉCAPITULATION.

Sur les neuf premières leçons.

Devoir 172. — 1. Quels sont les trois sortes d'aliments? — 2. Pourquoi range-t-on les animaux en groupes? — 3. Quels sont les quatre embranchements? — 4 Qu'est-ce qui caractérise l'oiseau? — 5. Qu'entend-on par les sacs à air des oiseaux? — 6. Quels sont les animaux à sang chaud et les animaux à sang froid? — 7. Faites la description du corps d'un insecte? — 8. Quels sont les principaux groupes des annelés? — 9. Que savez-vous des mille-pattes? — 10 A quoi servent les os?

Devoir 173 — 11. Quelles sont les cinq classes des vertébrés? — 12. Quelles sont les cinq classes d'animaux à sang chaud. — A sang froid? — 13 Quels oiseaux ont les doigts reliés par une membrane? — 14 Que savez-vous sur la couleuvre? — 15. Parlez des ailes du hanneton, — de l'abeille et du papillon. — 16. Comment peut-on s'asphyxier? — 17. Qu'est ce que le système nerveux? — 18 Faites la description de l'araignée — 19 Quelles sont les diverses espèces d'araignées que vous connaissez et quels services vous rendent-elles? — 20 Nommez les os du crâne?

Devoir 174. — 21. Qu'est-ce que les trachées des insectes et à quoi leur servent-elles? — 22 Parlez des métamorphoses du hanneton? — 23. Quels sont les reptiles utiles? — 24. Quelles sont les différentes parties d'un œuf? — 25. Quels sont les caractères des batraciens? — 26. Par quel conduit l'air entre-t-il dans nos poumons? — 27 Nommez quelques aliments azotés. — 28. Quelle division peut-on faire des mammifères? — 29. Quelles sont les races de poules propres à la production des œufs et à l'engraissement? — 30 Combien les mouches ont-elles d'ailes?

Devoir 175. — 31. Nommez les carnivores que vous connaissez? — 32. Quelle est la race de poules qui donne beaucoup d'œufs? — 33. Comment respire la grenouille? — 34. Comment se reproduit elle? — 35 Qu'appelle-t-on larve, nymphe, chrysalide, insecte parfait? — 36. Pourquoi ne faut il pas soulever un enfant par la tête? — 37 Qu'est-ce que le sternum? — 38 Qu'est-ce qui donne la gale? — 39. Qu'appelle-t-on crustacés? — 40. Qu'est-ce que le cervelet et où est-il placé?

Devoir 176. — 41 Nommez les crustacés que vous connaissez? — 42. Que pensez vous des liqueurs fortes? — 43. Pourquoi ne faut-il pas se tenir mal en écrivant? — 44 Quels services nous rendent la chauve-souris, la chouette et le hérisson? — 45. Parlez de l'estomac des ruminants. — 46. Quels soins faut-il donner au poulailler? — 47. Que savez-vous du venin du crapaud? — 48. — Quels services nous rend le crapaud? — 49. Que savez-vous sur le ver? — 50. Comment est disposée la bouche de la sangsue?

Devoir 177. — 51. Nommez les os des membres supérieurs et de la cage thoracique — 52 Les os des membres inférieurs. — 53 Nommez les jumentés et dites quelle particularité présente le cheval? — 54. Quelle particularité présentent les dents des rongeurs? — 55. Quels soins faut-il donner aux porcs? — 56 Que savez vous sur le dindon, sur l'oie et sur le canard — 57. Qu'entendez-vous par mollusques? — 58. Où sont les yeux de l'escargot? — 59 Où trouve-t on les huîtres? — les moules? — 60 Qu'est-ce que la nacre?

Devoir 178. — 61. Pourquoi les insectes nuisibles, quoique petits, sont-ils redoutables? — 62 Que savez-vous sur l'échenillage? — 63. Quels insectes attaquent les céréales sur pied? — 64. Quels sont les nerfs les plus importants? — 65 Quelle transformation subissent les aliments dans la bouche? — 66. Quelle est l'action du suc gastrique? — 67. Que veut dire le mot zoophyte? — 68. Que savez-vous de l'étoile de mer? — 69. Quels sont les insectes qui dévorent les grains dans les greniers et comment peut-on s'en débarrasser? — 70. Pourquoi ne faut-il pas tuer le crapaud?

Devoir 179 — 71. Quels sont les insectes qui vivent aux dépens des légumineuses? — 72. Ceux qui dévorent les crucifères? — 73. Ceux qui attaquent la betterave? — 74. Quelle est l'action du suc pancréatique? — 75. Quelle transformation subit le sang dans les poumons? — 76. Comment respirent les poissons? — 77. Dites ce que vous savez sur le sanglier? — 78. Quels sont les mammifères sauvages que vous connaissez? — 79. A quoi ressemblent les coraux? — 80. Que savez-vous de leur squelette?

Devoir 180. — 81. Quels insectes attaquent les arbres de nos forêts? — 82. Quel est le puceron qui détruit les vignobles? — 83. Que savez-vous de la guêpe? — de la courtilière? — des teignes? — 84. Combien de cavités trouve-t-on dans le cœur? — 85. Quelle est la composition des os? — 86. De quoi se nourrissent les poissons? — 87. Quelles sont les espèces que l'on pêche plus particulièrement? — 88. Quels sont les oiseaux que l'on chasse comme gibier? — 89. Nommez les oiseaux franchement insectivores? — 90. Combien d'insectes détruit une seule nichée de mésanges?

Devoir 181. — 91. Quelle forme ont les îles madréporiques? — 92. Qu'est-ce que les éponges que l'on vend dans le commerce? — 93. En quoi diffèrent-elles des éponges vivantes? — 94. Quels sont les insectes qui font la chasse aux insectes nuisibles? — 95. Que savez-vous sur les nécrophores? — 96 Nommez les principaux poissons d'eau douce en disant un mot sur chacun d'eux. — 97. Quels sont les deux poissons de mer qui remontent les rivières pour y déposer leurs œufs? — 98. Quels sont les rares oiseaux nuisibles? — 99. Qu'appelle-t-on tympan? — 100. Nommez les diverses parties de l'œil.

TRENTE ET UNIÈME LEÇON.

RACINES. — TIGES. — FEUILLES.

1. — Les plantes sont des êtres vivants, comme les animaux ; elles ne possèdent, il est vrai, ni la sensibilité ni le mouvement, mais elles ont besoin de se nourrir et savent se reproduire.

Les deux organes de nutrition de la plante sont les *racines* et les *feuilles.*

2. — **Toutes les racines ne se ressemblent pas.** — Dans la carotte, la luzerne..., la racine est composée d'une partie principale qui s'enfonce comme un *pivot* dans le sol et de parties secondaires plus grêles, les *radicelles*. Dans le blé, le poireau..., toutes les parties qui constituent la racine sont à peu près d'égale grosseur et forment le *chevelu*.

3. — **Les poils absorbants de la racine.** — Quelle que soit la forme d'une racine, les extrémités se terminent toujours par une espèce de calotte assez dure, appelée *coiffe*, un peu au-dessus de laquelle se trouvent des fils extrêmement fins, appelés *poils absorbants* ; ce sont ces poils qui puisent dans le sol la nourriture de la plante. Ce qu'il est important de retenir, c'est que les parties les plus tendres de la racine sont aussi les plus vivantes et celles qui travaillent le plus.

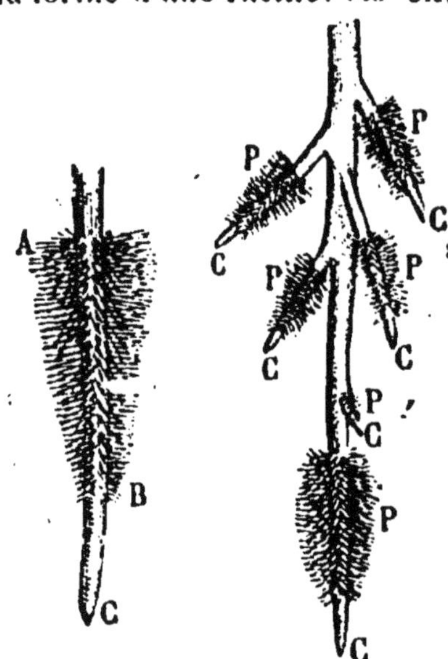

4. — **Comment les racines nourrissent la plante.** — Les racines prennent leur nourriture sous forme liquide, c'est-à-dire qu'elles absorbent l'eau qui a dissous les substances dont la plante a besoin ; mais elles peuvent encore digérer les matières solides.

Il n'est donc pas indispensable de donner aux plantes des engrais capables de se dissoudre dans l'eau ; mais quand on met dans le sol des corps insolubles, comme les phosphates, il faut qu'ils soient bien pulvérisés et bien mélangés à la terre.

Il ne faut pas oublier que la racine a besoin d'air pour accomplir ses fonctions ; il est donc nécessaire d'aérer le sol par des labours et de le drainer quand il est trop humide.

5. — **Il faut varier les cultures.** — Dans cette absorption par les racines, les plantes font un choix ; elles ne se nourrissent pas toutes des mêmes aliments. C'est pourquoi, afin d'utiliser tout l'engrais qu'on donne aux plantes cultivées, on fait *alterner* les cultures. A une plante comme le blé qui

prend surtout sa nourriture dans les parties superficielles, on fait succéder une autre plante, la betterave, par exemple, qui enfonce sa racine profondément dans la terre.

Cette succession de plantes s'appelle rotation de culture ou *assolement*.

De plus, chaque plante a ses parasites ; il y a beaucoup de chances pour que ceux-ci meurent, si la plante aux dépens de laquelle ils vivent ne revient dans le même terrain que tous les trois ou quatre ans.

La racine ne cède pas toujours et tout de suite aux autres parties de la plante tous les aliments qu'elle tire du sol ; elle en emmagasine quelquefois pour les besoins futurs ; ainsi font les carottes, betteraves, navets...

6. — **La racine fixe le végétal au sol.** — La racine a encore pour rôle de fixer la plante au sol ; réciproquement, elle peut servir à fixer un sol mouvant. Ainsi, on empêche les éboulements des talus au moyen de gazon à chevelu abondant.

Les landes de Gascogne ont été fixées à la surface par le chevelu d'une graminée (le gourbet) et dans les parties profondes par les racines des pins.

7. — **Les tiges des plantes.** — Les tiges mettent en communication les deux organes de nutrition des plantes, les racines et les feuilles, et servent de support aux feuilles, fleurs et fruits.

Les unes sont dressées naturellement (chêne, pommier, lis), d'autres sont grimpantes (pois, bryone) ou s'enroulent autour d'un support ; ou bien elles rampent sur le sol (fraisier, véronique) ou sous le sol (chiendent, asperge).

Celles qui sont dures, consistantes, sont dites *ligneuses* (bois), les autres sont *herbacées* (blé).

8. — **Les diverses parties de la tige.** — Dans les tiges ligneuses, on distingue bien nettement :

L'écorce, à l'extérieur.

Le bois, au-dessous.

La moelle, à l'intérieur (quand la plante est jeune).

C'est entre le bois et l'écorce que circule la *sève*, surtout au printemps, époque à laquelle on peut facilement séparer l'écorce du bois.

La sève est le sang de la plante ; chaque année, elle forme une couche de bois et une couche d'écorce, on aperçoit bien ces couches concentriques dans un tronc d'arbre scié en travers ; le nombre de couronnes indique l'âge de l'arbre.

9. — **Les feuilles.** — Si on examine une feuille d'arbre, celle de l'orme, par exemple, on voit : 1° un support, le *pétiole ;* 2° une partie aplatie, mince, verte, le *limbe*, dont la charpente est formée par le prolongement et les ramifications du pétiole. C'est à cette charpente ou *nervures* que se réduit la feuille, lorsque tombée de l'arbre, elle est restée longtemps sur le sol ; elle ressemble alors à une fine dentelle.

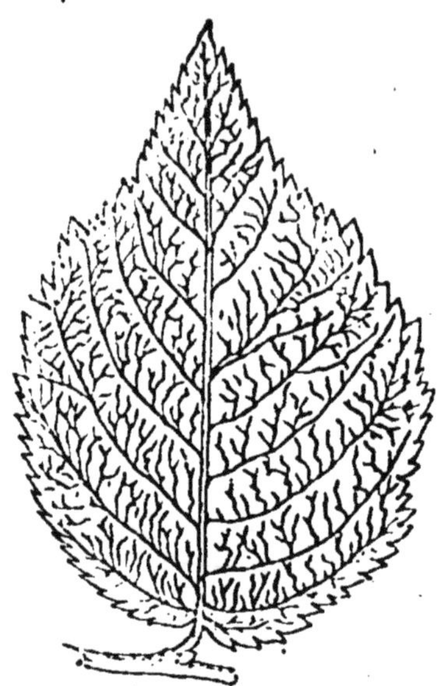

Feuille d'Orme (un peu moindre que nature).

10. — **Forme et disposition des feuilles.** — Toutes les feuilles ne ressemblent pas à celles de l'orme ; il en est de rondes, d'ovales, de triangulaires ; d'autres ont la forme de ruban, de cœur..., les unes ont les bords unis, sans échancrures ; d'autres portent des découpures profondes, quelques-unes sont déchiquetées.

Il existe aussi des feuilles formées de plusieurs parties distinctes celles du trèfle, du marronnier, de l'acacia... ; on les appelle des feuilles *composées*, par opposition aux autres feuilles appelées feuilles *simples*.

Feuilles simples du Châtaignier (8 fois moindres que nature).

Quant à leur disposition sur la tige et les rameaux, elle varie avec les plantes. Il y a des feuilles placées par 2, à la même hauteur, on dit qu'elles sont *op-*

posées (lilas) ; il en est d'autres disposées en couronne (le petit muguet, le laurier) ; d'autres enfin paraissent n'obéir à aucune loi, et cependant elles sont placées de façon à recevoir toutes leur part d'air et de soleil.

11. — A quoi servent les feuilles. — Les feuilles *nourrissent* la plante et lui fournissent le *charbon* nécessaire à la formation de son bois, de ses fruits...

Voici comment on le prouve :

Dans un grand flacon contenant de l'eau ayant dissous de l'acide carbonique (eau de Seltz), on place un rameau *feuillé* (préférablement de plantes aquatiques), on retourne le flacon sur une terrine contenant de l'eau et on expose le tout au *soleil*. Au bout de quelque temps on voit des bulles se former et grossir sous les feuilles, puis gagner le haut de la cloche. En les recueillant, on constate que le gaz produit rallume une allumette présentant encore un point rouge de feu : c'est de l'oxygène.

Feuilles composées du rosier (6 fois moindres que nature).

Ainsi donc, les feuilles ont décomposé l'acide carbonique, mis l'oxygène en liberté et absorbé le carbone.

Cette absorption du charbon se fait dans des proportions énormes. On a calculé qu'une prairie fixait, en moyenne, par hectare et par an, 3000 kg. de charbon.

En décomposant ainsi l'acide carbonique et laissant l'oxygène à l'air, les plantes assainissent l'atmosphère. Mais remarquons bien que cet assainissement n'a lieu que lorsque les plantes sont à la lumière du jour. Si on les place dans l'obscurité, elles perdent peu à peu leur matière verte et ne sont plus capables de se nourrir de charbon ; tout le monde sait que la salade, le céleri... blanchissent quand on les prive de lumière.

Cette absorption de carbone n'est pas la véritable *respiration*, car les plantes respirent comme les *animaux*, soit pendant le jour, soit pendant la nuit ; elles rejettent l'acide carbonique et s'emparent de l'oxygène. Aussi, ne faut-il pas laisser des plantes, la nuit, dans les chambres à coucher.

Résumons ces deux faits importants :

1° Les plantes respirent *comme les animaux*, soit le jour, soit la nuit, en dégageant de l'acide carbonique et en prenant l'oxygène de l'air.

2° En outre, pendant le jour, à la lumière du soleil, les parties vertes de la plante et surtout des feuilles, en même temps qu'elles respirent, décomposent l'acide carbonique de l'air, fixent le carbone et mettent l'oxygène en liberté : c'est ce qu'on appelle la fonction *chlorophyllienne.*

12. — **Les plantes transpirent.** — C'est enfin par les feuilles que les plantes transpirent.

En recouvrant d'une cloche ou d'un bocal une plante en pot, on aperçoit des gouttelettes à l'intérieur du vase.

La transpiration des plantes est très active ; ainsi un chêne dégage pendant la bonne saison plus de 100.000 kg. de vapeur d'eau, un seul pied de maïs 15 kg., un seul pied de chanvre 25 kg.

Les feuilles ont encore d'autres fonctions ; ce sont de véritables usines où les plantes mettent en œuvre toutes les matières qui y arrivent. Aussi, à moins d'indications contraires, on ne doit pas provoquer la chute des feuilles, si on ne veut pas nuire à la vigueur des plantes.

RÉSUMÉ.

1. Les plantes sont des êtres vivants comme les animaux ; elles se nourrissent, respirent et se reproduisent.

2. Les racines ont différentes formes ; elles s'enfoncent au moyen de la coiffe et sont entourées à leur extrémité de poils absorbants.

3. Les racines prennent leur nourriture sous forme liquide, mais elles peuvent aussi digérer les matières solides ; les racines ont besoin d'air pour accomplir leurs fonctions.

4. Les racines choisissent leur nourriture, c'est pourquoi l'on alterne les cultures sur le même sol ; il y a des racines qui mettent en réserve une partie de la nourriture qu'elles puisent dans le sol. Les racines fixent le végétal au sol et servent dans certains cas à fixer un sol trop mouvant.

5. La tige met en communication les racines et les feuilles ;

on y trouve l'écorce, le bois et la moelle : la sève circule entre le bois et l'écorce.

6. Les feuilles se composent du pétiole et du limbe ; elles ont toutes sortes de formes ; il y en a de simples et de composées ; elles nourrissent le végétal en prenant à l'air le carbone ; cette absorption de carbone qui ne se fait que pendant le jour est distincte de la respiration qui a lieu le jour et la nuit.

7. Enfin les plantes transpirent beaucoup.

QUESTIONS DE CERTIFICAT D'ÉTUDES.

Devoir 182. — 1. Qu'est-ce que les plantes ? — En quoi ressemblent-elles aux animaux ? — En quoi diffèrent-elles ? — Quels sont les organes de nutrition des plantes ? — 2. Que savez-vous sur la forme des racines ? — 3. Qu'est-ce que la coiffe de la racine ? — Et les poils absorbants ? — 4. Sous quelle forme les racines puisent-elles la nourriture ? — Les racines peuvent-elles digérer les matières insolubles ? — Quelle précaution faut-il prendre quand on donne au sol des engrais insolubles ?

5. Les racines respirent-elles ? — Pourquoi faut-il varier les cultures ? — Comment appelle-t-on le retour périodique d'une culture sur une terre ? — Nommez des racines qui emmagasinent de la nourriture ?

Devoir 183. — 6. Quel rôle jouent encore les racines ? — Comment ont été fixées les landes de Gascogne ? — 7. Quelle est la fonction des tiges ? — Quelles sont les différentes formes des tiges ? — 8. Quelles sont les diverses parties de la tige ? — Entre quelles parties circule la sève ? — Comment peut-on reconnaître l'âge d'un arbre ? — 9. Qu'appelle-t-on pétiole de la feuille ? — Qu'est-ce que le limbe ? — Et les nervures ? — 10. Quelles formes affectent les feuilles ? — Qu'appelle-t-on feuilles simples ? — Et feuilles composées ? — Comment sont-elles placées sur la tige ?

Devoir 184. — 11. A quoi servent les feuilles ? — Où prennent-elles le charbon qu'elles fixent ? — Comment prouve-t-on que les feuilles prennent le charbon à l'acide carbonique de l'air ? — A quel moment de la journée se fait surtout cette assimilation ? — Se fait-elle la nuit ? — Pourquoi les plantes assainissent-elles l'air ? — Qu'arrive-t-il lorsqu'on met les plantes à l'abri de la lumière ? — Comment respirent les plantes ? — La respiration de la nuit est-elle différente de celle du jour ? — Pourquoi ne faut-il pas laisser de plantes, la nuit, dans une chambre où l'on couche ? — 12. Comment peut-on s'assurer que les plantes transpirent ? — Montrez, par des exemples, combien cette transpiration est considérable.

RÉDACTIONS.

147. « Ma foi, disait Pierre, je n'y comprends plus rien ; tantôt les plantes assainissent l'air en dégageant de l'oxygène, tantôt, au contraire, elles vicient l'air des chambres en produisant de l'acide carbonique ; les savants devraient bien ne pas se contredire. »

Faites comprendre à maître Pierre qu'il confond deux choses distinctes : la respiration des plantes et la fonction ou assimilation chlorophyllienne.

148. Formes diverses de la racine ; coiffe, poils absorbants ; fonctions de la racine ; quels engrais peuvent la nourrir ; pourquoi il faut varier les cultures.

149. L'air ; sa composition ; son rôle dans la respiration de l'homme, des animaux et des plantes. Viciation de l'air ; asphyxie ; aération des appartements. (*Charente* C. E. P.)

150. Faire la description d'une feuille et montrer le rôle des feuilles dans la végétation. (*Orne*. C. E. P.)

151. La respiration. Ce que devient l'air dans les poumons. Les plantes ont-elles une respiration ? Un pommier dépouillé de ses feuilles par les chenilles, dépérit ; dire pourquoi. (*Finistère*. C. E. P.)

152. Avez-vous examiné attentivement une feuille de végétal ? — Laquelle ? — Qu'avez-vous remarqué sur chaque face ? — Quelles sont les fonctions des feuilles ? — Avez-vous vu quelques expériences relatives à ces fonctions? (*Yonne*. C. E. P.)

153. L'air et l'atmosphère. Nature, composition et poids de l'air, son utilité pour les animaux et les végétaux. Combustion, respiration. (*Oise*. C. E. P.)

LECTURE XXXI.

Le sommeil des plantes.

Les plantes dorment, c'est-à-dire que de nuit elles disposent leurs feuilles d'une autre façon que de jour.

L'animal, suivant son espèce, varie d'attitude pour le repos nocturne ; la poule monte au perchoir, soulève une patte dans le duvet et se cache la tête sous l'aile ; le chat recherche la cendre de l'âtre où il se roule en cercle ; le mouton s'accroupit sur le ventre ; le bœuf se couche sur le flanc ; le hérisson se roule en boule ; la couleuvre se contourne en spirale serrée.

De même chaque espèce végétale a sa manière de dormir. L'épinard, au déclin du jour, redresse ses feuilles vers le haut de la tige et les applique contre la sommité encore tendre de la pousse, pour lui faire une tente qui s'ouvrira d'elle-même au retour du soleil. L'impatiente, du bord des ruisseaux, fait tout le contraire ; elle infléchit ses feuilles vers le bas de la tige. La raison, ne me la demandez pas ; vous me prendriez en flagrant délit d'ignorance !...

Tout ce que la science peut affirmer, c'est que la feuille, en son repos nocturne, a une tendance marquée à reprendre la pose qu'elle avait dans le bourgeon, alors que, enveloppée de langes cotonneux, elle dormait du profond sommeil de l'enfance. L'une s'enroule grossièrement en cornet, en volute ; une autre se plie à la façon d'un éventail ; une troisième se ferme en deux, la moitié de droite sur la moitié de gauche ; une quatrième se chiffonne négligemment ; enfin, chacune s'arrange à sa guise, à peu près suivant les plis qu'elle avait au berceau. Les premières impressions sont les plus tenaces. Dans l'homme fait se retrouve l'enfant. Comme celui-ci pliait ses feuilles, l'autre les plie encore. Songez-y toujours.

C'est principalement dans les feuilles composées que la disposition pour le repos nocturne est frappante. Examinez de jour un acacia ; examinez-le de nouveau à la tombée de la nuit. Quelle curieuse métamorphose s'est opérée dans le feuillage ! L'arbre a changé de physionomie. De jour les folioles étalées de droite et de gauche du pétiole commun donnent au feuillage un aspect touffu, un air de vigueur qui charme le regard. Le soir arrive, et les folioles, abattues de fatigue, se couchent l'une sur l'autre. Le feuillage semble maintenant dégarni. Il est d'aspect triste, souffreteux. On le dirait fané par la soif, frappé à mort par le hâle du jour. L'arbre est-il malade, souffre-t-il de la sécheresse ? Du tout, il dort, et pour dormir il a plié ses feuilles ! Demain, dès l'aurore, vous le verrez les épanouir aussi fraîches que jamais.

J.-H. Fabre. *Histoire d'une Bûche.* (Garnier, éditeur.)

TRENTE-DEUXIÈME LEÇON

BOURGEONS ET FLEURS.

1. — Il y a deux sortes de bourgeons. — Au printemps, avant la pousse des feuilles, on remarque sur les tiges et les rameaux des arbres des *boutons* ou *bourgeons*.

En se développant, ils donnent, les uns, du bois et des feuilles, ce sont les *bourgeons à bois* ; les autres, des fleurs et des fruits, ce sont des *bourgeons à fruits*.

Sur les arbres fruitiers, pour avoir de beaux produits, on supprime par la taille un certain nombre de bourgeons, la sève se répartit seulement sur ceux qui restent et les nourrit mieux.

Lorsqu'il y a péril pour une plante, vite elle façonne des bourgeons pour remplacer les rameaux qui pourraient être détruits : ainsi la vigne qui a souffert des gelées de printemps porte de ces bourgeons qui compensent en partie ceux qui ont été gelés. Le blé meurtri par la terre qui se gèle, puis se dégèle, émet au bas des tiges des bourgeons ; on dit que le blé *talle*. Chaque bourgeon donne une tige ; il en résulte qu'un grain de blé peut fournir plusieurs tiges et plusieurs épis. Les blés qui tallent sont donc plus productifs que ceux qui ne tallent pas.

2 — **Les plantes peuvent se multiplier par les bourgeons** — Pour produire un rameau, il n'est pas nécessaire que le bourgeon reste sur la plante qui lui a donné naissance ; on peut le détacher *seul* ou avec le rameau qui le porte, et le placer sur une autre plante, cette opération s'appelle *greffer*.

Pour qu'elle réussisse, il faut que le bourgeon détaché ou *greffe* reçoive la sève de la plante nourrice; on met donc la greffe entre le bois et l'écorce de la plante nourrice, laquelle doit être de la même famille que la greffe.

Si le rameau détaché est planté dans le sol, c'est *une bouture*, ce rameau façonne des racines (appelées adventives) qui agissent comme les racines ordinaires.

Partie inférieure de la tige et racine de pomme de terre; on y voit attachés plusieurs tubercules inégalement développés (4 fois plus petit que nature)

Quelquefois les rameaux se détachent d'eux-mêmes de la plante, après avoir emmagasiné de la nourriture pour suffire aux besoins des bourgeons ; ainsi procèdent les tubercules de la pomme de terre.

Leurs bourgeons ou leurs yeux peuvent se développer sans qu'on mette les tubercules en terre. C'est une erreur de croire que les pommes de terre soient des racines, comme les carottes, par exemple ; les tubercules de la pomme de terre sont des rameaux qui se sont développés en vue de nourrir les bourgeons qu'ils portent.

Les bulbes de l'oignon, de l'ail... peuvent être regardés comme des bourgeons qui ont amassé de la nourriture.

Oignon ou bulbe de Lis (3 fois moindre que nature)

3. — La fleur. — Nous avons dit que les boutons donnaient, les uns des feuilles, les autres des fleurs Nous avons étudié les feuilles, examinons les fleurs.

Ce que nous admirons dans la fleur, c'est le moins important pour la plante, c'est simplement l'habit, l'enveloppe de la fleur.

4. — Calice et corolle. — Cette enveloppe est le plus souvent double ; la partie extérieure, le *calice*, est composé de *sépales* ordinairement verts, la partie intérieure, la *corolle*, est composée de *pétales* de toutes nuances.

La forme, la disposition, le nombre de pétales ne sont pas

Corolle gamopétale de la Primevère, isolée et ouverte, montrant les étamines insérées à l'intérieur (moitié de nature.)

Fleur de la Primevère, dont on a enlevé la corolle avec les étamines, ne laissant que le pistil entouré du calice (2/3 de nature).

moins variés que leurs couleurs, et chaque jour les horticulteurs les modifient pour obtenir de nouvelles variétés.

5. — Les étamines et l'ovaire. — A l'abri de l'enveloppe sont les organes essentiels. Enlevez délicatement les sépales et les pétales d'une fleur de cerisier, vous apercevrez de petits *filets* terminés par un *renflement*. Ce sont les *étamines ;* le renflement qu'on appelle *anthère* renferme le *pollen* ou poussière fécondante des fleurs.

Détachez les étamines, il reste au centre de la fleur un organe globuleux, l'*ovaire*, surmonté d'une petite colonne terminée par une tête (le stigmate).

Si vous êtes adroit, coupez l'ovaire en travers par le milieu, et vous verrez, avec une loupe, que cet ovaire n'est autre chose qu'un sac renfermant de petits corps (les ovules) ou œufs de la plante.

Toute fleur complète contient des étamines avec du pollen et des ovaires avec ovules.

6. — **Toutes les fleurs ne sont pas complètes.** — Il existe des fleurs dans lesquelles on ne trouve que des étamines ;

Fleur mâle de Melon (moitié de nature).

Fleur femelle de Melon (moitié de nature).

d'autres qui n'ont que des ovaires, comme dans le maïs, le chanvre.

Les fleurs à étamines et les fleurs à ovaires peuvent être portées par la même plante ; on l'appelle plante *monoïque :* le melon par exemple.

Quand les fleurs à étamines et les fleurs à ovaires sont sur des pieds différents, comme dans le chanvre, la plante est dite *dioïque.*

7. — **Le pollen féconde les ovules de l'ovaire.** — A un moment donné, le pollen s'échappe des anthères et arrive sur le stigmate. Après un court séjour sur cet organe, il pénètre dans l'ovaire jusqu'aux ovules. On dit alors qu'il y a fécondation. Ce n'est qu'à cette condition que les fleurs produisent un fruit et des graines.

Si la pluie, les brouillards, empêchent le pollen de se poser sur le stigmate, il n'y a pas de fécondation, ni de fruit ; on dit que le fruit *a coulé.*

Les étamines et l'ovaire jouent donc un rôle très important.

8. — Comment le pollen est transporté sur le stigmate. — Dans les plantes monoïques et surtout dans les plantes dioïques, le pollen est souvent éloigné de l'ovaire, mais le pollen est si léger que le vent le soulève facilement et le transporte sur les fleurs à ovaires ; souvent aussi, les insectes en butinant sur les fleurs se chargent de pollen et contribuent ainsi à la fécondation des plantes. Les peuples de l'Afrique secouent eux-mêmes sur les fleurs à ovaire du dattier les fleurs à étamines du même arbre.

Et quand les agriculteurs et horticulteurs veulent créer de nouvelles variétés de plantes, ils prennent le pollen sur un sujet et le portent sur l'ovaire d'un autre sujet. Il y a des chances pour que la graine qui résultera de cette fécondation donne une plante qui participera des qualités des deux qui ont concouru à sa formation.

9. — Tous les végétaux n'ont pas de fleurs. — Les champignons et les mousses, par exemple, n'ont pas de fleurs ; cependant ils possèdent des organes qui fonctionnent, les uns à la manière des étamines, les autres comme les ovaires.

Les végétaux à fleurs s'appellent *phanérogames*.

Les végétaux sans fleurs s'appellent *cryptogames*.

RÉSUMÉ.

1. Les bourgeons, en se développant, donnent du bois ou des fruits; on supprime par la taille, dans les arbres fruitiers, un certain nombre de bourgeons pour que la sève nourrisse mieux ceux qui restent.

2. Il est des plantes qui remplacent les bourgeons gelés, comme la vigne et le blé; on peut reproduire certains végétaux par la greffe ou la bouture; les tubercules de la pomme de terre ne sont autre chose que des rameaux détachés portant des bourgeons.

3. Une fleur contient d'ordinaire : un calice, une corolle, des étamines et un ovaire.

Il y a cependant des fleurs qui n'ont que des étamines et d'autres qui n'ont que des ovaires.

4. Le pollen est la poussière qui féconde les ovules de l'ovaire, il est transporté sur le stigmate de plusieurs façons.

5. Il y a des végétaux qui ne portent pas de fleurs comme les champignons et les mousses.

QUESTIONS DE CERTIFICAT D'ÉTUDES.

Devoir 185. — 1. Quelles sont les deux sortes de bourgeons? — Que fait-on pour que les arbres fruitiers donnent de beaux fruits? — Que fait la vigne, quand les bourgeons ont été gelés? — Que se produit-il quand le blé talle? — 2. Expliquez l'opération de la greffe. — A quelle condition réussit-elle? — Qu'appelle-t-on bouture? — Qu'entend-on par racines adventives? — Qu'est-ce que les yeux de la pomme de terre? — Et les tubercules eux-mêmes? — 3 et 4. Comment s'appelle la partie colorée de la fleur? — Et la partie verte qui se voit au-dessous? — Qu'appelle-t-on sépales? — Et pétales?

Devoir 186. — 5. Quels sont les organes essentiels de la fleur? — Quelles sont les diverses parties de l'étamine? — Comment s'appelle la matière fécondante des fleurs? — Où est renfermé le pollen? — Qu'est-ce que l'ovaire? — Où se trouvent les ovules? — 6. Comment s'appellent les fleurs qui renferment des étamines et des ovaires? — Qu'appelle-t-on plantes monoïques? — Nommez en une? — Qu'est-ce qu'une plante dioïque? — Laquelle connaissez-vous?

Devoir 187. — 7. A quelle condition les fleurs produisent-elles des fruits? — Sur quoi se pose le pollen? — Quand dit-on qu'un fruit *a coulé?* — 8. Comment le pollen se transporte-t-il sur le stigmate dans les plantes dioïques? — Quels sont les insectes qui jouent un certain rôle dans la fécondation? — Comment les agriculteurs et les horticulteurs produisent-ils de nouvelles variétés de plantes? — 9. Tous les végétaux ont-ils des fleurs? — Lesquels n'en possèdent pas? — Qu'est ce qui remplace les fleurs chez ces végétaux? — Qu'appelle-t-on phanérogames? — Et cryptogames?

RÉDACTIONS.

154. Diverses parties d'une fleur. — Rôle du pollen. — Comment est-il porté sur le stigmate dans les plantes dioïques.

155. Parlez de la fleur en général, de ses parties essentielles, Dites ce que l'on fait des fleurs et pourquoi on les aime. (*Turbes.* C. E. P.)

156. La fleur, sa composition Description de chacune de ses parties. Rôle du pollen. Que devient l'ovaire? (*Hérault.* C. E. P.)

157. Pourriez-vous dire les parties qui composent une rose sauvage ou églantine? — Employez dans cette description les termes botaniques que vous connaissez. (*Yonne* C. E. P.)

LECTURE XXXII.

Plantes sauvages et plantes perfectionnées.

L'homme, par les soins les plus assidus, prolongés pendant des siècles, s'est créé ses arbres fruitiers avec quelques végétaux revêches, d'aussi peu de valeur que le buisson de la haie. Rappelons-nous l'histoire du Poirier.

Qu'est-il à l'état sauvage? — Un affreux arbuste, hérissé de longs piquants. Les petites poires âpres, pétries de grains de gravier, sont bien le fruit le plus détestable. L'industrie humaine a fini par civiliser ce sauvageon. Elle lui a changé le caractère au point de lui faire produire de grosses poires à chair beurrée. Mais Dieu sait ce qu'il lui a fallu de patience et de labeur! Aujourd'hui toutefois, le Poirier n'est pas tellement rallié à l'homme qu'un sourd regret ne lui reste de sa vie de buisson. Au sein du verger où vous le croyez innocemment heureux, il médite des projets subversifs; il veut revenir à ses méchantes petites poires. Rarement l'occasion s'en présente, parce que l'homme est là qui le surveille et le ramène, tantôt par la douceur, tantôt par la violence, à de meilleurs sentiments.

Que fait alors le Poirier? Il dissimule; et, ne pouvant s'affranchir lui-même, il élève ses graines, ses pépins dans l'horreur de l'homme, dans le mépris des poires beurrées; il leur inspire l'amour effréné de l'indépendance.

Voyez, en effet. Des pépins sont semés, pris dans une excellente poire, bien grosse, bien juteuse.

Eh bien, les Poiriers issus de ces graines ne donnent, pour la plupart, que des poires médiocres, mauvaises, très mauvaises même.

Quelques-uns seulement, d'un naturel plus doux, reproduisent la poire mère.

Un autre semis est fait avec les pépins de seconde génération: les poires dégénèrent encore. Si l'on continue ainsi les semis en puisant toujours les graines dans la génération précédente, le fruit, de plus en plus petit, âpre et dur, revient enfin à la méchante poire du buisson. L'aïeul est vengé de son long servage. Les arrière-petits-fils ont repris la tige noueuse, les robustes piquants, la feuille coriace, la poire immangeable.

Foin de l'homme et de ses vergers! A nous la haie, le roc, la lisière des bois, en compagnie du merle! — Les entendez-vous, les échappés de la galère du jardin?

Un exemple encore. Quelle fleur mettre en parallèle avec la Rose, si noble de port, si odorante et d'un pourpre si vif? — On sème les graines de la superbe fleur. Oh! oh! qu'est ceci? Les descendants de la Rose sont de misérables buissons! Par le revirement du semis, la noble fleur reprend les caractères de sa famille. C'est une insolente parvenue qui écrase la Violette de sa morgue royale. La modestie seule pourrait faire oublier sa basse extraction. Aussi comme la Violette doit sourire dans la bordure des plates-bandes, quand le jardinier, par le semis, fait avouer ses ancêtres à l'orgueilleuse!

J.-H. FABRE. *Histoire de la Bûche*, récits de la *Vie des Plantes*. (Garnier, éd.)

TRENTE-TROISIÈME LEÇON.

FRUIT – GRAINE – GERMINATION.

1. — **L'ovaire devient le fruit.** — Lorsque la fécondation a eu lieu, que le fruit est noué, l'enveloppe de la fleur et les étamines tombent; il ne reste que l'ovaire qui s'appellera désormais *fruit;* ce fruit d'abord *petit, vert,* grossira, mûrira et deviendra sucré.

Cette maturation exige plus ou moins de temps, suivant les plantes et le climat; il faut trois mois aux groseilles et aux cerises; six mois, aux pommes, poires, pêches... Quand le fruit est menacé, il mûrit plus vite; les fruits *véreux* sont plus tôt mûrs que les fruits sains; les raisins auxquels on fait subir l'*incision annulaire* sont plus hâtifs que les autres.

2 — **On distingue deux sortes de fruits** — Certains fruits, quand ils sont mûrs, ont une enveloppe épaisse gorgée de sucs; ce sont les fruits charnus, comme les baies du groseillier, les cerises, les pommes...; d'autres sont peu épais; ce sont les fruits secs, comme la gousse des pois, la silique du chou, la capsule du coquelicot.

3. — **Qualité des fruits.** — La qualité des fruits dépend d'abord de la variété cultivée; mais, pour une même variété, elle dépend encore de la chaleur, de l'humidité du sol...

La chaleur augmente la richesse en sucre : ainsi les fruits du Midi de la France sont bien plus doux et savoureux que ceux du Nord, l'humidité rend les fruits plus aqueux et plus fades, dans les années humides, les cerises, les groseilles contiennent tellement d'eau qu'elles éclatent. Le sol influe aussi sur la qualité du fruit et, comme conséquence, sur les produits qu'on en tire · les vins, par exemple, se distinguent souvent par un goût particulier dit *goût de terroir*

4. — **La graine.** — La graine se développe et mûrit en même temps que le fruit qui la renferme; elle grossit aux dépens des autres parties de la plante.

Si on cultive des plantes pour leurs feuilles, comme les fourrages, il faut les récolter à la floraison ou peu après, pour ne pas donner aux graines le temps de se former au détriment des feuilles.

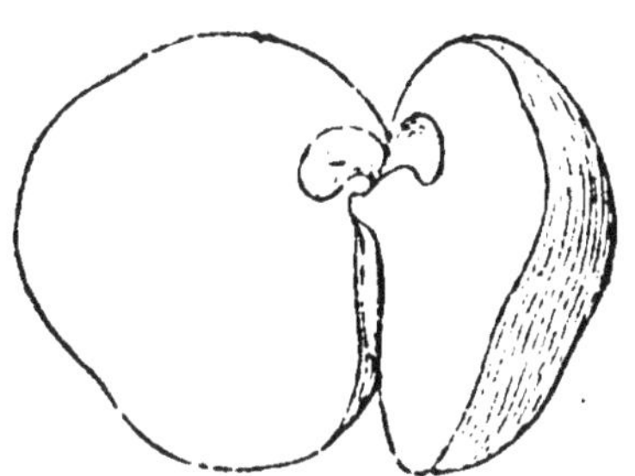

Embryon du Pois montrant ses deux cotylédons écartés et entre eux la plantule (3 fois comme nature).

Si on cultive des plantes pour leurs graines, il ne sera pas toujours nécessaire d'attendre la *complète* maturation de la graine, car quelque temps avant cette complète maturation, la graine se suffit à elle-même et n'emprunte plus rien aux autres parties de la plante. On peut donc commencer la moisson avant que la graine soit complètement mûre; on gagne ainsi du temps et on met le grain à l'abri des pluies qui peuvent survenir.

5. — **La graine est protégée par des enveloppes** — La graine n'est pas nue, elle est protégée par des enveloppes ; celles ci portent souvent des aigrettes, des piquants, des soies et même des sortes d'ailes qui favorisent la dissémination par le vent ou les animaux : tout le monde connaît la disposition des graines de pissenlit.

6. — **Parties essentielles de la graine.** — Sous les enveloppes on trouve : 1° Un végétal en miniature, l'*embryon*. 2° La nourriture nécessaire aux premiers besoins de l'embryon ; cette nourriture, placée soit dans l'embryon, soit à côté, a reçu le nom d'*albumen*, par analogie avec l'albumine de l'œuf qui sert de première nourriture à l'oiseau.

7. — **Composition de l'embryon.** — L'embryon est plus facile à observer quand il a un peu grandi. Mettons un haricot dans du sable humide et plaçons le tout à une douce chaleur. Au bout de quelques jours nous verrons pointer la *radicule*, la racine. Si nous ouvrons le haricot, nous verrons entre les deux moitiés (appelés cotylédons) une petite *tigelle* et, à l'extrémité de celle-ci, un bourgeon (la *gemmule*) qui donnera les premières feuilles.

Avant de se développer, l'embryon contenait donc : la *radicule*, la *tigelle*, les *cotylédons* et la *gemmule*.

8 — **Les graines germent.** — Dans l'expérience que nous venons d'indiquer, l'embryon s'est développé, ou, ce qui est la même chose, *la graine a germé*.

C'est pour reproduire une plante semblable à celle qui lui a donné naissance, que la graine germe. Il est bon de savoir que les graines ne conservent pas indéfiniment la faculté de germer ; les vieilles graines ne germent pas.

Quand on achète de la semence il importe de s'assurer du pouvoir germinatif de cette semence, c'est-à-dire du tant p. 0/0 de grains capables de reproduire la plante. Pour cela, il suffit de prendre au hasard 50 graines, de les placer dans de la mousse ou de l'ouate humide, et de les exposer à une température de 12 à 18°. En comptant les graines qui ont germé on connaîtra exactement la valeur de la semence.

9. — **Conditions de la germination** — D'après ce que nous venons de dire, on comprend que l'*humidité* est nécessaire à la germination ; aussi les jardiniers arrosent-ils les graines qu'ils viennent de semer ; les cultivateurs enterrent suffisamment les semences pour qu'elles trouvent dans le sol l'humidité convenable.

Au contraire, on conserve dans des endroits secs le blé, les haricots et autres graines alimentaires.

L'*air* n'est pas moins nécessaire à la germination. C'est pourquoi il ne faut pas enfouir les semences à une trop grande profondeur. Si dans une caisse renfermant de la terre disposée en pente, on sème des grains de blé et que l'on remplisse ensuite la caisse de terre, on constatera que les grains qui lèvent le mieux sont ceux qui se trouvent enfoncés de 5 à 8 centimètres.

Ceux qui sont plus bas ont moins d'air, respirent plus difficilement et arrivent avec peine au-dessus du sol ; ceux qu'on a semés à 20 centimètres n'apparaissent même pas à la surface du sol, car ils sont épuisés avant que les premières feuilles puissent concourir à l'entretien de la jeune plante.

Enfin il faut de la *chaleur* aux graines pour germer ; au printemps et à l'automne la température est suffisante, mais l'hiver la germination ne se fait pas.

10. — **Sols favorables à la germination**. — De ce qui précède il résulte que les sols qui assurent le mieux la germination, sont ceux qui, tout en retenant l'humidité, se laissent

pénétrer par l'air et la chaleur On sait que le sable et le calcaire laissent passer l'air et la chaleur et que l'argile ou terre glaise garde l'humidité.

Dans les sols trop *sableux*, la graine se dessèche ; dans les sols trop argileux, la graine se pourrit.

Le sable, le calcaire et l'argile doivent se trouver dans le sol en proportions convenables pour assurer la germination des graines et les fonctions des racines.

RÉSUMÉ

1. Le fruit n'est autre chose que l'ovaire développé et mûri, il y a deux sortes de fruits : les fruits charnus et les fruits secs. La qualité des fruits dépend non seulement de la variété de la plante, mais encore de la chaleur, de l'humidité et de la nature du sol.

2. La graine se développe et mûrit en même temps que le fruit ; elle est protégée par des enveloppes et peut facilement être emportée par le vent, grâce à des poils ou soies dont elle est souvent munie.

3. La graine contient l'*embryon* et l'*albumen* destiné à le nourrir ; l'embryon du haricot comprend une *radicule*, une *tigelle* terminée par la *gemmule* et deux *cotylédons*.

4. Les vieilles graines ne germent pas ; avant d'acheter une semence, on doit s'assurer de son *pouvoir germinatif*.

5. Pour qu'une graine germe dans de bonnes conditions, il lui faut de *l'air*, de l'*humidité* et de *la chaleur*.

QUESTIONS DE CERTIFICAT D'ÉTUDES.

Devoir 188 — 1. Qu'est-ce que le fruit ? — Que deviennent les pétales et les étamines après la fécondation ? — Combien de temps met le fruit pour mûrir ? — Que fait le fruit quand il est menacé ? — 2. Quelles sont les deux sortes de fruits ? — 3. De quoi dépend la qualité des fruits ? — Quelle est l'action de la chaleur sur les fruits ? — Et l'action de l'humidité ? — 4. Quand est-ce que la graine se développe ? — Quand faut-il récolter les fourrages ? — Pourquoi ne faut-il pas attendre la complète maturation des graines pour faire la moisson ? — 5. Expliquez pourquoi les graines se disséminent facilement.

Devoir 189. — 6. Quelles sont les parties essentielles de la graine ? — 7. Comment s'appellent les deux moitiés du haricot ? — Quelles sont les diverses parties de l'embryon ? — Qu'appelle-t-on gemmule ? — tigelle ? — radicule ? — 8. Les graines germent-elles à tout âge ? — Par quelle expérience peut-on s'assurer du pouvoir germinatif des graines ?

Devoir 190. — 9. Quelles sont les trois conditions de la germination? — Que fait le jardinier après qu'il a semé des graines? — Comment peut-on empêcher les graines de germer? — A quelle profondeur faut-il semer les graines? — Pourquoi une graine semée trop profondément ne germe-t-elle pas? — Comment peut-on démontrer que la profondeur à laquelle une graine est semée influe sur son développement? — Pourquoi les graines ne germent-elles pas pendant l'hiver? — 10. Quels sont les sols les plus favorables à la germination des graines?

RÉDACTIONS.

158. Vous avez mis quelques grains de haricots dans du coton humide, et vous avez suivi attentivement jour par jour le développement de l'embryon.

Racontez ce que vous avez vu.

159. Pierre a voulu se distinguer en faisant des expériences sur la germination. Il a semé des grains de maïs dans un pot rempli d'argile pure qu'il a bien tassée; puis des petits pois dans du sable pur bien sec; enfin, dans de la bonne terre, de vieux haricots qu'il a trouvés dans un coin du grenier.

Il raconte en classe ce qu'il a fait; on voit, à sa façon de s'exprimer, qu'il attend avec impatience le résultat de ses opérations.

Faites d'abord l'histoire de ces mémorables expériences et dites ensuite ce que vous en pensez.

160. Vous plantez un haricot en terre. A quelles conditions germera-t-il? Par quelles phases passera la végétation avant qu'on puisse récolter la graine? Dites, si vous le savez, quel sera pendant ce temps-là le rôle des racines et des feuilles. (*Marne.* C. E. P.)

161. Dans une leçon théorique de botanique accompagnée d'une leçon pratique d'agriculture, on vous a parlé à la fois de la graine, de la germination et du choix des semences.

Rédigez cette leçon très simplement. (*Manche.* C. E. P.)

162. Qu'est-ce qu'une plante? — Quels en sont les principaux organes? — Comment vit elle? (*Eure et-Loir.* C. E. P.)

LECTURE XXXIII.

Dissémination des plantes

La nature, en fixant les plantes au sol par leurs racines, semble leur avoir interdit les moyens de se propager au loin. Elle a heureusement modifié cette loi sévère en munissant les graines d'organes qui leur permettent d'être emportées loin de leur pays natal par les agents naturels.

I — Le vent est, de tous ces agents, celui qui a la plus grande part dans l'œuvre de la dissémination, à cause de la fréquence et de la violence de son action.

Certaines graines sont munies de larges appendices membraneux et tombent en tournoyant dans l'air comme une plume d'oiseau ; tels sont les fruits d'érable, de frêne, d'orme... ; les fruits du tilleul dont le pédoncule repose sur une feuille sont aussi facilement transportés par le vent.

D'autres graines sont surmontées d'une aigrette plumeuse ou entièrement recouvertes de poils et de soies : les fruits soyeux du coton, du peuplier, du saule, ceux de la clématite et de presque toutes les composées rentrent dans cette catégorie.

Il y a des végétaux dont les graines se présentent sous la forme d'une poudre semblable à de la fine sciure de bois ; les spores des cryptogames sont aussi tellement ténues que la moindre brise suffit pour les disséminer.

II. — Les fleuves et les rivières emportent dans les vallées les fruits et les graines qui sont tombés dans leur courant ou qu'ils ont entraînés dans leurs débordements Les noyers, les chênes, les marronniers sont souvent disséminés de cette manière

Les courants marins contribuent aussi à la dissémination des plantes d'un continent à un autre. Les noix de cocos des îles Seychelles traversent l'Océan indien et arrivent jusqu'à Sumatra.

III. — Certains fruits munis d'épines ou de crochets s'attachent aux poils des animaux qui les transportent au loin : tels sont le sainfoin, plusieurs espèces de luzerne, les benoites, aigremoines, carottes, gratterons. ..

Au port Juvénal, près Montpellier, on sèche sur des cailloux exposés au soleil et qui recouvrent un sol humide les laines provenant des Echelles du Levant, de la mer Noire ou de Buenos-Ayres Des graines attachées aux toisons tombent et germent entre les pierres. On a compté, en ces lieux, 475 espèces américaines, asiatiques ou africaines.

Les fruits des graminées restent souvent recouverts par les balles dont les arêtes aiguës ou les fins crochets adhèrent à la peau des moutons. Ainsi, par une admirable adaptation, les herbivores qui semblaient destinés à détruire les herbes fourragères, les propagent inconsciemment en colportant les fruits accrochés à leur laine ou à leurs poils.

« Beaucoup de personnes, dit Linné, ne considèrent pas que la fécondité des graines n'est pas altérée par leur passage à travers l'estomac des animaux. Elles trouvent étrange qu'un champ bien labouré et ensemencé du meilleur froment produise souvent de l'ivraie ou de la folle avoine, surtout lorsqu'il est fumé avec du fumier nouveau. »

Ce séjour dans le corps des animaux rend quelquefois les grains plus propres à germer. Certains agriculteurs voulant planter des haies ont fait manger des baies d'aubépine à leurs dindons. Ils ont planté les graines trouvées dans leurs déjections et assurent avoir gagné une année pour la croissance de leur haie.

Les fruits vivement colorés à graines dures et coriaces sont généralement disséminés par les oiseaux : l'épine-vinette, les ronces, l'aubépine, le lierre, le groseillier....

Tout le monde connaît la dissémination du gui par les grives.

Dans leurs migrations annuelles, les oiseaux transportent des graines provenant de climats différents. La terre qui s'attache à leurs pattes, la boue des marais où ils ont barboté et qui souille leurs plumes, contiennent souvent des semences capables de germer. D'après le savant anglais Darwin, trois cuillerées de boue prises dans un étang et cultivées pendant six mois produiraient le chiffre surprenant de 537 plantes.

Parmi les mammifères citons seulement comme agents de dissémination l'écureuil et l'homme.

L'écureuil fait des provisions de fruits qu'il enfouit dans le sol ou dans des troncs d'arbres creux. Si les graines viennent à être déterrées, elles germent. Le fait est bien connu des Indiens chez lesquels la tradition rapporte que ce sont les écureuils qui ont planté tous les bois du pays.

Les semences très tenues de certaines plantes s'attachent aux vêtements de l'homme, sont dans ses aliments et se propagent avec lui, décelant sa présence permanente ou momentanée : les orties, le séneçon, la renouée, les mauves, le mouron.

Les guerres qui occasionnent un grand déplacement d'hommes et de bagages sont un facteur important dans l'œuvre de la dissémination. En 1814, des plantes des bords du Don et du Dniéper ont suivi les Russes en France. En 1872, on trouva dans le Loir-et-Cher 163 espèces apportées avec les fourrages allemands ; dans le voisinage de Strasbourg se montrèrent 84 espèces algériennes qui étaient venues avec les troupes françaises rappelées d'Algérie.

L'introduction de céréales et de produits agricoles étrangers amène des plantes nouvelles : ainsi l'Erigeron du Canada, une vigoureuse composée venue avec des céréales, est maintenant commune sur tous les murs. Quand les Anglais introduisirent des bestiaux dans la Nouvelle-Angleterre, la première plante étrangère qu'on remarqua fut l'ortie commune. Le plantain s'y développa ensuite si rapidement que les Indiens lui donnèrent le nom de Pied d'Anglais, comme s'il croissait sous les pas de ceux-ci.

D'après V. Brandicourt, *Nature*, 1890.

TRENTE-QUATRIÈME LEÇON.

PLANTES ALIMENTAIRES ET PLANTES INDUSTRIELLES.

1. — **Pour notre alimentation** et celle des animaux domestiques, et pour les besoins de l'industrie, nous tirons parti des divers organes des végétaux. Nous allons étudier quelques plantes, en les groupant d'après la nature des services qu'elles nous rendent.

2. **Plantes dont nous utilisons les fruits.** — Les fruits à noyau sont produits par le *cerisier*, le *prunier*, le *pêcher*, l'*abricotier* et l'*amandier* ; ce sont des arbres dont on utilise également le bois. Leurs fleurs à corolle en rosace, comme celle de la rose, leur a valu le nom commun de *Rosacées*.

Les fruits à pépins nous viennent du *pommier*, du *poirier*, du *cognassier*, arbres appartenant aussi à la famille des rosacées.

Le *framboisier* et le *fraisier* sont encore des rosacées.

Le *groseillier*, un arbrisseau touffu, et la *vigne* à tige sarmenteuse, ont les fruits disposés en grappes. Leurs fleurs n'ont pas de corolle aux couleurs vives, comme celles des plantes qui précèdent ; mais nous savons qu'on peut être utile sans briller : l'habit ne fait pas le moine.

Le *noyer* et le *châtaignier* sont encore moins bien partagés sous le rapport des fleurs. Il faut être prévenu pour reconnaître dans leurs *chatons* des organes analogues à ceux de la rose.

Fleur de Pêcher (d'Europe).

3. — **Plantes utilisées pour leurs graines.** — Quelques-unes sont appelées *légumineuses* : le *pois*, le *haricot*, la *lentille*, la *fève*.

Examinez la fleur du pois lorsqu'elle est bien épanouie : on dirait un papillon ; c'est pourquoi on donne le nom de *papillonacées* à toutes les plantes qui ont une fleur semblable ; leurs graines sont renfermées dans une *gousse*.

Le *blé*, le *seigle*, l'*orge*, le *maïs* ont leurs fleurs et par

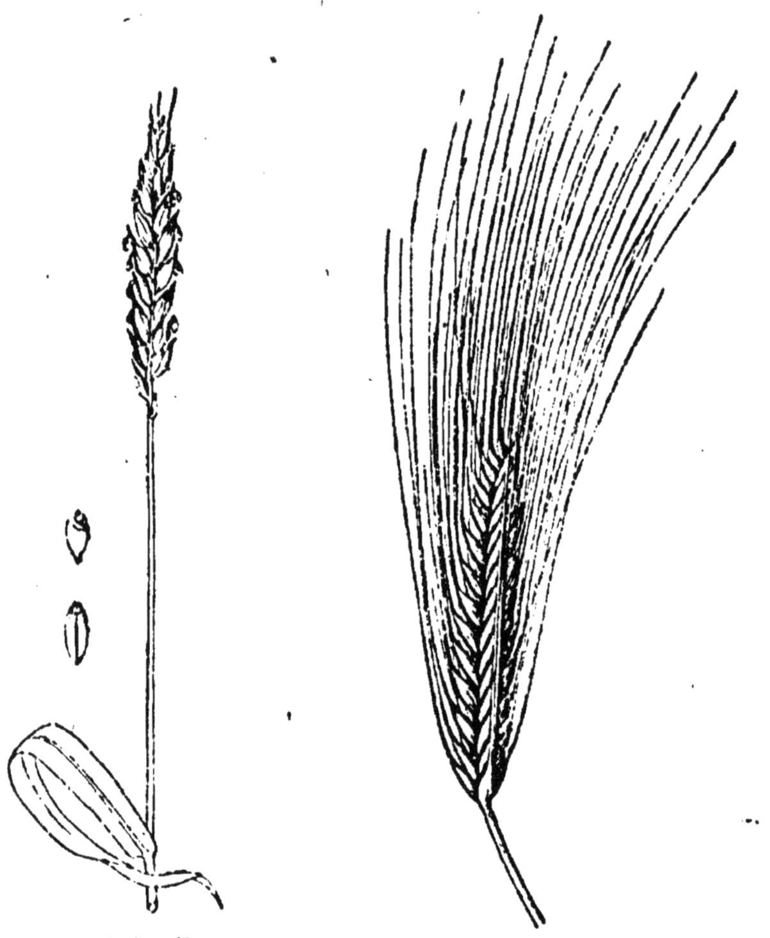

Epi composé de Froment (3 fois moindre que nature)

L'Orge commune (d'Europe) ; 3 fois moindre que nature.

suite leurs graines disposées en épis ; l'*avoine* a les siennes disposées en grappes. Ces plantes n'attirent pas les regards, et cependant il n'y en a pas de plus utiles ; on les appelle des *graminées*. Elles sont caractérisées par une tige creuse, appelée chaume, ayant des nœuds d'où partent les feuilles.

Nous trouvons aussi dans ce groupe les plantes oléagineuses, c'est-à-dire celles dont nous retirons de l'huile ; le *colza* dont la fleur est disposée en croix (*crucifères*) ; l'*œillette* aux fleurs blanches, avec une tache en forme d'*œil* ; le *lin* aux jolies fleurs bleues ; le *grand soleil*, dont la large tête est formée d'un grand nombre de petites fleurs, d'où le nom de *composée* attribué à cette plante et à toutes celles qui lui ressemblent.

4. — **Plantes utiles par leurs feuilles.** — Nous faisons entrer dans notre nourriture la *chicorée*, la *laitue*, le *pissenlit*,

Fleurs et fruits de la Pomme de terre (moitié de nature).

qui sont des *composées* ; le *chou*, le *cresson* (*crucifères*), le *persil*, le *cerfeuil*, le *céleri*, à petites fleurs disposées en ombelles, d'où le nom d'*ombellifères* ; l'*oseille* et l'*épinard* à enveloppe florale verdâtre et peu développée.

Les animaux domestiques se nourrissent de plantes fourragères, telles que le *trèfle*, la *luzerne*, le *sainfoin*, le *mélilot* (*papilionacées*), la *moutarde* (*crucifères*), le *ray-grass*, le *paturin*, le *vulpin*, la *fléole*, l'*agrostide*, la *houlque*, la *flouve*, le *brôme* (*graminées*).

5. — **Plantes dont nous utilisons les racines, bulbes, tubercules, etc.**

Dans ce groupe nous trouvons le *radis*, le *navet*, qui sont des *crucifères*, la *carotte* (*ombellifère*), la *betterave*, qui est la matière première d'une industrie importante, la sucrerie, parce qu'elle accumule dans ses racines le sucre que ses feuilles fabriquent ; l'*ail*, l'*oignon*, le *poireau*, l'*échalotte*, de la famille des *liliacées*, comme le lis et l'asperge dont nous mangeons les bourgeons.

La *pomme de terre*, qui nous donne ses tubercules, a un feuillage d'un vert foncé, des fleurs d'un *blanc-rose*, portant au milieu un cône jaune formé par les étamines ; le fruit est noir et appelé surleau ; feuilles et fruit contiennent du poison. Nous retrouverons plus loin des plantes qui ressemblent à la pomme de terre et qui sont rangées comme elle dans les *Solanées*.

6. — **Plantes textiles** — Le *lin*, dont nous avons déjà parlé, et le *chanvre* renferment dans leur écorce des fibres qui servent à fabriquer la toile; on utilise aussi les fibres de l'*ortie* et du *tilleul*, pour faire des cordes, des tapis grossiers,.. etc.

L'*alfa*, graminée cultivée en Algérie, sert dans la fabrication du papier.

7. **Plantes qui nous fournissent leur bois.** — Ce sont surtout les arbres de nos forêts.

Le *chêne* est utilisé en charpente, ameublement, tonnellerie, boissellerie, charronnage... C'est un excellent combustible, et son écorce fournit le tan, pour le tannage des peaux. Le fruit du chêne, le gland, sert à la nourriture des cochons ; le gland, torréfié, fournit un café connu sous le nom de café de gland doux

Le *hêtre*, dont les fruits ou faînes peuvent donner de l'huile, sert à confectionner des attelles pour jougs, des sabots, des bateaux, des rames... ; il est employé dans la boissellerie, dans la fabrication des boîtes, caisses, malles,... c'est aussi un bon bois de chauffage.

Le *châtaignier* sert à fabriquer des échalas, cercles de barrique, meubles, planchers ; on en extrait un acide qui sert à préparer le cuir.

Le *charme*, dur et tenace, est employé pour les dents d'engrenage, les formes de chaussures, les coins, blocs... etc.

Le *frêne* sert dans la *carrosserie*, ainsi que l'*orme*.

L'*érable* sert à confectionner des robinets, outils divers, manches et éclisses des violons, chaises,.. etc.

Le *tilleul*, à bois tendre et léger, est recherché par les luthiers ; on en fabrique aussi des jouets d'enfants, des sabots, des allumettes.

Un Chêne de nos bois, arbre dicotylédon ; hauteur, 25 à 50m.

Le *tremble* et le *peuplier* servent à faire des allumettes ; le bois de peuplier entre dans la pâte à papier et donne un charbon qu'on utilise dans la fabrication de la poudre.

Le *bouleau* est employé en saboterie et dans la confection du papier. Distillé avec le hêtre, il donne l'esprit de bois ;

l'écorce sert à faire des tabatières, des semelles ; son tanin entre dans la préparation du cuir de Russie.

Citons encore l'*aune*, le *saule*, et l'*acacia* aux fleurs papilionacées.

Enfin les arbres à *résine*, dont les feuilles restent vertes plusieurs années et dont les graines sont placées dans des cônes, ce qui leur a fait donner le nom de *conifères*.

Le *pin* maritime, dont la résine fournit par distillation l'essence de térébenthine, et les colophanes qui servent à fabriquer les cires à cacheter ; le bois est utilisé dans la charpente, les pilotis, traverses de chemins de fer, poteaux de télégraphe

Le *sapin*, employé dans la menuiserie, pour caisses, allumettes,... l'*épicea*, comme bois de résonance, pour tables d'harmonie ; le *mélèze* sert dans la charpente et la construction des vaisseaux.

RÉSUMÉ.

1. Les plantes dont nous utilisons les fruits sont le cerisier, le prunier, le pommier.... etc., appartenant à la famille des rosacées, et la vigne, le noyer et le châtaignier dont les fleurs ne sont pas bien apparentes.

2. Parmi les plantes cultivées pour leurs graines, on distingue les légumineuses, comme le pois, le haricot ; et les graminées, comme le blé, le seigle... A citer encore les plantes oléagineuses, comme le colza et l'œillette

3. Les plantes utiles par leurs feuilles sont la chicorée, le chou, le persil..... Les animaux se nourrissent des plantes de prairies artificielles, trèfle, luzerne,.... et des plantes de prairies naturelles, ray-grass, paturin, vulpin... etc

4. Nous utilisons les racines ou bulbes... de la carotte, de la betterave, de l'ail et de la pomme de terre, ainsi que les fibres du lin, du chanvre, de l'ortie et de l'alfa.

5. Enfin, les arbres de nos forêts nous fournissent le bois que nous utilisons de mille façons.

QUESTIONS DE CERTIFICAT D'ÉTUDES

Devoir 191. — 1 et 2. Quels arbres donnent des fruits à noyau ? — A quelle famille appartiennent ces arbres. — Citez les arbres à fruits à pépins ? — Quelles sont les deux plantes dont les fruits sont disposés en grappes ? — Comment sont leurs fleurs ? — Comment s'appellent les fleurs du noyer et du châtaignier ? — 3. Citez quelques légumineuses. — Pourquoi sont-elles appelées papillonacées ? — Qu'appelle-t-on graminées ? — Nommez les principales graminées. — Qu'entend on par plantes oléagineuses ? — Citez les principales.

Devoir 192. — 4. Quelles sont les plantes dont nous mangeons les feuilles ? — A quelle famille appartient le chou ? — Citez les plantes fourragères. — Nommez les graminées des prairies naturelles.

5. Quelles sont les plantes dont nous utilisons les racines ? — A quoi sert la betterave ? — Quelles sont les plantes dont nous mangeons les bulbes ? — Quelle partie de l'asperge mange-t-on ? — A quelle famille appartient la pomme de terre ? — Que savez-vous de ses feuilles et de son fruit ? — Comment est sa fleur ? — 6. Qu'appelle-t-on plantes textiles ? — Nommez les plantes textiles dont on vous a parlé.

Devoir 193. — 7 A quoi est employé le bois de chêne ? — Et son écorce ? — Quel parti tire-t-on du gland ? — Comment s'appelle le fruit du hêtre ? — A quoi sert-il ? — A quoi sert le châtaignier ? — Quel acide en extrait on ? — Quel est le bois avec lequel on fabrique les dents d'engrenage ? — Que savez vous du tilleul ? — Quel charbon utilise-t-on dans la fabrication de la poudre ? — Avec quels bois fait-on les allumettes ? — Quels bois fait-on entrer dans la fabrication du papier ? — Citez les arbres à résine. — Que fait-on avec la résine ? — A quelle famille appartiennent ces arbres ?

RÉDACTIONS.

163. Passez en revue les arbres de nos forêts et dites quel parti nous tirons de chacun d'eux.

164. Les végétaux. Diverses parties d'une plante. Rôle des feuilles, des racines : que puisent-elles dans le sol ? — Citez une plante utile à l'homme et dites quels services elle lui rend. Citez des plantes que l'on cultive pour leurs feuilles, leurs fleurs, leurs racines ou leurs fruits (*Seine-et-Oise*. C. E. P.)

165. Dire comment les arbres se nourrissent, respirent et s'accroissent Utilité des arbres dans les grands centres de population. Citez les arbres forestiers que vous connaissez et dites à quels usages leur bois est ordinairement employé. (*Eure-Creuse* C. E. P.)

166. Citez les plantes les plus importantes de la famille des graminées et indiquez leurs usages. (*Manche*. C. E. P.)

167. Les légumineuses Décrire une plante de cette famille. Faire connaître les principales légumineuses que l'on cultive dans les jardins et dans les champs. Utilité et usages. (*Yonne*. C. E. P.)

LECTURE XXXIV.

La Forêt.

Les gens du monde s'imaginent que les bois ne sont peuplés que de 3 ou 4 grandes espèces dominantes, comme le chêne, le hêtre, le sapin ou le châtaignier ; ils ne se doutent pas qu'à côté de ces races princières il y a le menu peuple des arbres dont les physionomies sont tout aussi originales. Il y a le charme, par exemple, « cousin germain du hêtre » ; ceux qui n'ont pas vu une futaie de charmes ne peuvent se faire une idée de l'élégance de cet arbre aux fûts minces et noueux, aux brins flexibles, au feuillage ombrageux et léger. Et le bouleau ! que n'aurait-on pas à dire sur cet hôte des clairières sablonneuses, avec son écorce de satin blanc, ses fines branches souples et pendantes où les feuilles frissonnent au moindre vent ? En avril, toutes les veines du bouleau sont gonflées d'une sève rafraîchissante ; nos paysans enfoncent un chalumeau à la base du tronc et y recueillent un breuvage limpide et aromatique. J'en ai goûté une fois, et, grisé par cette pétillante liqueur, je me suis couché au pied de l'arbre, en proie à une délicieuse hallucination. Il me semblait que dans mes veines circulait et fermentait la sève des plantes forestières, et que moi même j'allais verdir et bourgeonner. J'étais devenu un bouleau ; l'air jouait mélodieusement dans mes ramures couvertes de châtons en fleur : les fauvettes chantaient dans mes feuilles et les sauges odoriférantes s'épanouissaient à ma base C'était un enchantement.

Je ne nommerai que pour mémoire l'érable à l'écorce rugueuse et aux feuilles tridentées, le frêne aimé des cantharides, le sycomore riverain des sources vives, le tremble au feuillage argenté ; mais je ne veux pas quitter le sujet sans dire tout le bien que je pense du tilleul, qui peuple nos taillis de son épaisse frondaison. Le chêne est la force de la forêt, le bouleau en est la grâce ; le sapin, la musique berceuse ; le tilleul, lui, en est la poésie intime. L'arbre tout entier a je ne sais quoi de tendre et d'attirant ; sa souple écorce grise et embaumée saigne à la moindre blessure, en hiver, ses pousses vertes s'empourprent comme le visage d'une jeune fille à qui le froid fait monter le sang aux joues. En été, ses feuilles en forme de cœur ont un susurrement doux comme une caresse Allez vous reposer sous son ombre par une belle après-midi de juin, et vous serez pris comme par un charme. Tout le reste de la forêt est assoupi et silencieux ; à peine entend on au loin un roucoulement de ramier ; la cime arrondie du tilleul, seule, bourdonne dans la lumière. Au long des branches, les fleurs d'un jaune pâle s'ouvrent par milliers, et dans chaque fleur chante une abeille. C'est une musique aérienne, joyeuse, née en plein soleil, et qui filtre peu à peu jusque dans les dessous assombris où tout est paix et fraîcheur. En même temps, chaque feuille distille une rosée mielleuse qui tombe sur le sol en pluie impalpable, et, attirés par la saveur sucrée de cette manne, tous nos grands papillons des bois, les morios bruns liserés de jaune, les vulcains diaprés d'un rouge feu, les mars à la robe couleur d'iris, tournoient lentement dans cette demi obscurité comme de magnifiques fleurs ailées.

A. THEURIET. *L'automne dans les bois.*

DEVOIRS DE RÉCAPITULATION

Sur les quatre premières leçons de botanique.

Devoir 194. — 1. Quels sont les organes de nutrition des plantes? — 2. Qu'appelle-t-on coiffe et poils absorbants de la racine? — 3. Quelles sont les deux sortes de bourgeons? — 4. Que se produit-il quand le blé talle? — 5 Que deviennent les pétales et les étamines après la fécondation? — 6. A quelle famille appartiennent les arbres qui donnent des fruits à noyau? — 7. Quelle est l'action de la chaleur sur les fruits? — 8. Pourquoi ne faut-il pas attendre la complète maturation des graines pour faire la moisson? — 9. Sous quelle forme les racines puisent-elles la nourriture de la plante? — 10. Expliquez l'opération de la greffe.

Devoir 195. — 11. Comment s'appellent les fleurs du noyer et du châtaignier? — 12. Citez quelques légumineuses. — 13. Expliquez pourquoi les graines se disséminent facilement. — 14. Quelles sont les parties essentielles de la graine? — 15. Pourquoi faut-il varier les cultures? — 16. Nommez les racines qui emmagasinent de la nourriture. — 17. Qu'appelle-t-on bouture? — 18. Qu'entend-on par racines adventives? — 19. Nommez les principales graminées. — 20. Qu'entend-on par plantes oléagineuses?

Devoir 196. — 21. A quelle famille appartient le chou? — 22. Nommez les graminées des prairies naturelles. — 23. Comment s'appellent les deux moitiés du haricot? — 24. Quelles sont les diverses parties de l'embryon? — 25. Qu'est-ce que les yeux et les tubercules de la pomme de terre? — 26. Qu'appelle-t-on calice? corolle? sépales? pétales? — 27. Quelles sont les diverses parties de la tige? — 28. Comment peut-on reconnaître l'âge d'un arbre — 29. Quels sont les organes essentiels de la fleur? — 30. Qu'est-ce que le pollen?

Devoir 197 — 31. Qu'appelle-t-on ovaire, ovule? — 32. Qu'entend-on par plantes monoïques, dioïques? — 33 Nommez une plante monoïque, une plante dioïque? — 34. A quelle condition les fleurs produisent-elles des fruits? — 35 Qu'appelle-t-on gemmule? tigelle? radicule? — 36 Par quelle expérience peut-on s'assurer du pouvoir germinatif des graines? — 37. Quelles sont les plantes dont nous utilisons les racines?

— 38. A quelle famille appartient la pomme de terre? — 39 Nommez les plantes textiles que vous connaissez. — 40. Qu'appelle-t-on limbe, pétiole, nervures de la feuille?

Devoir 198. — 41. A quoi servent les feuilles? — 42. Quelle différence y a-t-il entre la respiration et la fonction chlorophyllienne des feuilles? — 43. Quand dit-on qu'un fruit a coulé? — 44 Comment se fait le transport du pollen sur le stigmate? — 45. Comment peut-on produire de nouvelles variétés de plantes? — 46 Quelles sont les trois conditions de la germination? — 47. Parlez de la transpiration des plantes. — 48. Quels sont les végétaux qui n'ont pas de fleurs? — 49. A quoi servent les fruits du chêne et du hêtre? — 50 Citez les arbres à résine et dites à quelle famille ils appartiennent.

TRENTE-CINQUIÈME LEÇON.

PLANTES MÉDICINALES ET VÉNÉNEUSES.

1. — **Les plantes sont employées en médecine.** — Certaines plantes peuvent servir de remèdes, à cause des sucs, des essences qu'elles renferment; pour cette raison, on les appelle plantes *médicinales*; employées judicieusement, elles sont capables de combattre les indispositions, de calmer les douleurs et de guérir les maladies.

Fleurs de lis (4 fois moindres que nature).

On les appelle encore des *simples*; elles sont, en effet, des remèdes aussi simples que peu coûteux. Les habitants des campagnes, qui ne sont pas toujours à proximité du médecin, ont particulièrement intérêt à connaître les précieux médicaments qui sont à leur portée.

On les classe selon leur action sur nos organes.

2. — **Les plantes émollientes** ramollissent, relâchent les parties au contact desquelles on les met ; leurs sucs rendent le sang moins excitant et calment les inflammations. Les principales sont : la *violette*, la *mauve* et la *guimauve*, le *chiendent* (graminée nuisible dans les cultures et qu'il est difficile d'extirper).

Le *lis* a un bulbe employé comme émollient pour faire mûrir les furoncles, panaris, etc. Sa fleur à six pétales comme celle des autres liliacées (*tulipe*, *jacinthe*, *muguet*, *ail*, *oignon*) n'a pas seulement un aspect gracieux et une odeur suave ; ses pétales, macérés dans l'alcool, cicatrisent très vite les plaies provenant de coupures.

Les plantes toniques ou astringentes resserrent au contraire les tissus, donnent de la force aux muscles, aux viscères ; sont astringentes, la *consoude* (racines), la *grande gentiane*, le *houblon*, la *patience*, le *mille-feuilles*, le *fraisier* (racines), le *saule* et le *bouleau* : les pétales de la *rose* sont aussi astringents ; ils forment la base du miel rosat. Les fruits du *rosier sauvage* ou églantier donnent un sirop astringent contre les diarrhées ; ceux de la *ronce* (encore une rosacée) sont au contraire rafraîchissants ; mais les feuilles et les boutons de la ronce sont astringents et employés contre les maux de gorge.

Il n'y a pas de meilleur remède pour les laryngites causées par l'exercice exagéré de la voix qu'un gargarisme composé d'une décoction de sommités de cochléaria et de *raifort sauvage*, deux plantes de la famille des crucifères.

3. — **Les plantes sudorifiques** excitent la sortie de la sueur : le *tilleul*, la *reine des prés*, le *sureau*, la *bourrache*, le *bouillon blanc*.

Les plantes *diurétiques* favorisent la sécrétion de l'urine : la *colchique* et la *pariétaire*.

Les plantes purgatives ou laxatives : le sureau, la mercuriale, la chélidoine.

Les plantes vermifuges qui débarrassent l'intestin des vers : l'*armoise* dont une variété donne le semen contra, la *fougère mâle*.

Les plantes rafraîchissantes ou dépuratives qui épurent le sang : l'*épine-vinette*, la *pariétaire*, la *patience*, le *pissenlit*, la *saponaire*, la *fumeterre*, la *pensée sauvage*.

Les plantes apéritives augmentent l'appétit : la *chicorée sauvage*, le *houblon*.

4. — **Les plantes digestives** favorisent la digestion : la *camomille*, l'*angélique*, le *fenouil*, l'*anis* et deux plantes auxquelles la corolle formée de deux lèvres a valu le nom de *labiées*, la *sauge* et la *menthe poivrée*.

Une fleur de Coquelicot (moitié moindre que nature). — Famille des Papavéracées.

Les plantes contre la toux : le *lierre terrestre*, le *marrube* (*labiées*), le *pas d'âne* dont la fleur ressemble à celle du pissenlit.

Les plantes stimulantes qui par l'impulsion qu'elles donnent au système nerveux semblent augmenter la vitalité : le *thym*, la *mélisse* (labiées), le *laurier*, les baies de *genévrier*, l'*armoise*, la *véronique*.

Les plantes calmantes, qui agissent à l'inverse des plantes stimulantes : le *tilleul*, la *primevère*, le *coquelicot*.

Les plantes fébrifuges qui calment la fièvre : la *gentiane*, la *petite centaurée*.

5. — **Les légumes ont des propriétés médicinales.** — Les légumes qui servent à notre nourriture jouissent aussi de propriétés médicinales; de sorte que l'aliment qui nous soutient est en même temps le remède qui nous guérit. L'*épinard*, le *navet* sont émollients ; l'*asperge*, l'*oseille*, l'*oignon*, diurétiques.

L'*épinard*, la *laitue*, la *mâche*, la *citrouille* sont légèrement purgatifs.

L'*ail* est vermifuge ; la *chicorée amère* est dépurative.

Le *persil* est stimulant et apéritif ; l'*asperge* est calmante.

Enfin, le *cresson*, « la santé du corps », est dépuratif, diurétique, apéritif, calmant.

C'est ainsi que l'usage bien réglé des légumes dans nos repas contribue à nous conserver en bonne santé.

6. — **Les plantes vénéneuses**. — A côté de ces plantes bienfaisantes on en rencontre d'autres qui renferment des poisons, quelquefois mortels; il n'est pas moins important de les connaître.

Ne mettez jamais dans votre bouche les fruits rouges de la *belladone*, ni les feuilles du *tabac*, même roulées en cigare ; ces deux plantes, de la famille des *solanées*, comme la pomme de terre, renferment un poison violent.

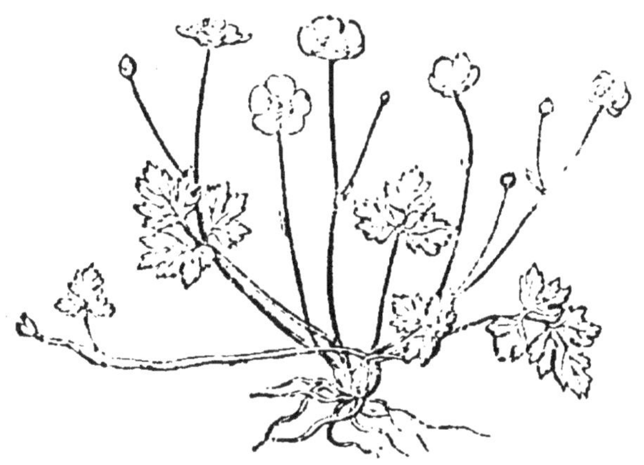

Un pied de Bouton d'or (4 fois plus petit que nature). — Famille des Renonculacées.

Ne confondez pas la *ciguë* avec le *persil*. Si vous avez des doutes, écrasez la plante entre vos doigts, l'odeur nauséabonde de la ciguë évitera un empoisonnement.

Défiez-vous aussi des plantes qui ressemblent au bouton d'or ou renoncule (*renonculacées*) ; les *anémones*, la *clématite* des haies agissent sur la peau comme les vésicatoires ; l'*aconit ou tue loup*, l'*ellébore* sont très vénéneux.

La *nielle des blés*, malgré sa belle corolle purpurine, produit des graines très dangereuses : si elles se mélangent au blé, elles peuvent provoquer des empoisonnements. Aussi dans les champs bien cultivés, on ne voit pas cette plante, ni la *stellaire*, ni le *mouron* des oiseaux, plantes de la famille des *caryophyllées* comme la nielle, ni le *bluet*.

Ce dernier a une fleur composée comme le *pissenlit*, le *grand soleil*, les *pâquerettes*, les *chrysanthèmes*, le bluet n'est pas vénéneux, mais il se nourrit au détriment des plantes cultivées

Citons enfin, parmi les plantes vénéneuses, un grand nombre de *champignons*, dont nous parlerons au chapitre suivant.

RÉSUMÉ.

1. Certaines plantes sont employées en médecine à cause des essences qu'elles renferment ; on les appelle des simples ou des plantes médicinales.

2. Les plantes *émollientes* comme le chiendent, ramollissent los tissus; au contraire, les plantes *toniques* leur donnent de la force : *houblon, gentiane.*

3. Le sureau est *sudorifique* et *purgatif;* l'armoise et la fougère mâle sont *vermifuges.*

4. La camomille, l'anis, favorisent la digestion; le marrube et le pas d'âne calment la toux.

Le thym et le laurier ont des propriétés stimulantes, tandis que le tilleul et le coquelicot sont des calmants.

5. Les légumes aussi ont des propriétés médicinales; ainsi l'épinard est émollient et purgatif; le cresson est dépuratif et diurétique.

6. Il y a enfin des plantes vénéneuses : le tabac, la belladone, la ciguë, l'aconit, la nielle des blés sont des plantes dangereuses.

QUESTIONS DE CERTIFICAT D'ÉTUDES.

Devoir 199. — 1. Qu'appelle-t-on plantes médicinales? — Comment les appelle-t-on quelquefois? — 2. Qu'entend-on par plantes émollientes? — Quelles sont les principales? — Quelle est la graminée qu'il est difficile d'extirper de nos champs? — A quoi peut servir le bulbe du lis? — Quels services peuvent rendre les pétales du lis? — Quelles sont les propriétés des plantes toniques et astringentes? — Nommez-les. — A quoi servent les pétales de la rose? — Et les fruits du rosier sauvage? — Et les feuilles et boutons de ronce? — Quel est le meilleur remède pour les laryngites?

Devoir 200. — 3. Nommez les plantes sudorifiques. — Les plantes diurétiques. — Les plantes purgatives ou laxatives. — Les plantes vermifuges. — Les plantes rafraîchissantes et dépuratives — Quelles sont les propriétés de la chicorée sauvage? — De la fougère mâle? — Du sureau? — Du pissenlit? — 4. Nommez les plantes digestives — Quelles sont les plantes qui calment la toux? — A quelle famille appartiennent la sauge et la menthe? — Quelles propriétés ont les plantes stimulantes? — Nommez ces plantes — Indiquez les plantes calmantes. — Nommez deux plantes qui calment la fièvre.

Devoir 201. — 5. Quelles propriétés ont l'épinard et le navet? — Quels sont les légumes légèrement purgatifs? — Lequel est vermifuge? — 6. Quelles sont les deux plantes de la famille des solanées qui renferment un poison violent? — Quelle plante ressemble au persil? — Comment peut-on les distinguer? — Que pensez-vous des plantes qui ressemblent au bouton d'or? — Nommez-en quelques-unes. — Que savez vous de la nielle des blés? — Nommez des fleurs appartenant à la famille des composées.

RÉDACTIONS

168 « Demain, nous irons herboriser, vous a dit votre maître, nous partirons à 7 h. du matin. » Personne n'a manqué à l'appel.

Racontez cette journée. Dites ensuite quelles plantes vous avez rapportées et quelles en sont les propriétés.

169 Les racines, leurs fonctions. Principales racines dont nous tirons parti dans l'alimentation et dans l'industrie. (*Orne*. C. E. P.)

LECTURE XXXV.

Les plantes carnivores.

La drosère.

Savez-vous qu'il existe des plantes carnivores, de véritables mangeuses de chair?

Oui certes, ces plantes existent et, qui mieux est, elles vivent dans notre atmosphère tempérée, sous notre climat de France, dans nos prairies humides, à portée de notre main. L'une d'elles est fort commune dans le fond des vallons ombreux, dans les flaques marécageuses, dans les terrains tourbeux, et rien ne vous empêche de la transporter avec sa motte sur votre balcon ou sur votre fenêtre : c'est la Rossolis ou Drosère à feuilles rondes. Elle grandira et prospérera à merveille à l'abri des rayons du soleil, si vous avez soin de lui offrir chaque jour, au moment de votre déjeuner, un petit morceau de beefsteack qu'elle acceptera sans cérémonie.

Regardez à vos pieds parmi les touffes de joncs, de graminées et de pâquerettes. Voyez-vous cette drosère blottie dans l'attente de sa proie? Une mouche va passer, un papillon ou une fourmi, une araignée ou une libellule étourdie. L'insecte sera tout à coup arrêté dans sa course. La drosère a tendu ses feuilles d'un vert sombre, arrondies et étalées en rosaces couvertes de gouttelettes étincelantes comme des perles. Le scintillement de cette rosée perfide a attiré et fasciné sa proie. L'insecte fait maintenant des efforts désespérés et inutiles pour recouvrer sa liberté. Il est englué par un liquide visqueux qui l'engourdit et le paralyse.

La surface des feuilles, dépourvues de nervures médianes, est hérissée de poils d'un rouge vif, terminés par un disque sécréteur de la liqueur mortelle. Les poils marginaux se relèvent comme des tentacules et s'abattent sur la proie pantelante que la cruelle drosère va dévorer toute vive.

Si le gibier est de grosse taille, libellule ou phalène, les autres feuilles de la drosère arrivent à la rescousse. L'insecte est enserré et ne tarde pas à être totalement recouvert. L'agonie commence quand le poison a fait son œuvre; la succion lente, âpre, acharnée, éteint peu à peu la vie de l'animal dont la substance est absorbée tout entière.

Baissez-vous et examinez de très près le phénomène qui va se produire. Au bout d'un certain temps, variable selon le degré d'énergie de la plante, la drosère, repue et cynique, la drosère va déployer sous vos yeux ses tentacules presque desséchés, et rejeter la carapace vide, les matières épidermiques ou cornées, restées inaltérables. Toute la substance charnue a disparu, dissoute, absorbée, digérée.

J'ai dit que la drosère pouvait être transportée chez vous. M. Olivier de Rawton a constaté que cette plante vivace et robuste s'accommode du régime cellulaire. François Darwin a nourri des drosères avec des viandes rôties.

Au bout de quelques mois de ce régime alimentaire fortifiant, la drosère mangeuse de chair montre des rameaux vigoureux et son appétit croît en proportion de ses forces. La drosère est en pleine végétation à la fin de mars.

C'est le moment de vous mettre en campagne. Tenez la plante à l'ombre et offrez-lui à boire modérément (elle ne refuse pas le vin), entre chacun de ses repas.

JEANNE-MAGDELAINE. (*La Science moderne*)

TRENTE-SIXIÈME LEÇON.

PLANTES SANS FLEURS. — PLANTES PARASITES.

1. — Les Fougères. — Les plantes sans fleurs sont très nombreuses: nous n'en étudierons que quelques-unes.

Voici d'abord la *fougère mâle*, dont nous avons parlé à propos des plantes vermifuges; on la rencontre dans les bois, dans les chemins creux, sous les buissons.

Sa tige est souterraine; ses rameaux soutiennent des organes qui ressemblent à des feuilles; ces prétendues feuilles portent à leur face inférieure des graines que, pour les distinguer des graines des plantes à fleurs, on appelle des *spores*. En germant, les spores, après quelques transformations, reproduisent des fougères.

Les fougères sont utilisées pour faire des matelas ou des litières pour les animaux; quelques espèces servent de plantes d'ornement.

2. — Les fougères des temps très reculés. — Autrefois

les fougères étaient hautes comme des arbres, et leurs débris ont contribué à la formation de la houille.

On rencontre aussi dans la houille des plantes arborescentes, aux troncs cannelés et qui avaient une vingtaine de mètres de hauteur. Ce sont des végétaux semblables aux prêles (*queue de rat, queue de cheval*) que l'on trouve dans les champs, sur les chemins, mais qui n'ont plus aujourd'hui que quelques décimètres.

On les reconnaît aux cannelures de leurs tiges, à leurs folioles longues et étroites disposées en collerettes, et au renflement terminal qui les fait ressembler à des pousses d'asperges (*en Italie on les mange d'ailleurs en guise d'asperge*). C'est dans cette tête renflée que sont abritées leurs spores.

Le Polytric, espèce de mousse (d'Europe); moitié de nature.

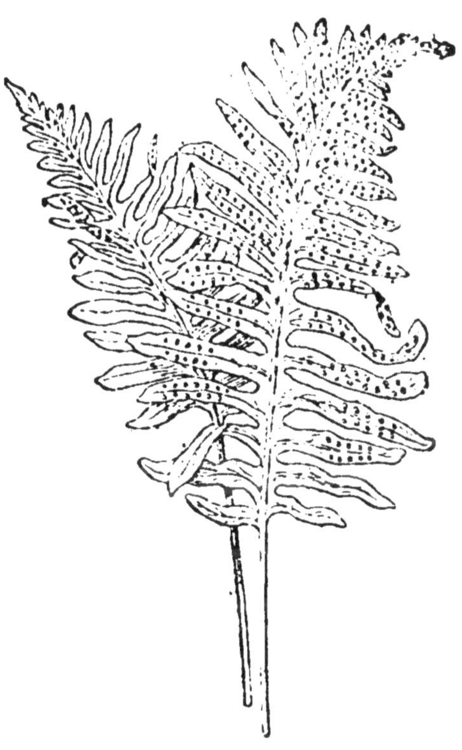
Une Fougère, plante qui n'a pas de fleurs (5 fois plus petite que nature).

3. — **Les mousses.** — Dans les bois, la mousse forme souvent un tapis épais et moelleux. Examinons un pied de mousse que nous aurons détaché de la tige avec précaution.

A la base, il est entouré de petites feuilles ; à son extrémité supérieure, il porte une petite colonne terminée par une *urne*, laquelle est souvent recouverte d'une coiffe.

L'urne contient les *spores* ou graines de la mousse ; lorsque la coiffe se détache, les spores tombent dans le sol et reproduisent une mousse.

Il y a d'autres espèces de mousse, particulièrement les mousses des jardinières.

Les mousses sont des végétaux qui croissent sur la pierre, la brique... dans des endroits où les autres plantes ne pourraient vivre.

Dans les forêts, le tapis spongieux qu'elles forment retient l'eau et maintient l'humidité nécessaire à la vie des arbres.

Si la houille est formée par les fougères et autres végétaux semblables, ce sont les *mousses* et autres végétaux analogues qui par leur décomposition forment la *tourbe*.

4 — **Les Algues.** — Dans les algues, on ne distingue rien qui rappelle les racines, la tige ou les feuilles ; extérieurement, tout se ressemble.

Algue ou fucus.

Les algues vivent dans les eaux douces ou salées ou dans l'air très humide ; les filaments verts qui forment comme de fines chevelures à la surface des eaux stagnantes sont des algues ; ceux que l'on rencontre sur la margelle des bassins, sur les rochers humides, sont aussi des algues.

Une algue, le *varech* que le flot rejette sur les côtes, sert à faire des matelas ; on l'utilise encore comme engrais ; les cendres servent à la préparation du carbonate de soude et de l'iode.

Les *sargasses* flottent dans l'Océan Atlantique ; par leurs grandes dimensions (*elles ont quelquefois 500 m. de long*) elles deviennent un obstacle à la navigation.

Algue ou fucus.

5. — **Les champignons.** — Les végétaux que nous venons d'étudier contiennent de la matière verte (*chlorophylle*), exactement semblable à celle qui donne aux feuilles la propriété de prendre le charbon de l'acide carbonique de l'air. Dans les plantes dont nous allons parler le vert n'existe plus ; elles ne peuvent donc pas se nourrir aux dépens de l'air : aussi, pour avoir du charbon, sont-elles obligées de le prendre à d'autres plantes ou aux animaux, de vivre en parasites ; ce sont, en effet, des *plantes parasites*.

Les plus connus sont les *champignons* proprement dits : et parmi ceux-ci, l'*agaric comestible* ou *champignon de couche*. On le trouve dans les prés à l'état sauvage ; on le cultive aussi à l'obscurité dans des caves ou des carrières abandonnées

Dans l'agaric on distingue :

1° Une partie souterraine, le *blanc de champignon*, que les champignonniers plantent dans le fumier, comme on plante les tubercules de la pomme de terre dans le sol ; c'est le blanc de champignon qui produira l'agaric.

2° Un support surmonté d'un chapeau.

3° Sous ce chapeau, des lamelles sur lesquelles se trouvent les spores.

Tous les champignons ne sont pas comestibles. On peut manger sans danger l'*agaric*, les *morilles*, les *truffes*. Quant aux autres, *chanterelles*, *bolets*. *clavaires*, il faut s'en défier et ne faire usage que de ceux qui sont bien connus pour être inoffensifs ; il n'y a aucun moyen de distinguer les bons des mauvais ; les cuisinières prétendent à tort que les champi gnons vénéneux noircissent les objets d'or ou d'argent ou les oignons.

6. — **Les champignons inférieurs.** — Ce sont des végétaux microscopiques dont les spores voyagent dans l'air et qui se reproduisent avec une rapidité effrayante lorsqu'elles trouvent un milieu favorable à leur germination ; on en a compté jusqu'à 35,000 par mètre cube d'air.

Levures de bière.

Voici d'abord les *levures*, qui produisent la fermentation du vin, de la bière, du cidre, du pain, qui transforment le vin en vinaigre... Le *muguet* qui se forme dans notre bouche et la *teigne* qui cause la chute de nos cheveux, sont dus à des champignons, du genre des levures.

Puis les *bactéries*, les *bacilles*, plus connus sous le nom de microbes, qui provoquent des maladies comme le *charbon*, le *choléra*, la *fièvre typhoïde*, le *croup* et la *tuberculose*. Ce sont les crachats des tuberculeux (poitrinaires) qui répandent la contagion, car ces crachats, en se desséchant et se réduisant en poussière, répandent dans l'atmosphère les bacilles qu'ils renferment.

Les *moisissures* noires sur le pain, la viande, le fromage, les moisissures vertes sur les fruits sont aussi l'œuvre des champignons.

7. — **Maladies des végétaux.** — Beaucoup de maladies qui attaquent nos plantes cultivées sont produites par ces parasites. Citons seulement :

L'*oïdium*, qui vit aux dépens de la vigne ; on le combat au moyen de la fleur de soufre.

Le *mildew* (mildiou), qui attaque les feuilles de la vigne ; on l'empêche de se développer au moyen de la bouillie bordelaise (*lait de chaux* et *vitriol bleu*).

La *maladie des pommes de terre*, redoutable surtout dans

les années humides ; les feuilles atteintes noircissent, pourrissent, et les germes, entraînés par l'eau, s'attaquent ensuite aux tubercules qui, d'ailleurs, ne se développent pas ou restent petits. On arrête la maladie par la bouillie bordelaise.

La *carie* du blé, qui réduit les grains en poussière fétide ; on en préserve le blé par le sulfatage.

Le *charbon des céréales*, qui transforme les grains du blé, de l'orge, de l'avoine, du maïs, en une poussière noire.

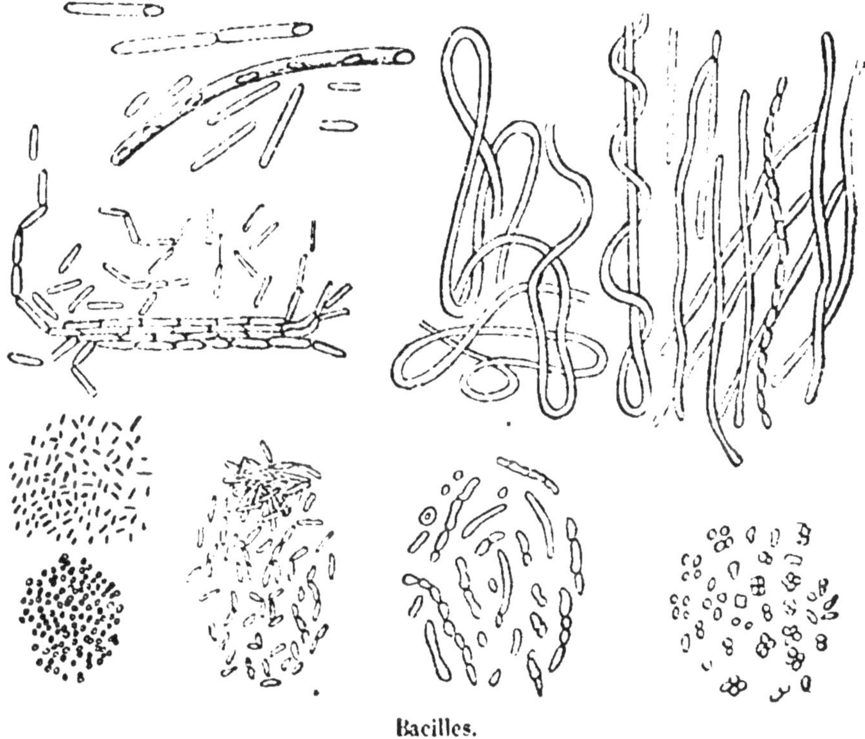

Bacilles.

L'*ergot du seigle*, qui donne aux grains des propriétés vénéneuses.

La *rouille du blé*, qui souille les feuilles et les tiges et qui ne se développe sur le blé qu'après avoir passé la moitié de son existence sur l'épine-vinette. Le meilleur moyen d'empêcher la rouille, c'est de ne pas planter l'épine-vinette dans les voisinages des champs de blé.

8. — Importance des infiniment petits. — Rien n'est donc à l'abri des attaques de ces infiniment petits

« *Ils sont hors de nous et en nous. Dans l'eau que nous buvons,* « dans l'air que nous respirons, ils pullulent... On les ren- « contre dans les dents les plus blanches, dans les poumons « les plus sains, sur la peau la plus fine et la plus nette ; par- « tout ils se donnent droit de cité »

Ne quittons pas les végétaux inférieurs sans dire un mot

Lichen des tilleuls.

des *lichens*, que l'on voit en plaques sur les vieux arbres ou les rochers. « Les blancs lichens, a écrit Linné, végètent seuls dans la froide Laponie, la plus reculée des terres habitables. La dernière des plantes couvre la dernière des terres. »

RÉSUMÉ

1. Parmi les plantes sans fleurs, on distingue les fougères, les mousses, les algues et les champignons.

2. La fougère mâle a une tige souterraine, des organes qui ressemblent à des feuilles et qui portent les spores ou graines de la plante ; les fougères et les prêles d'autrefois ont contribué à la formation de la houille.

3. Un pied de mousse est entouré de petites feuilles à sa base et porte une petite colonne terminée par une urne contenant les spores. Ce sont les mousses qui ont formé la tourbe.

4. Les algues n'ont ni racines, ni tige, ni feuilles ; le varech qui sert à faire des matelas est une algue.

5. Les champignons n'ont pas de matière verte ; le champignon de couche ou agaric, qui se reproduit avec le *blanc de champignon*, se cultive à l'obscurité ; il faut se défier de tous les autres champignons, car il n'y a aucun moyen de distinguer les bons des mauvais.

6. Enfin, il existe tout un monde de champignons inférieurs qui pullulent partout, dans l'eau comme dans l'air : ce sont les *levures* qui produisent les fermentations, les *bactéries*, *bacilles* ou *microbes*, agents des maladies contagieuses, choléra, etc... ; les *moisissures* qui tapissent le pain, les fruits... ; et enfin les champignons qui attaquent nos récoltes, comme l'*oïdium*, la *rouille du blé*... etc.

QUESTIONS DE CERTIFICAT D'ÉTUDES.

Devoir 202. — 1. Où rencontre-t-on la fougère mâle ? — Parlez de sa tige et de ses feuilles. — Qu'appelle-t-on spores de la fougère ? Où se trouvent-elles ? — Comment utilise-t-on les fougères ? — 2. Que savez-vous des fougères d'autrefois ? — Quelles autres plantes ont contribué à la formation de la houille ? — Où se trouvent les spores des prêles ? — 3. Que distingue-t-on dans un pied de mousse ? — Où se trouvent les spores de la mousse ? — Quel rôle jouent les mousses dans les forêts ? Avec quelles plantes s'est formée la tourbe ?

Devoir 203. — 4. Où vivent les algues ? — A quoi sert le varech ? — Que savez-vous des sargasses ? — 5. Pourquoi les champignons ne peuvent-ils se nourrir aux dépens de l'air ? — Où prennent-ils le charbon dont ils ont besoin ? — Qu'est-ce que l'agaric comestible ? — Quelles sont les trois parties d'un champignon ? — Où se trouvent les spores des champignons ? — Quels sont ceux qu'on peut manger sans danger ? — Quels sont les moyens de distinguer les bons champignons des mauvais ?

Devoir 204. — 6. Qu'appelle-t-on champignons inférieurs ? — Quel est le rôle des levures ? — Quelle est la cause du muguet et de la teigne ? — Quelles sont les maladies provoquées par les bactéries, bacilles ou microbes ? — Expliquez comment les crachats des tuberculeux (poitrinaires) communiquent la tuberculose. — Qu'est-ce qui produit les moisissures sur le pain ? — Qu'est-ce que l'oïdium ? — Comment le combat-on ?

Devoir 205. — 7. Qu'est-ce que le mildew (mildiou) ? — Comment l'empêche-t-on de se développer ? — Parlez de la maladie qui s'attaque aux pommes de terre. — Comment la combat-on ? — Que savez-vous de la carie du blé ? — Qu'est-ce que le charbon des céréales ? — Quel champignon attaque les grains de seigle ? — A quelle partie du blé s'attaque la rouille ? —

Que présente de particulier le champignon qui produit cette rouille ? — Que faut-il faire pour en préserver nos blés ? — 8. Que pensez-vous des infiniment petits ?

RÉDACTIONS.

170. — Dites quelles sont les maladies produites par des champignons microscopiques et les remèdes employés pour les combattre.

171. — Qu'est-ce qui distingue les champignons des autres plantes ? — Comment se reproduisent-ils ? — Rôle des champignons inférieurs dans la fermentation et les maladies contagieuses.

LECTURE XXXVI.

Les champignons inférieurs.

Lorsqu'on sème les spores du champignon sur du sable mouillé ou simplement sur des lames de verre, elles donnent naissance au mycélium ou blanc de champignon. Les champignons viennent à la suite, ainsi que les fleurs après la plante qui les porte. La rapidité avec laquelle les champignons croissent est proverbiale. *Pousser comme un champignon* est le dicton par lequel on exprime une croissance très rapide. Quelques heures suffisent pour les voir surgir sur des points où rien n'avait été aperçu auparavant. Cependant une observation attentive eût révélé la présence du mycélium, de cette partie vivante moins apparente que le champignon.

La ménagère qui n'a pas recouvert avec soin ses pots de confiture voit la surface de la confiture se recouvrir de moisissures. On dirait un duvet très fin, velouté, de couleur variée. Avant d'enlever cette moisissure, regardons-la au microscope : c'est une forêt de champignons d'une petitesse extrême dont les spores se trouvaient dans l'air. Vus au microscope, on dirait une forêt de hautes herbes. Chacun de ces brins sera bientôt couronné d'un pompon, d'où s'échapperont ensuite des milliers de spores.

Le muguet dont souffrent les jeunes enfants est une végétation analogue qui se développe dans l'intérieur de la bouche. C'est une moisissure semblable à celle qui recouvre la confiture. La teigne est aussi un champignon. Ainsi les champignons ne se développent pas seulement sur les végétaux.

Certaines moisissures se développent à la surface des animaux noyés, particulièrement des mouches qui flottent sur l'eau. Ce fin duvet blanchâtre qui recouvre la mouche morte et quelquefois les poissons vivants, est composé de filaments transparents d'une extrême finesse, tantôt simples, tantôt rameux et disposés en rayons sur le corps de l'animal comme les épingles sur une pelote arrondie.

Les champignons puisent dans les milieux où ils naissent et où ils vivent une partie de leur nourriture et accélèrent la décomposition et la disparition des végétaux et des animaux sur lesquels ils se fixent. Mais tandis que d'un côté ils contribuent à détruire, d'un autre côté ils contribuent à édifier, car par leurs propres débris, ils favorisent le développement d'une nouvelle végétation.

(D'après *Les Infiniment petits*, par Félix Hément. Hachette, éditeur.)

TRENTE-SEPTIÈME LEÇON.

LES PHÉNOMÈNES GÉOLOGIQUES.

1. — **La surface de la terre se modifie.** — La terre est soumise, à sa surface, à des changements incessants. Les uns se font si lentement qu'ils passent inaperçus : ainsi on ne se doute guère que la goutte d'eau qui tombe, le ruisselet qui coule sont la cause de phénomènes géologiques ; les autres, comme les soulèvements du sol dans les tremblements de terre, sont si soudains, qu'ils nous épouvantent.

2. — **Action de l'eau.** — L'eau tombe sous forme de *pluie* ou sous forme de *neige*. L'eau de pluie pénètre dans le sol ou coule à sa surface.

Celle qui s'infiltre dans le sol, l'*eau d'infiltration*, ne reste pas en repos. Sur son chemin, elle dissout les corps qu'elle rencontre, creuse des tunnels, des canaux, des grottes dans lesquelles toute une ville tiendrait à l'aise. Quand elle sort ensuite sous forme de sources, elle dépose, en s'évaporant peu à peu, les matériaux qu'elle tient en dissolution ; quelquefois même elle les dépose très vite et recouvre d'une croûte pierreuse le sol sur lequel elle coule ou les corps qu'elle arrose. On en rencontre un exemple près de Clermont-Ferrand, dans les eaux incrustantes de Saint-Allyre ; un nid d'oiseau, une fleur arrosés par ces eaux s'incrustent de grains si fins, qu'on dirait que le tout a été transformé en pierre.

3. — **L'eau de ruissellement.** — L'eau qui reste à la surface

l'*eau de ruissellement*, forme de petits filets qui se réunissent bientôt pour donner des filets plus gros. En suivant ces filets, on les verrait encore se réunir, formant un petit ruisseau, puis une rivière, puis un fleuve.

En même temps que l'eau coule, elle ravine le sol, dissout certaines matières et surtout emporte en suspension des débris plus ou moins gros, suivant son volume et la force du courant.

Lorsque son cours se ralentit, elle laisse tomber les cailloux, puis les graviers, puis le sable, puis les parcelles les plus fines, le limon, formant ainsi les *alluvions* dans le lit ou les rives des fleuves et les *deltas* à l'embouchure.

4. — **Les terrains d'alluvion** sont très fertiles, ils renferment des débris animaux et végétaux ; les inondations du Nil permettent aux Egyptiens d'obtenir d'abondantes récoltes sans engrais

Ce sont les alluvions qui constituent en grande partie la *terre arable*. Ainsi, les cours d'eau, en émiettant peu à peu les pierres dures et compactes où les plantes ne pourraient enfoncer leurs racines, contribuent à la formation du sol, support et nourricier des plantes cultivées.

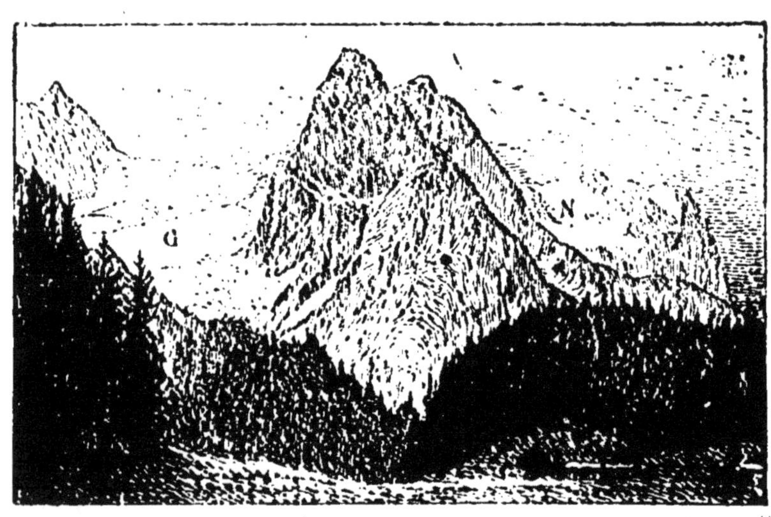

Vue du glacier de Ronseleau (Suisse) — G. Glacier. — N. Région des neiges

5. — **Action de la neige.** — La neige n'a guère d'action géologique que dans les endroits où elle ne fond pas après

être tombée : c'est ce qui arrive sur les hautes montagnes ; elle prend alors le nom de neige perpétuelle.

Si cette neige tombe sur un versant très incliné, elle se détache au moindre choc ; c'est l'*avalanche* qui détruit et entraine avec elle ce qu'elle rencontre sur son passage.

Si la neige s'accumule sur un plateau abrité, elle se tasse, durcit et devient de la glace comparable à celle qu'on obtient en pétrissant la neige dans les mains. Ainsi se forment les *glaciers* des Alpes, à partir de 2500 m. d'altitude.

Le glacier, poussé d'en haut par de nouvelles neiges, attiré en bas par la pesanteur, descend lentement et continuellement ; la mer de glace à Chamonix avance de 100 m. par an. Le glacier est un véritable fleuve solide qui rabote le sol et les rives de rochers qui l'encaissent, et qui entraîne les blocs de toute dimension tombés à sa surface des hauteurs voisines.

Pendant l'été le glacier fond peu à peu dans toute sa longueur, surtout vers la base ; l'eau descend goutte à goutte par les fentes et les crevasses, se rassemble au fond et coule en ruisseau jusqu'à l'endroit où le glacier se termine ; c'est là qu'est la source de la rivière ou du fleuve.

6. — **Toutes les eaux vont à la mer.** — Quelle que soit leur origine, toutes les eaux se rendent à la mer où elles continuent la lutte contre la terre ferme. Les vagues, en effet, rongent les côtes, démolissent les falaises (*celles du Calvados reculent en moyenne de 25 centimètres par an*), creusent des golfes (*Zuyderzée*).

En revanche, sur les plages basses, elles apportent du sable et forment les dunes (*Landes de Gascogne*) ; dans les régions chaudes, les coraux qu'elles renferment forment des îles madréporiques.

7. — **L'intérieur de la terre est en fusion.** — Ce qui frappe le plus quand on pénètre dans les profondeurs du sol, quand on descend dans une mine par exemple, c'est l'accroissement de la température ; à mesure qu'on s'enfonce de 30 mètres, le thermomètre monte d'un degré ; jusqu'à présent on n'a pu vérifier le fait que pour une profondeur de 1 000 mètres environ, mais il y a tout lieu de croire que la température continue à augmenter vers le centre de la terre

On peut calculer que la chaleur du globe atteint 2.000 degrés à 60 kilomètres de profondeur ; or à 2.000°, les métaux sont en fusion. On peut donc se représenter le globe terrestre, qui a 6366 kilomètres de rayon, recouvert d'une croûte d'une soixantaine de kilomètres d'épaisseur. Cette croûte terrestre, que nous croyons si solide, n'a pas, par rapport à la terre, l'épaisseur de la coquille d'un œuf.

8. — **Sources thermales et tremblements de terre.** — La chaleur intérieure de la terre explique les sources d'eau chaude ou thermales et les jets d'eau chaude ou *geysers* d'Islande ou du Canada.

Vue d'un volcan en éruption.

Parmi les sources thermales les plus curieuses de France, on peut citer celles de Dax (*Landes*) qui jaillissent au centre de la ville, dans un grand bassin, à la température de 70°, et celles de Chaudesaigues (*Cantal*) au nombre de 26, dont une à la température de 81°, avec laquelle les habitants chauffent leurs habitations.

Quant aux *tremblements de terre*, il n'y a pas lieu de s'en étonner quand on songe que la croûte terrestre n'est qu'une pellicule Lorsque les secousses se produisent, tout est bouleversé : arbres, maisons, édifices ; les cours d'eau sont taris, des montagnes s'affaissent, d'autres se forment, les plages se soulèvent, animaux et hommes périssent en grand nombre. Ainsi, le tremblement de terre de Lisbonne, en 1755, fut ressenti sur presque toute la terre et coûta la vie à 40,000 personnes ; les secousses des Calabres, qui durèrent pendant près de deux ans (1783-84) furent aussi désastreuses ; en une secousse, le tremblement de terre d'Ischia, en 1883, fit périr 3,000 personnes.

9. — **Les volcans.** — Il arrive quelquefois que l'enveloppe terrestre se rompt et que les matières en fusion de l'intérieur

Vue de la baie de Naples ; au fond, à gauche, la montagne de la Somma, et à droite le Vésuve (V) dans une période de repos.

s'épanchent à la surface ; dans ce cas il y a *éruption volcanique ;* les matières liquides et en feu prennent le nom de *laves.* Les éruptions volcaniques sont presque toujours précédées ou suivies de vapeurs, de gaz, qui persistent même longtemps après.

RÉSUMÉ.

1. La terre est soumise, à sa surface, à des changements incessants, produits soit par les eaux, soit par les soulèvements du sol.

2. L'eau d'infiltration creuse des canaux, des grottes... et dissout des matériaux qu'elle déposera plus tard dans le voisinage des sources; l'eau de ruissellement ravine le sol et forme les terrains d'alluvion.

3. La neige qui tombe sur les hautes montagnes entraîne les rochers quand elle se détache en avalanche; le glacier qui descend constamment rabote le sol et les roches, et accumule à sa base les pierres, les argiles et les blocs.

6. La mer reçoit toutes les eaux et modifie constamment les côtes par son mouvement de flux et de reflux.

7. La température s'accroît à mesure qu'on avance vers le centre de la terre; à 60 kilomètres elle doit atteindre 2000°; l'intérieur de la terre serait donc en fusion, et la croûte solide sur laquelle nous vivons ne serait qu'une pellicule: c'est ce qui explique les sources thermales, les volcans et les tremblements de terre.

QUESTIONS DE CERTIFICAT D'ÉTUDES.

Devoir 206. — 1. Qu'est-ce qui modifie la surface de la terre? — 2. Comment s'appelle l'eau qui s'infiltre dans la terre? — Que fait-elle en s'enfonçant dans le sol? — Que deviennent les matières qu'elle a dissoutes? — Nommez une source incrustante. — 3. Que fait l'eau de ruissellement? — Comment forme-t-elle les terrains d'alluvion? — 4. Que renferment ces terrains? — Que savez-vous des inondations du Nil? — Comment les cours d'eau forment-ils la terre arable?

Devoir 207. — 5. Qu'appelle-t-on neige perpétuelle? — Qu'est ce qu'une avalanche? — Comment se forment les glaciers? — A partir de quelle hauteur en trouve-t-on dans les Alpes? — De combien par an avance la Mer de glace, à Chamonix? — Que trouve-t-on à la base ou au front du glacier? — Expliquez la présence de ces blocs — Comment se forme le ruisseau qui coule à la base du glacier? — 6. Où vont toutes les eaux? — Quelle est l'action des vagues sur les côtes? — Comment se sont formées les Landes de Gascogne?

Devoir 208. — 7. De combien s'accroît la température à mesure qu'on avance vers le centre? — Jusqu'à quelle profondeur a-t-on pu s'assurer du fait? — Quelle doit être la température à une profondeur de 60 kilomètres? — Dans quel état doivent se trouver les corps dans l'intérieur de la terre? — A quoi peut-on comparer l'épaisseur de la croûte terrestre? — 8. Qu'appelle-t-on geysers? — Parlez des sources d'eau chaude de Dax et de Chaudesaigues. — Quelles sont les conséquences d'un tremblement de terre? — 9. Que savez-vous des volcans?

RÉDACTIONS.

172. Dites comment la surface de la terre se modifie par le mouvement des eaux. Parlez de l'eau d'infiltration, de l'eau de ruissellement et de la mer.

173. Le glacier dans les montagnes; marche du glacier vers la vallée, crevasses, dépôts de toutes sortes à la base.

LECTURE XXXVII.

La terre appauvrie par la mer.

Paris jette par an vingt-cinq millions à l'eau. Et ceci sans métaphore. Comment, et de quelle façon? — Jour et nuit. Dans quel but? — Sans aucun but. Avec quelle pensée? — Sans y penser. Pourquoi faire? pour rien. Au moyen de quel organe? au moyen de son intestin. Quel est son intestin? c'est son égout.

Vingt-cinq millions, c'est le plus modéré des chiffres approximatifs que donnent les évaluations de la science spéciale.

La science, après avoir longtemps tâtonné, sait aujourd'hui que le plus fécondant et le plus efficace des engrais, c'est l'engrais humain. Les Chinois, disons-le à notre honte, le savaient avant nous. Pas un paysan chinois ne va à la ville sans rapporter, aux deux extrémités de son bambou, deux seaux pleins de ce que nous nommons immondices. Grâce à l'engrais humain, la terre de Chine est encore aussi jeune qu'au temps d'Abraham. Le froment chinois rend jusqu'à cent vingt fois la semence. Il n'est aucun guano comparable en fertilité aux détritus d'une capitale. Une grande ville est le plus puissant des stercoraires. Employer la ville à fumer la plaine, ce serait une réussite certaine. Si notre or est fumier, en revanche notre fumier est or.

Que fait-on de cet or fumier? — On le balaye à l'abîme.

On expédie à grands frais des convois de navires afin de récolter au pôle austral la fiente des pétrels et des pingouins, et l'incalculable élément d'opulence qu'on a sous la main, on l'envoie à la mer. Tout l'engrais humain et animal que le monde perd, rendu à la terre au lieu d'être jeté à l'eau, suffirait à nourrir le monde.

Ces tas d'ordures au coin des bornes, ces tombereaux de boue cahotés la nuit dans les rues, ces affreux tonneaux de la voirie, ces fétides écoulements de fange souterraine que le pavé nous cache, savez-vous ce que c'est? C'est de la prairie en fleur, c'est de l'herbe verte, c'est du serpolet et du thym et de la sauge, c'est du gibier, c'est du bétail, c'est le mugissement satisfait des grands bœufs le soir, c'est du foin parfumé, c'est du blé doré, c'est du pain sur votre table, c'est du sang chaud dans vos veines, c'est de la santé, c'est de la joie, c'est de la vie. Ainsi le veut cette création mystérieuse qui est la transformation sur la terre et la transfiguration dans le ciel.

V. HUGO. *Les Misérables.*

TRENTE-HUITIÈME LEÇON.

LES PRINCIPALES ROCHES.

1. — **Il y a deux sortes de roches.** — Les matières déposées par les eaux et celles qui sont amenées du sein de la terre lors des éruptions volcaniques constituent la croûte terrestre.

Toutes ces matières, qu'elles soient *dures ou non*, lorsqu'elles occupent un assez grand volume, prennent le nom de *roches*. Ainsi le sable, l'argile... sont des roches, aussi bien que la pierre à bâtir.

Celles qui sont ou ont été formées par les eaux se trouvent

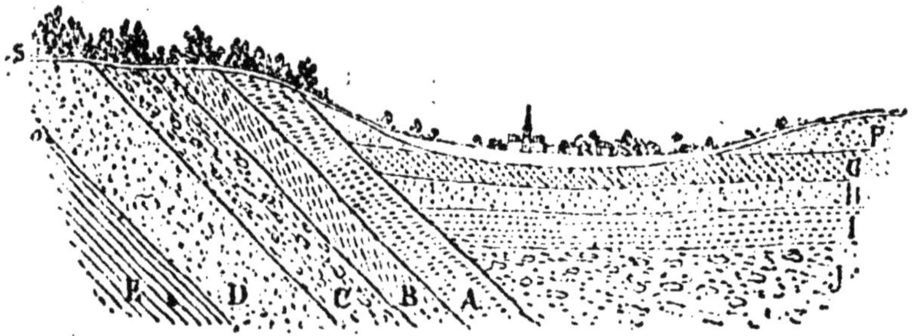

Coupe du sol terrestre pour montrer le mode de disposition des couches de roches sédimentaires. — A B C D E, couches redressées et inclinées postérieurement à leur formation. — F G H I J, couches horizontales n'ayant pas été déplacées. — S, le sol cultivé.

disposées en *bandes* ou *couches* à peu près parallèles ; on voit bien cette disposition dans les carrières, dans les tranchées creusées pour l'établissement des routes, chemins de fer... ; de plus, elles contiennent des *débris de plantes* ou d'*animaux*, des *fossiles*. Ces roches sont appelées *roches sédimentaires*.

Les autres, qui étaient d'abord liquides, et *en feu*, et ont reçu pour cette raison le nom de *roches ignées*, sont en masses irrégulières et ne renferment jamais de *fossiles*.

2. — **Principales roches sédimentaires.** — Les principales roches sédimentaires sont : les roches *calcaires*, les roches *argileuses*, les *marnes* et les roches *siliceuses*.

3. — **Les roches calcaires.** — On les reconnaît en versant dessus un acide ; elles font aussitôt effervescence, car elles sont composées de gaz carbonique et de chaux.

Elles comprennent :

Le *marbre blanc* et les marbres colorés à grains fins et susceptibles de prendre un beau poli ;

La *pierre lithographique* qui sert à reproduire l'écriture et le dessin ; on écrit dessus avec un crayon gras ; on y verse ensuite de l'eau acidulée qui ronge la pierre partout où l'on n'a pas écrit, de sorte que les caractères restent en relief.

Les *calcaires grossiers* ou à gros grains, parmi lesquels la pierre à bâtir et la pierre à chaux ; ces calcaires sont souvent formés de coquilles d'animaux qui vivaient au moment de la formation de ces roches.

La *craie*, roche tendre, friable et poreuse, dont nous avons déjà parlé.

La *pierre à plâtre* ou gypse, que l'on range quelquefois dans les calcaires, n'a pas la même composition ; elle contient bien de la chaux ; mais l'acide sulfurique y remplace le gaz carbonique.

4 — **Les roches argileuses** donnent avec l'eau une pâte plus ou moins liante ; on dit qu'elles sont *plastiques*. Dans le sol, elles forment des couches *imperméables* à l'eau ; mais si on les soumet à l'action de la chaleur, elles perdent leur plasticité et deviennent perméables.

Dans les roches argileuses, on range le *kaolin*, avec lequel on fabrique la porcelaine : les *argiles réfractaires*, presque aussi pures que le kaolin (les briques, creusets... fabriqués avec cette argile supportent sans se fondre les températures les plus élevées), et les *argiles* colorées en noir, en rouge, en jaune, appelées vulgairement *glaises* ; elles servent à faire des faïences, des grès, des poteries communes, des briques, des tuiles, des tuyaux de drainage, etc...

La porcelaine, la faïence, les grès, les poteries sont en général recouverts d'un vernis qui rend ces objets imperméables

L'*ardoise* est une argile très anciennement formée qui se divise facilement en feuillets.

Les *marnes* sont des roches à la fois calcaires et argileuses, quelquefois calcaires et sableuses ; on s'en sert pour donner aux terres le calcaire qui leur manque. L'opération s'appelle *marnage*.

5. — **Les roches siliceuses** ne font pas effervescence avec les acides comme les roches calcaires et ne sont pas plastiques comme les roches argileuses ; de plus, elles sont très dures, car elles rayent l'acier et le verre.

Le *cristal de roche* est une roche siliceuse transparente ; c'est le plus pur des silex.

Les autres roches siliceuses sont :

La *pierre meulière*, utilisée à cause de sa dureté pour faire des meules de moulin ; elle entre aussi, à cause de sa résistance à l'humidité, dans les fondations de maisons.

Les *silex* employés pour charger les routes. On s'en est toujours servi pour se procurer du feu (fusils à pierre, briquet). En les choquant sur un morceau d'acier, ils en détachent des parcelles très fines qui brûlent dans l'air avec incandescence et communiquent le feu aux substances très combustibles sur lesquelles elles tombent (*poudre*, *amadou*).

Les premières armes et les premiers outils dont l'homme s'est servi étaient en silex ; on retrouve aujourd'hui dans le sol des haches, couteaux, pointes de flèches, grattoirs... en silex éclaté ou poli.

Les *sables* proviennent de l'émiettement des roches siliceuses ; ils servent dans les mortiers, la fabrication du verre, des poteries...

Les *grès* sont des grains de sable agglutinés par un ciment calcaire ou siliceux ; les grès siliceux employés au pavage des rues, font jaillir des étincelles du fer des chevaux.

6. — **Les principales roches ignées** sont :

Les *laves* ; elles forment des terrains sous nos yeux, puisqu'elles proviennent des éruptions volcaniques. Leur volume est parfois considérable ; un volcan de l'Islande, en 1783, a rejeté une quantité de laves équivalente au volume du Mont-Blanc.

Les *basaltes*. Ce sont des roches disposées souvent en colonnes prismatiques provenant des anciens volcans ; ils sont plus noirs, plus durs et plus pesants que les laves ; on les trouve en abondance en Auvergne, dans le Vivarais et l'Ardèche.

La *pierre ponce*, d'origine volcanique, est une roche très légère, flottant quelquefois sur l'eau ; elle est remplie de bulles de gaz et très rude au toucher. Avec la pierre ponce on polit ou on nettoie le bois, la pierre, les métaux. Dans les régions où elle est abondante, on l'utilise comme moellons dans les constructions.

Le *granit* est formé de grains agglutinés.

Ceux qui sont incolores comme du verre ou qui ressemblent à des grains de sel gris sont du *quartz*.

Ceux qui sont blancs, quelquefois roses, et qui ont la forme de petites tablettes rectangulaires, à surface miroitante, sont du *feldspath*.

Ceux qui ressemblent à des paillettes brillantes, le plus souvent noires, sont du *mica*.

On trouve des granits à grains fins dans le Calvados, aux environs de Limoges, et des granits à gros grains en Bretagne, en Auvergne et dans les Vosges.

7. — **Il y a d'autres roches encore.** — Les roches que nous venons de citer sont les plus importantes; mais il en existe un grand nombre d'autres dont quelques-unes, peu répandues d'ailleurs, nous intéressent beaucoup à cause de leur utilité.

Par exemple :

Les *minerais métallifères*.

Le *sel gemme*.

Les *roches combustibles* (anthracite, houille...).

Et enfin le *pétrole*, dont la consommation augmente chaque jour.

RÉSUMÉ.

1. Il y a deux sortes de roches : les roches sédimentaires disposées par couches et qui renferment des fossiles, et les roches ignées, en masses irrégulières et qui ne contiennent pas de fossiles.

2. Les principales roches sédimentaires sont les roches calcaires (marbre, pierre lithographique, craie...), les roches argileuses (kaolin, argiles, ardoise) et les roches siliceuses (cristal de roche, pierre meulière, silex, sables et grès).

3. Les marnes sont des roches à la fois calcaires et argileuses.

4. Les principales roches ignées sont les laves, les basaltes, la pierre ponce et le granit.

5. On peut encore citer comme roches, les minerais métallifères, le sel gemme, les roches combustibles et le pétrole.

QUESTIONS DE CERTIFICAT D'ÉTUDES.

Devoir 209. — 1. Qu'appelle-t-on roches ? — Nommez des roches qui ne ressemblent pas à des pierres dures. — Nommez les deux grandes divisions de roches. — Comment se sont formées les roches sédimentaires ? — Qui a donné naissance aux roches ignées ? — 2. Quelles sont les principales roches sédimentaires ? — 3. Quels sont les caractères des roches calcaires, c'est-à-dire comment peut-on les reconnaître ? — Enumérez les roches calcaires. — Quel gaz contient la craie ou le calcaire ? — Quel acide trouve-t-on dans le gypse ou pierre à plâtre ?

Devoir 210. — 4. Quels sont les caractères des roches argileuses ? — A quoi sert le kaolin ? — Qu'appelle-t on argiles réfractaires ? — A quoi sert l'argile ordinaire ou terre glaise ? — L'argile cuite a-t-elle les mêmes propriétés que la terre glaise ? — Que fait-on pour rendre imperméables les objets de faïence ou de poterie ? — Qu'est-ce que la marne ? — A quoi sert-elle ? — 5. Quels sont les caractères des roches siliceuses ? — Nommez les principales. — A quoi sert la pierre meulière ? — Quelle est la propriété du silex ? — A quoi servait-il autrefois ? — En quoi sont les pavés des rues ?

Devoir 211. — 6. Quelles sont les principales roches ignées ? — Que savez-vous sur les laves ? — Comment les basaltes se disposent-ils quelquefois ? — Où les trouve-t-on en abondance ? — Qu'est-ce que la pierre ponce ? — A quoi sert-elle ? — Quelle est la roche la plus pesante, des laves, du basalte, ou de la pierre ponce ? — Quelles sont les trois roches qui forment le granit ? — Où trouve-t-on le granit ? — 7. Nommez quelques autres roches.

RÉDACTIONS.

174. Quels services nous rendent les roches suivantes : le marbre, le calcaire, les argiles et la marne.

175. Enumérez les différentes variétés de pierres siliceuses. Donner leurs caractères. Indiquer où on les trouve dans la nature et quels sont leurs usages (*Seine-Inférieure*. BOURSES DES LYCÉES.)

LECTURE XXXVIII.

La Terre.

Ce globe immense nous offre, à la surface, des hauteurs, des profondeurs, des plaines, des mers, des marais, des fleuves, des cavernes, des gouffres, des volcans ; et à la première inspection nous ne découvrons en tout cela aucune régularité, aucun ordre. Si nous pénétrons dans son intérieur, nous y trouverons des métaux, des minéraux, des pierres, des bitumes, des sables, des eaux et des matières de toute espèce, placées comme au hasard et sans aucune règle apparente. En examinant avec plus d'attention, nous voyons des montagnes affaissées, des rochers fendus et brisés, des contrées englouties, des îles nouvelles, des terrains submergés, des cavernes comblées, nous trouvons des matières pesantes souvent posées sur des matières légères, des corps durs environnés de substances molles, des choses sèches, humides, chaudes, froides, solides, friables, toutes mêlées, et dans une espèce de confusion qui ne nous présente d'autre image que celle d'un amas de débris et d'un monde en ruines.

Cependant nous habitons ces ruines avec une entière sécurité ; les générations d'hommes, d'animaux, de plantes se succèdent sans interruption : la terre fournit abondamment à leur subsistance, la mer a des limites et des lois, ses mouvements y sont assujettis ; l'air a ses courants réglés, les saisons ont leurs retours périodiques et certains, la verdure n'a jamais manqué de succéder aux frimas, tout nous paraît être dans l'ordre : la terre, qui tout à l'heure n'était qu'un chaos, est un séjour délicieux où règnent le calme et l'harmonie, où tout est animé et conduit avec une puissance et une intelligence qui nous remplissent d'admiration et nous élèvent jusqu'au Créateur.

BUFFON *Epoques de la Nature.*

DEVOIRS DE RÉCAPITULATION

Sur la botanique et la géologie.

Devoir 212. — 1. Qu'appelle-t-on roches? — 2. Nommez des roches qui ne ressemblent pas à des pierres dures. — 3. Quels sont les organes de nutrition des plantes? — 4. Qu'est-ce qui modifie la surface de la terre? — 5. Comment s'appelle l'eau qui s'infiltre dans la terre et que devient-elle? — 6. Qu'appelle-t-on plantes médicinales? — 7. Nommez les principales plantes émollientes. — 8. Que savez-vous sur la fougère mâle? — 9. Qu'appelle-t on spores de la fougère et où se trouvent-elles? — 10. Qu'entend-on par coiffe et poils absorbants de la racine?

Devoir 213. — 11. Que savez-vous des fougères d'autrefois? — 12. Quelles autres plantes ont contribué à la formation de la houille? — 13. Que se produit-il quand le blé talle? — 14. Que deviennent les pétales et les étamines après la fécondation? — 15. Nommez les deux grandes divisions de roches. — 16. Comment se sont formées les roches sédimentaires? — 17. Qu'entend-on par terrains d'alluvions et comment se forment-ils? — 18. Que trouve-t-on dans ces terrains? — 19. Que savez-vous sur le lis? — 20. Quelles sont les propriétés des plantes toniques ou astringentes? — Nommez-en quelques-unes.

Devoir 214. — 21. A quoi servent les pétales de la rose, les fruits du rosier sauvage et les feuilles et boutons de ronce? — 22. Que distingue-t-on dans un pied de mousse? — 23. Quel rôle jouent les mousses dans les forêts? — 24. Avec quelles plantes s'est formée la tourbe? — 25. Pourquoi ne faut il pas attendre la complète maturation des graines pour faire la moisson? — 26. Sous quelle forme les racines puisent-elles la nourriture de la plante? — 27. Expliquez l'opération de la greffe. — 28. Qui a donné naissance aux roches ignées? —

29. Quelles sont les principales roches sédimentaires ? — 30. Qu'appelle-t-on neige perpétuelle ?

Devoir 216. — 31. Où vivent les algues? — 32. A quoi sert le varech? — 33. Que savez-vous des sargasses? — 34. Comment s'appellent les fleurs du noyer et du châtaignier? — 35 Citez quelques légumineuses? - 36 Expliquez pourquoi les graines se disséminent facilement? — 37. Énumérez les roches calcaires. — 38. Pourquoi les champignons ne peuvent-ils se nourrir aux dépens de l'air? — 39. Nommez les plantes sudorifiques? — les plantes diurétiques? — 40. Quelles sont les parties essentielles de la graine?

Devoir 217. — 41. Pourquoi faut-il varier les cultures? — 42. Quel gaz contient la craie ou le calcaire? — 43. Quel acide trouve-t-on dans le gypse ou pierre à plâtre? — 44. Qu'est-ce qu'une avalanche? — 45. Comment se forment les glaciers? — 46. De combien par an avance la mer de glace, à Chamonix? — 47. Nommez les plantes purgatives ou laxatives. — 48. Nommez les plantes vermifuges. — 49. Où les champignons prennent-ils le charbon dont ils ont besoin? — 50. Quelles sont les trois parties d'un champignon?

Devoir 218. — 51. Nommez les racines qui emmagasinent de la nourriture. — 52 Qu'appelle-t-on bouture? — 53. Qu'entend-on par racines adventives? — 54. Qu'est-ce que l'agaric comestible? — 55. Nommez les plantes rafraîchissantes et dépuratives? — 56. Quelles sont les plantes oléagineuses? — 57 Quels sont les caractères des roches argileuses? — 58. A quoi sert le kaolin? — 59. Comment explique-t-on la présence de blocs de rochers à la base des glaciers? — 60. Où se trouvent les spores des champignons?

Devoir 219. — 61. Quelles sont les propriétés de la chicorée sauvage, de la fougère mâle, du sureau, du pissenlit? — 62. Nommez les graminées des prairies naturelles. — 63. Comment s'appellent les deux moitiés du haricot? — 64. Qu'appelle-t-on roches réfractaires? — 65. Qu'est-ce que la marne et à quoi sert-elle? — 66 Comment se forme le ruisseau qui coule à la base du glacier? — 67. Quelles plantes calment la toux? — 68. Quelles sont les diverses parties de l'embryon? — 69. Qu'est-ce que les yeux et les tubercules de la pomme de terre? — 70. Quels champignons peut-on manger sans danger?

Devoir 220. — 71. Qu'appelle-t-on champignons inférieurs? — 72. A quelle famille appartiennent la sauge et la menthe? — 73. Quelle est l'action des vagues sur les côtes? — 74. Quels sont les caractères des roches siliceuses? — 75. Qu'appelle-t-on calice? corolle? — sépales? — pétales? — 76 Quelles sont les diverses parties de la tige? — 77. Quel est le rôle des levures? — 78. Quelle est la cause du muguet et de la teigne? — 79. Quelles sont les plantes stimulantes et quelles en sont les propriétés? — 80. De combien s'accroît la température à mesure qu'on avance vers le centre de la terre?

Devoir 221. — 81. Quelle est la propriété du silex ? — 82. Quels sont les organes essentiels de la fleur ? — 83. Qu'est-ce que le pollen ? — 84. Quelles sont les maladies provoquées par les bactéries, bacilles ou microbes ? — 85. Indiquez les plantes calmantes. — 86. Quelles propriétés ont l'épinard et le navet ? — 87. Qu'appelle-t on ovaire ? — ovule ? — 88. Qu'entend-on par plantes monoïques ? — dioïques ? — 89. A quelle condition les fleurs produisent-elles des fruits ? — 90. A quoi peut-on comparer l'épaisseur de la croûte terrestre ?

Devoir 222. — 91. Qu'appelle-t on gemmule ? — tigelle ? — radicule ? — 92. Expliquez comment les crachats des tuberculeux communiquent la tuberculose. — 93. Qu'est-ce qui produit les moisissures sur le pain ? — 94. Quels sont les légumes légèrement purgatifs ? — 95. Par quelle expérience peut-on s'assurer du pouvoir germinatif des graines ? — 96. Qu'appelle-t-on limbe ? — pétiole ? — nervures de la feuille ? — 97. Qu'appelle-t-on geysers ? — 98. Que pensez vous des plantes qui ressemblent au bouton d'or ? — 99. Qu'est-ce que l'oïdium et comment le combat-on ? — 100. Qu'est-ce que le mildiou et comment l'empêche-t-on de se développer ?

Devoir 223. — 101. Que savez-vous de la nielle des blés ? — 102. A quoi servent les feuilles ? — 103 Quelle différence y a-t-il entre la respiration et la fonction chlorophyllienne des feuilles ? — 104. Quand dit on qu'un fruit a coulé ? — 105. Quelles sont les conséquences d'un tremblement de terre ? — 106. Que savez-vous des volcans ? — 107. Quelles sont les principales roches ignées ? — 108 Que savez-vous sur les laves ? — 109. Que savez-vous sur la maladie de la pomme de terre ? — 110. Qu'est-ce que la carie du blé ?

Devoir 224 — 111. Comment se fait le transport du pollen sur le stigmate ? — 112. Comment peut-on produire de nouvelles variétés de plantes ? — 113. Nommez des fleurs appartenant à la famille des composées ? — 114. Comment les basaltes se disposent ils quelquefois ? — 115. Où les trouve-t-on en abondance ? — 116. Qu'est-ce que le charbon des céréales ? — 117. Quel champignon attaque les grains de seigle ? — 118. A quelle partie du blé s'attaque la rouille ? — 119. Quelles sont les trois conditions de la germination ? — 120. Parlez de la transpiration des plantes.

Devoir 225. — 121. Qu'est-ce que la pierre ponce ? — 122. A quoi sert-elle ? — 123. Quelles sont les trois roches qui forment le granit ? — 124. Que savez-vous sur le champignon qui produit la rouille du blé ? — 125. Que faut-il faire pour en préserver nos blés ? — 126. Que pensez-vous des infiniment petits ? — 127 Quels sont les végétaux qui n'ont pas de fleurs ? — 128 A quoi servent les fruits du chêne et du hêtre ? — 129. Citez les arbres à résine et dites à quelle famille ils appartiennent. 130 Qu'est-ce que les lichens ?

TABLE DES MATIÈRES

CHIMIE

PHYSIQUE

HISTOIRE NATURELLE

POITIERS — TYPOGRAPHIE OUDIN ET Cie.